国家重大核电建设项目（红沿河核电站取水导流工程）
国家自然科学基金重点科学基金项目（51034005 ）
新疆生产建设兵团科技支疆项目（2012AB009，2012BA005）

构造应力作用浅埋取水隧洞群施工技术与质量管理

——以渤海红沿河核电站取水隧洞工程为例

芮勇勤 刘磊 戴劼 孔位学 杨斌 刘威 著

东北大学出版社

·沈阳·

图书在版编目（CIP）数据

构造应力作用浅埋取水隧洞群施工技术与质量管理：以渤海红沿河核电站取水隧洞工程为例 / 芮勇勤等著．— 沈阳：东北大学出版社，2014.12

ISBN 978-7-5517-0860-9

Ⅰ.①构…　Ⅱ.①芮…　Ⅲ.①水隧洞—隧洞开挖—质量管理　Ⅳ.①TV672

中国版本图书馆 CIP 数据核字（2014）第 297556 号

内 容 提 要

本书针对构造应力作用浅埋取水隧洞群施工面临的问题，依托高地应力环境隧洞群工程，研究构造地应力影响隧洞开挖支护参数，隧洞施工计划及保证措施，隧洞施工总体部署，主要工序施工方案及施工技术措施，隧洞施工监测与分析方法，隧洞施工钻爆设计，隧洞二次衬砌施工方法，明洞段二次衬砌施工方案，取水隧洞二衬混凝土质量合理施工方案，隧洞工程勘察、检测与评价技术，隧洞口节理裂隙勘察与评价，节理裂隙密集破碎带岩土工程条件评价，隧洞施工质量检测与评价等。本书的研究成果在工程中进行泛应用，还需深入研究；同时开展的研究可供相关领域工程技术人员教学、研究学习参考。

出 版 者：东北大学出版社

地址：沈阳市和平区文化路3号巷11号　110004

电话：024—83687331（市场部）　83680267（社务室）

传真：024—83680180（市场部）　83680265（社务室）

E-mail：neuph@neupress.com　Web：http://www.neupress.com

印 刷 者：沈阳市第二市政建设工程公司印刷厂

发 行 者：东北大学出版社

幅面尺寸：185mm×260mm

印　　张：11.75

字　　数：297千字

出版时间：2014年12月第1版

印刷时间：2014年12月第1次印刷

责任编辑：潘佳宁

责任校对：张弘强

封面设计：刘江旸

责任出版：唐敏志

ISBN 978-7-5517-0860-9　　　定　价：55.00元

前　言

随着我国国民经济的快速发展，能源需求迅速增长，能源结构面临重大调整，清洁环保的核电正成为新能源的发展重点，特别是沿海核电站的大规模建设，正在发挥着重要作用。核电站取水工程多采用隧洞、沟渠取排水等引水冷却循环模式，取水隧洞建设过程中不可避免地会遇到复杂地质条件、高地应力等问题。由于核电站取排水隧洞安全等级不同于一般建筑物，其施工过程中力学特性和稳定性研究显得尤为重要。为此，本项目以核电站取水隧洞设计、施工和力学特性展开研究。项目研究成果如下。

项目在总结国内外大量文献的基础上，归纳了非线性弹塑性理论与数值模拟方法；深入开展了隧洞开挖及支护、隧洞出渣与衬砌、隧洞初支设计、隧洞施工围岩分级与支护、隧洞施工组织研究；运用大型有限元软件建立了隧洞结构模型，进行了高地应力环境隧洞施工过程数值模拟，认识了应力分布、变形特征和塑性区分布，隧洞的最大变形在距掌子面前方 0.5D～0.75D 处；针对台阶开挖长度对隧洞稳定性的影响，揭示了开挖支护隧洞围岩应力集中、变形及塑性区分布特征；同时，对隧洞围岩力学抗剪强度参数进行敏感性分析，内摩擦角参数对围岩移动位移值的影响性大于内聚力参数；通过取水口隧洞群不同开挖顺序的数值模拟分析，间隔式开挖有利于隧洞群围岩体的稳定。

在隧洞施工方案的基础上，针对取水隧洞群的实际情况，对隧洞施工工艺提出改良措施。通过检测反馈施工效果和及时修正设计参数，使设计更加经济、合理、安全。

特别致谢：本书得到以下项目资助，在此表示谢意！

国家重点工程建设项目：中广核核电公司“辽宁红沿河核电站取排水工程检测”，2011

国家重点工程建设项目：中广核核电公司“辽宁红沿河核电站 1 号～4 号取水隧洞施工设计设计项目,2011

国家重点工程建设项目：中广核核电公司“辽宁红沿河核电站 1 号～4 号取水隧洞监测与检测”项目,2011

国家自然科学基金重点项目（51034005）：“大型露天煤矿高陡时效边坡稳定性理论研究”，2011

国家自然科学基金项目（51279018）：“块体模型分析结构性岩体稳定性的关键技术研究”,2012

目　　录

第 1 章　构造应力作用浅埋取水隧洞群施工评述

进入 21 世纪，核能已成为人类的重要能源，核电是电力工业的重要组成部分。在人们越来越重视地球温室效应、气候变暖的形势下，特别是鉴于哥本哈根气候会议减少大气碳排放量和环境污染等要求，我国积极发展核电作为加强基础产业设施建设的重要举措，核电建设也因此进入了一个黄金发展时期。

1.1　问题的提出

目前，世界上 30 多个国家和地区有 400 多座反应堆投入商业运营，装机容量 36742.2 万 kW。截至 2008 年底，我国已建成浙江秦山、广东大亚湾和江苏田湾三个核电基地，现役核电机组 11 台，核电装机容量 910 万 kW，已建成主要核电站如图 1.1 所示。我国核电装机发电仅占电力总装机的 1.1%，同世界一些发达国家相比差距很大，也远远低于世界平均核能发电利用的水平。

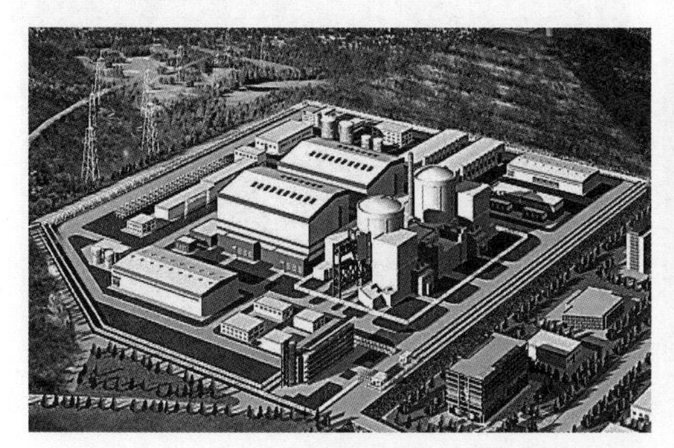

（a）秦山核电站

（b）大亚湾核电站

（c）田湾核电站

（d）法国核电站

图 1.1　国内外已建核电站

一般核电在运行过程中会产生巨大的热量，如何保证有大量的冷却水成为核电站选址的重要问题。因此，核电站大多建在沿海、江湖附近，这样就能保证有充足的冷却循环水源。鉴于核电用水的特殊性，核电取水隧洞引水工程主要为电厂常规岛冷却水、核岛安全厂用水和海水淡化系统提供海水，因此，水工地下隧洞数量多、规模大成为明显趋势，这一系列重大工程不可避免地涉及取水隧洞工程的建设。可以将核电取水隧洞比喻为核电系统的“大动脉”，如果取水隧洞运营期间出现质量问题，将导致整个核电系统的瘫痪。取水隧洞工程的重要性可见一斑。

本书以辽宁红沿河核电厂一期工程 4 台机组 CB 取水隧洞为工程研究背景，取水隧洞平均长 1km 左右，平均埋深 30m，最大埋深 46m。取水隧洞穿越复杂的地质环境，建设过程中遇到高地应力、临海分布密集节理破碎带等特殊地质问题，如何确保施工期取水隧洞安全、按期供水运营，保证隧洞施工建设过程中的安全性和稳定性，成为亟待研究、解决的重要问题。

1.2 研究目的与意义

地下工程由于其处在特殊环境下，同时也面临着复杂的力学环境，纵观世界水工隧洞的发展，隧洞建设过程中遇到的高地应力、断层带、高地下水渗透压等问题导致围岩的塌方、突涌水、局部失稳甚至整体失稳，时刻威胁工程的建设和工程人员的安全，见图 1.2。因此，如何保证隧洞工程建设过程中的稳定性已成为迫在眉睫的任务，这也是当今国际岩石力学研究的热点和难点。

（a）石武高铁黄陂木兰隧道塌方

（b）高黎贡山隧道涌水

图 1.2 隧洞地质灾害

因此，有必要开展红沿河核电取水隧洞的设计、开挖支护、围岩稳定性等问题的研究。针对取水隧洞在勘察设计、施工、运营等时期可能或已出现的隧洞灾害和围岩稳定问题，选用合理的评价方法，采取必要的避让、预防及治理措施，保证隧洞在建设期安全稳定，保证快速、安全地实现畅通和经济的使用性能。同时，对于提高国家水力水电、岩土建设水平，推动国家沿海核电事业发展，缓解我国电力紧张的局面，改善工程所在地区的经济状况，有着非常重要的现实意义。

1.3 国内外研究现状

纵观围岩稳定性分析方法的发展，各种技术革新、数学、力学及计算机技术的快速发展等均向理论分析不断提出新挑战，近年来，有关岩石破坏、突变、失稳的分叉与混合研究，也为围岩稳定性分析提供了全新的理论与方法。由于地下隧洞的复杂性，围岩稳定性评价也开始依托于计算机技术，进行多种方法的综合评价分析，成为未来发展的一种趋势。

1.3.1 围岩稳定性分析状况

目前，地下洞室围岩稳定性的分类方法有很多，如 Stini 法、Franklin 法、Bieniawski 的 *RMR* 法和 Barton 等人的 *Q* 法，以及 Arild Palmstrom 于 1995 年提出的 *RMI*（*ROCK MISSINDEX*）法。由于岩体工程力学行为及其变形、破坏机理带有很大的不确定性和不确知性，围岩稳定性分析方法中包含的参数较多，而有些参数难以准确测定。随着大型地下工程建设的迅速发展，国内外把围岩分类作为地下工程技术基础研究的重要课题之一。新的围岩分类方法从定性到定量、从单一指标向复合型指标发展，应用模糊数学理论、灰色系统理论、神经网络等理论，使围岩分类更趋科学化、合理化。

我国的科技工作者也已经编制出适应我国国情的各种专门的围岩分类方案，而且多数部门已编制出了相应行业的地下工程围岩分类方案。我国的围岩分类方法有岩体构造类型的分类法、围岩稳定性动态分级、坑道工程围岩分类、大型地下洞室围岩分类、铁路隧道岩体分级建议方案、中国建设部的工程岩体分级标准（GB50218—94），即 *BQ* 分级方法等。我国学者李世辉提出了典型类比分析法隧道位移反分析技术，并编制了反分析程序（*BMP*90），在其专著《隧道围岩稳定系统分析》中，对多种常用的围岩分类方法作了系统深入的阐述和分析，对我国地下工程围岩稳定性分析作了较为全面的总结。

1.3.2　围岩稳定定量评价方法

分析围岩稳定时主要有以下几种定量评价方法：解析分析法、图解分析法、物理模拟法、数值分析法、不确定性方法和反演分析法。

1.3.2.1　解析分析法

解析分析法是指从地质原型中高度抽象出简单的计算模型，借助数学和力学工具来计算围岩中的应力分布状态，进行围岩稳定性评价。其根本是求解复变函数的解析解。于学馥教授、刘怀恒教授采用复变函数进行围岩应力变形计算，并得出了弹性解析解；范广勤、汤澄波应用三个绝对收敛级数相乘法，求解非圆形洞室的外域映射函数；吕爱钟提出了应用最优化技术求解任意截面形状巷道影射函数的新方法，为应用复变函数求解复杂形状洞室围岩应力开辟了新的途径；工程兵工程学院的朱大勇等提出了一种新的可以求解任意形状洞室影射函数的计算方法，用于复杂形状洞室围岩应力的弹性解析分析。张倬元教授、王士天教授、王兰生教授介绍了均质或似均质围岩稳定性、含单一软弱结构面稳定以及顶拱围岩中简单块体稳定性的分析计算方法。解析法具有精度高、分析速度快和易于进行规律性研究等优点。但解析法分析围岩应力和变形目前多限于深埋地下工程，对于受地表边界和地面荷载影响的浅埋隧道围岩分析，在数学处理上存在一定的困难。特别在岩体的应力-应变超过峰值应力和极限应变，围岩进入全应力应变曲线的峰后段的刚体滑移和张裂状态时，解析法便不再适宜了。另外，对工程实际中经常遇到的多孔、非均质及各向异性等问题，现今的解析方法几乎是无法解决的，只能借助数值法来求解。

1.3.2.2　图解分析法

通过作图来分析结构面之间、结构面和开挖临空面之间的空间组合关系，确定出在不同工程部位可能形成块体的边界，进而分析其稳定性。常用的作图法有赤平极射投影分析法[13]、实体比例投影分析法和关键块体分析法。在应用赤平极射投影和实体比例投影分析法进行地下工程围岩稳定分析方面，中科院地质所的王思敬院士、孙玉科教授、刘竹华教授和杨志法教授等进行了系统的、开拓性的研究，取得了大量的成果，开发出相应的计算分析软件，出版了多部专著。

1.3.2.3　物理模拟法

模型试验方法多用于重要的难以用现场试验方法解决的复杂工程。基于相似性原理和量纲分析原理，通过模型或模拟试验的手段来研究围岩中的应力分布状态以及稳定性。常用的方法主要有相似材料法（称模型试验）、离心试验和光测弹性法。尤其是相似材料法，能较好地模拟岩体的物理力学性能以及节理裂隙等构造情况，考虑围岩与支护结构之间的共同作用，应用较为广泛。尽管地下工程围岩稳定性问题的研究始终与模型试验相伴随，但是模型与实际工程问题的相似性是模型试验问题解决的关键。理论分析时，往往需对原型进行一定的简化和假设，并且分析中所采用的参数的精度和可靠度也很有限，由此导致理论分析的结果和工程实际情况往往存在一定的偏差。近几十年来，岩体模型试验在国内外已获得了较为广泛的应用与发展。荷兰 S.C.Bandisl 等在模拟高地应力条件下的圆形洞室开挖模型试验后，认为即使在超高应力条件下，围岩的各向异性性质还是很明显，其二次应力和变形都由岩体构造控制。20 世纪 80 年代，国内学者也在这方面做了很多工作，谷兆琪教授等进行了层状砂岩地下洞室稳定性的研究；朱维申、冯光北等研究了单排裂隙岩体模型的抗剪强度；陈霞龄通过平面应变和三维两种破坏模型对地下洞室的稳定性进行了研究。赵震英采用了模型试验的手段，对洞群开挖全过程围岩的应力和位移分布进行了深入的研究，讨论了围岩破坏过程及安全度问题。赖月强、姜小兰采用地质力学模型平面应变试验技术，模拟彭水枢纽地下厂房洞室围岩的构造特点和力学性能，分析研究了主场放、调压小井在开挖过程中的围岩应力、洞周位移、断层对洞室的影响及洞室变形破坏机理等。孙世国等作了开挖岩体扰动与滑移机理的模拟试验。

1.3.2.4　数值分析法

在围岩稳定性的数学分析方法中，解析法只能适用于那些边界条件较为简单及介质特性不太复杂的情况。多数的实际工程在特定条件下只能用数值法求解，数值模拟方法主要是采用弹塑性力学理论和数值计算方法，从研究岩体的应力和位移的角度，分析评价岩体在一定的环境条件下的稳定性状况。目前常用的数值计算可以分为如下几种。

（1）有限单元法（FEM）

有限元法自 20 世纪 70 年代提出发展至今，已经相当成熟，该方法以弹塑性力学作为理论基础，通过求解弹塑性力学方程（物理方程、几何方程、平衡方程），计算岩土体在一定环境条件（自重、荷载等）下的应力场和变形场，然后根据岩土体的破坏准则，判断岩体在各个相应部位应力的作用下所处的状态，并据此对整个结构的稳定性做出定量的评价。其优点是部分地考虑了地下结构岩体的非均质和不连续性，可以给出岩体的应力、变形大小和分布，并可近似地依据应力、应变规律去分析地下结构的变形破坏机制。有限元法的应用是否真正有效，主要取决于两个条件：一是对地质变化的准确了解，如岩体深部岩性变化的界限、断层的延展情况、节理裂隙的实际分布规律等；二是对介质物性的深入了解，即岩体的各个组成部分在复杂应力及其变化的作用下的变形特性、强度特性及破坏规律等。由于这种方法是基于小变形和连续介质的假设，因此不能计算岩体沿某些结构面所发生的滑动变形（大变形）。国内较为突出的研究者中有：周维垣（1989）、黄润秋（1991）、黄运飞（1994）等。

（2）离散单元法（DEM）

自从 Gundall 首次提出离散单元 DEM（Distinct Element Method）模型以来，这一方法已在岩土工程问题中得到越来越多的应用。基本思想是假定岩体是由大量裂隙分割开的岩块沿各裂隙面“堆砌”而成（即离散介质假设），然后运用牛顿第二定律计算组成岩体的“岩块”，在自重和外荷载作用下随时间而变化的加速度、速度和位移。其基本假设是岩体为离散介质和岩体可以沿节理裂隙等结构面产生滑动、转动等大变形，因此该方法一般适用于模拟岩体破坏晚期阶段和分析节理岩体及其与锚杆（索）的相互作用。存在的主要问题是阻尼系数的选取和迭代计算的收敛性。作为国际上较有影响的先驱者，Gundall P.A 和 Hart.R 成功开发了二维和三维计算程序。在国内，以王泳嘉教授为代表的一些学者也进行了大量的研究工作，对地下洞室围岩的变形与破坏进行了全过程的模拟研究，并开发了应用软件。

（3）拉格朗日差分法

所谓差分法就是把基本方程和边界条件近似地改用差分方程来表示，把求解微分方程问题改换为求解代数方程问题。由于差分过程不需要构造总刚度矩阵，对于大变形模式来说，每一次循环都更新坐标，将位移增量累计到坐标系中，因此网格与其所代表的材料都发生位移和变形。而对于欧拉方程，材料运动及其变形都是相对于固定的网格。FLAC 是连续介质快速拉格朗日差分分析法（Fast Lagangian Analsis of Continua），主要用于模拟由岩土体及其他材料组成的结构体在达到屈服极限后的变形破坏行为。*FLAC* 在计算中使用了“混合离散化”技术，使用了全过程动力运动方程，采用“显示”差分求解法，在某种程度上克服了有限元和离散元不能统一的矛盾，是目前公认的较为合理的计算方法之一。方法最早由 Willkins 用于固体力学，后来由美国的 Itascas Consulting Group .Inc.把此方法率先应用于岩土体的工程力学计算中，并开发出应用软件 $FLAC^{3D}$。

（4）DDA 方法

由石根华与 Goodman 提出的块体系统不连续变形分析（Discontinuous Deformation Analysis）是基于岩体介质非连续性发展起来的一种新的数值分析方法。DDA 模型建立了一套完整的块体系统运动学理论，较好地模拟具有非连续面的岩体的运动与变形特性。将 DDA 模型与连续介质力学数值模型结合起来，如将 DDA 模型与有限元数值方法结合，应该是 DDA 模型工程应用研究的发展方向。

（5）块体单元法

河海大学任青文教授提出的块体单元法，是以块体单元的刚体位移为基本未知量，根据它们在外力作用下的平衡条件、变形协调条件及块体之间夹层材料的本构关系，建立起块体单元法的支配方程，用于确定块体位移及夹层材料的应力状态。该方法特别适用于具有地质结构面岩体的稳定分析，与有限单元法相比，可减少未知量个数，提高计算精度和速度。石根华和 Goodman 等人曾用块体理论进行岩体的稳定分析，根据岩块的几何关系寻找失稳的关键块，由块体的平衡条件研究其滑动的可能性。这种方法没有考虑材料的性质，特别是没有考虑结构面间的本构关系。

（6）边界元法

边界元法将偏微分方程转换成求解对象边界上的积分方程式并将其离散化求解，H.G.Poulos 等人对边界元法作了详细的研究。由于变化成边界上的方程式使问题比解析对象降低了一维，对于一般的线性问题只需要进行区域边界的单元分割，所以与有限元相比，具有计算时间短，计算范围大的特点，但是边界元法对奇异边界的计算较难处理。

（7）块体—弹簧元分析法

Kawai 于 1987 年提出了采用简化的刚性块体来模拟不连续介质的刚体弹簧元数值模型。它以单元形心的刚体位移为基本未知量，仅考虑单元之间缝面的变形协调和本构关系来建立求解的支配方程，确定缝面的相对位移和应力。该模型在分析节理岩体的稳定性时具有一定的优点，可以反映围岩不连续的变形和运动规律。

1.3.2.5　不确定性方法

影响地下洞室围岩稳定性因素主要为地层岩性及产状、构造结构面组合形态、地应力状态以及地下水的赋存情况等，这些因素具有很大的不确定性，表现为随机性和模糊性，因此对地下结构岩体分析可采用模糊数学和可靠度方法进行研究。可靠性理论自应用于岩土工程以来，在许多领域获得了较大的发展，并被引入地下洞室的稳定分析中。可靠性理论根据不同的岩石破坏判据建立极限状态方程，采用概率论方法求得地下结构工程的破坏概率，进而分析其稳定可靠性。地下工程及稳定性的界限是不清楚的，具有相当的模糊性，故可应用模糊数学理论进行研究。该理论现主要应用于地下工程围岩的稳定性分类中，并且日益受到重视。

1.3.2.6　反演分析法

自奥地利地质学家L.缪勒提出以充分发挥围岩自承能力为基本原理，以锚喷支护及复合柔性衬砌为主要特征的新奥法以来，改变了过去设计与施工的一些传统思路。它依据现场监控量测结果和信息反馈来指导施工和设计。因此，以现场监控信息为依据，可通过反演分析计算围岩物理力学参数来评价隧道围岩稳定性，该方法已日益受到重视。

除了上述常用的方法外，其他一些理论和方法也用在围岩稳定分析中。地下工程围岩开裂和破坏主要由于结构面的断裂扩展和连通，因此有人采用断裂和损伤力学方法来评价节理裂隙岩体稳定性和变形行为，正在兴起的各种数值计算方法之间的耦合、块体理论的引用和发展、系统论与控制论的引入等方法。围岩稳定性研究虽已取得重大进步，但针对围岩岩体本构关系的非线性，性状的非连续、非均质性，边界条件的不确定性以及应力条件在空间、时间上的多变性等特性，各国学者还在不断探索围岩稳定性的定量评价的方法与手段，以期能更准确和真实地反映围岩的稳定性。任何一种分析方法都不是万能的、唯一的或排它的，把两种或多种方法融合起来，取长补短，是未来发展的一种趋势。

1.3.3　隧洞支护理论的发展历程

隧洞支护理论与实践的发展进程大体上可分为三个阶段：初始阶段、经典理论阶段和现代发展阶段。

（1）初始阶段（20世纪以前）

由于开挖及隧洞结构工程的需要，该阶段产生了一些初步的岩体应力理论，隧洞支护设计方法大多凭经验，普遍的支护形式有木支护、石材支护、混凝土支护等。

（2）经典理论阶段（20世纪初—20世纪60年代）

该阶段也是岩石力学学科形成的重要阶段。弹性力学和塑性力学被引入岩石力学，提出围岩和衬砌相互作用，共同支护的理论。岩石力学理论的实际应用使隧洞支护理论和实践有了充分发展。利用围岩的自支承能力，适时地构筑柔性、薄层、并能与围岩密贴的支护结构，并通过动态监测，指导支护施工的“新奥法”支护理论和设计施工方法有了很大的发展。锚喷支护结构得到了广泛的应用，呈现出理论和工程实际同步发展的良好局面。

（3）现代发展阶段（20世纪60年代至今）

在该阶段，岩石力学的进展表现在：用更为复杂的多种多样的力学模型来分析岩石力学问题，计算机的广泛应用，使数值计算方法（如GEOFEM、MIDAS、ANSYS、RFPA、FLAC等）在隧洞结构工程和隧洞的设计、计算、分析方面得到了广泛的应用。流变学、断裂力学、人工智能、分形理论等都被引入了岩石力学问题的研究中。

1.3.4　现代支护结构理论与结构类型

1.3.4.1　现代支护结构理论

现代支护结构理论主要包括以下几个方面。

①现代支护结构理论是建立在围岩与支护共同作用的基础上，即把围岩和支护看成是由两种材料的复合体。传统观点认为，围岩只产生荷载而不能承载，支护只是被动地承受已知荷载而起不到稳定围岩和改变围岩压力的作用。

②充分发挥围岩自承能力是现代支护结构理论的一个基本观点，并由此降低围岩压力以改善支护的受力性能。

发挥围岩的自承能力，一方面不能让围岩进入松动状态，以保持围岩的自承力；另一方面允许围岩达到一定程度的塑性，以使围岩自承力达到最大限度，当围岩洞壁位移接近允许变形值时，围岩压力就达到最小值。由图 1.3 可以看出，岩石的应力与应变关系曲线（图 1.3（a））和岩体节理面的摩擦力与位移关系曲线（图 1.3（b））都具有这样的规律。

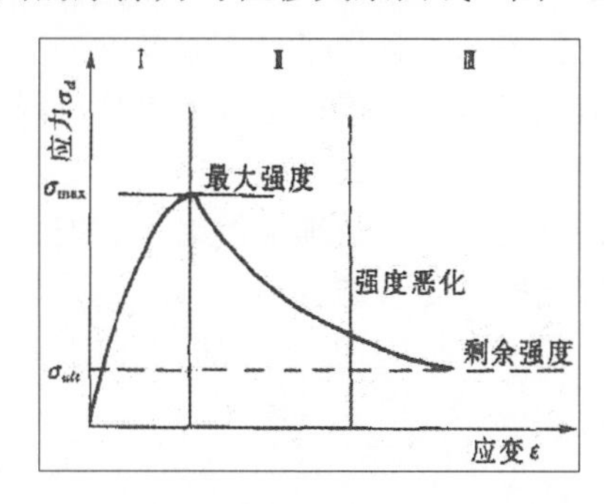

（a）岩石单轴压缩试验的应力应变关系

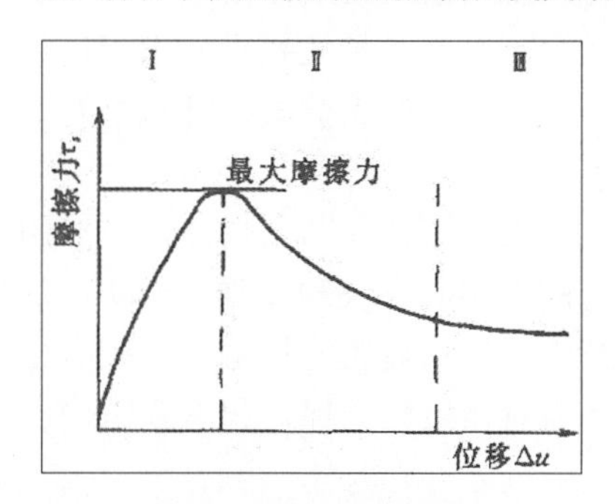

（b）岩体节理面的摩擦力与位移的关系

图 1.3　岩石应力-应变关系和摩擦力-位移关系曲线

初始时随着应变或位移的增大，岩石或岩体的强度逐渐增大，进入塑性后，随着应变或位移的增大，强度逐渐丧失，刚进入塑性时发挥的自承力最大。由此，现代支护结构理论一方面要求采用快速支护、预先支护等手段限制围岩进入松动状态；另一方面要求采用分次支护、柔性支护、调节仰拱施作时间等手段使围岩进入一定程度的塑性，以充分发挥围岩的自承力。

③现代支护结构理论另一个支护原则是尽量发挥支护材料本身的承载力。采用柔性薄型支护、分次支护、封闭支护以及深入到围岩内部进行加固的锚杆支护，都具有充分发挥材料承载力的作用。喷层柔性大而且能与围岩紧密黏结，因此喷层主要是受压或者是受剪，它比受挠破坏的传统支护更能发挥混凝土承载能力。

④根据地下工程的特点和当前技术水平，现代支护结构理论主张用现场监控测试手段来指导施工和设计，并以此来确定最佳的支护结构型式、参数，最佳施工方法和施工时机。

⑤现代支护结构理论要求按岩体的不同地质、力学特征，选用不同的支护方式、力学

模型、相应的计算方法和不同的施工方法。如对稳定地层、松散软弱地层、塑性流变地层、膨胀地层应分别采用不同的设计原则和施工方法。而对于作用在支护结构上的变形地压、松动地压以及不稳定块体的荷载应当采用不同的计算方法。

现代支护理论与传统支护理论的区别主要体现在以下几个方面。

①对围岩和围岩压力的认识方面：传统支护理论认为围岩压力由洞室塌落的围岩“松散压力”造成，而现代支护理论则认为围岩具有自承能力，围岩作用于支护上的压力不是松散压力，而是阻止围岩变形的形变压力。

②在围岩和支护间的相互关系上：传统支护理论把围岩和支护分开考虑，围岩当作荷载，支护作为承载结构，属于“荷载—结构”体系，现代支护理论则将围岩和支护作为一个统一体，二者组成“围岩—支护”体系共同参与工作。

③在支护功能和作用原理上：传统支护只是为了承受荷载，现代支护则是为了及时稳定和加固围岩。

④在设计计算方法上：传统支护主要是确定作用在支护上的荷载，现代支护设计的作用荷载是岩体地应力，围岩和支护共同承载。

⑤在支护形式和工艺上：锚喷支护的施工方式简单，不需模板，无需回填，在围岩松动之前能及时加固。

1.3.4.2 现代支护结构类型

支护结构的作用在于保持洞室断面的使用净空，防止岩质的进一步恶化，承受可能出现的各种荷载，保证支护的安全。有些支护还要求向围岩提供足够的抗力，维持围岩的稳定。按支护结构的作用机理，目前采用的支护大致可归纳为如下三类。

（1）刚性支护结构

这类支护结构通常具有足够大的刚性和断面尺寸，一般用来承受强大的松动地压。这类支护通常现浇混凝土或者有的采用石砌块和混凝土砌块。从构造上看，有贴壁式结构和离壁式结构。贴壁式结构保持围岩和衬砌紧密接触，中间有回填层，但其防水和防潮的效果极差。离壁式结构没有与围岩直接接触的保护和承载结构，较容易出事故。

（2）柔性支护结构

柔性支护结构是根据现代支护结构理论提出来的，它能及时地进行支护，限制围岩过大变形而出现松动，又能允许围岩出现一定的变形。锚喷支护是一种主要的柔性支护结构类型，其他的有预制的薄型混凝土支护，硬塑性材料支护以及钢支撑等。锚喷支护自从20世纪50年代问世以来，获得了极为迅速的发展。在世界各工程部门，特别是在困难地质条件下，在修建隧洞以及控制围岩的高挤压变形方面，显示了很大的优越性。

锚喷支护是指锚杆支护、喷射混凝土支护以及它们与其他支护结构的组合。其特点有：供及时支护，改善围岩的应力状态；主动适应围岩变形，充分发挥围岩自承能力；同围岩牢固密贴，与围岩形成复合体；侵入围岩内部，形成厚度很大的岩体承载圈；密闭性好，有效保护围岩；使用范围广，施工灵活性大。

（3）复合式支护结构

复合式支护结构是柔性支护和刚性支护的组合。通常初期支护是柔性支护，一般采用喷锚支护，最终支护是刚性支护，一般采用现浇混凝土支护或高强钢架支护。复合式支护结构是一种新兴的支护结构型式，主要用于软弱地层，尤其是适用于塑性流变地层。在塑性流变地层中，围岩的变形和地压都很大，而且持续时间很长。如果开挖后立即施加刚性支护，那么结构就会立即破坏。如果采用一般的喷锚支护，通常也不足以承载，达到一定变形地压后，喷锚支护破坏。复合式支护结构是根据现代支护结构理论中需要先柔后刚的思想，先采用柔性支护让围岩释放掉大部分地压，然后再施加刚性支护承受余下的围岩边形和地压，以维持围岩稳定，可见复合式支护结构中的初期支护和最终支护一般都是承载结构。

1.3.5　国内外研究对本项目的启示

地下工程支护结构理论正在不断发展，各种设计方法都需要不断地提高和完善，尤其是能较好地反映地下工程特点的现场监控设计方法，更迫切需要在近期内形成比较完善的量测体系与计算体系。从发展趋势来看，新奥法开创的“理论—经验—量测”三者相结合的“信息化设计”体现了地下工程支护结构设计理论的发展方向。

1.4　主要研究内容

根据项目的思路及技术路线，将主要内容归纳如下。

①在阅读大量文献的基础上，归纳并总结隧洞围岩稳定研究的意义、分析评价方法以及岩体弹塑性计算原理，并且对隧洞开挖现代支护结构理论及其类型做出概括。

②探讨新奥法在取水隧洞工程中的应用，并对相关施工工艺进行改良，以求隧洞安全、稳定、快速施工。

③分析隧洞工程区的初始地应力分布规律，构建取水隧洞三维数值模型，探讨隧洞开挖后的时空效应和不同开挖进尺下围岩的稳定性。

④重点分析取水隧洞开挖后，隧洞周围岩体以及弹性区岩体的应力、位移以及塑性区的变化特征，并对其各种状态下的稳定性做出分析。对锚杆在隧洞围岩中的锚固作用进行初步介绍，分析锚杆单元的受力情况。对隧洞围岩力学材料参数进行敏感性分析，探讨通过改变力学参数的准确性为隧洞围岩数值计算结果的分析提供更为合理的依据。同时对隧洞群取水口不同开挖顺序所产生的影响进行研究，以期为施工设计提供参考。

1.5　研究技术路线

根据项目主要研究内容，建立研究技术路线框图，如图 1.4 所示。

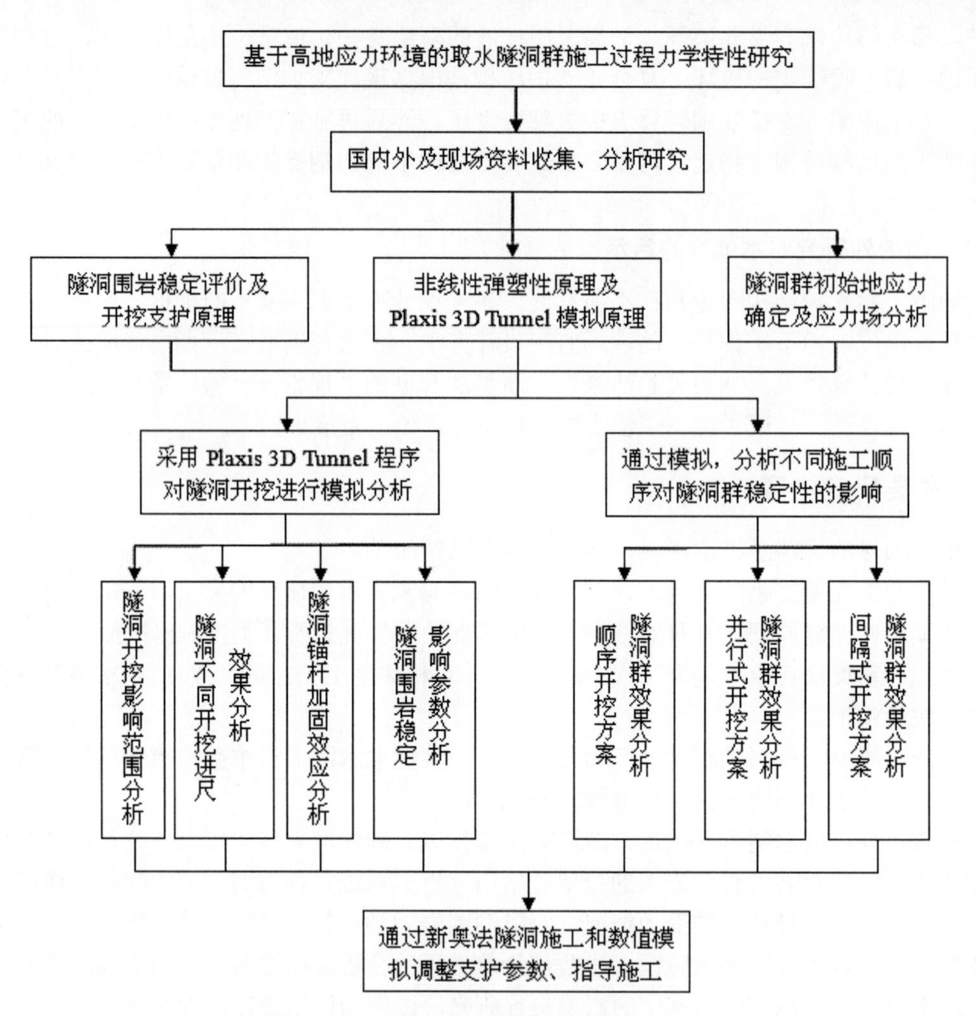
基于高地应力环境的取水隧洞群施工过程力学特性研究
国内外及现场资料收集、分析研究
隧洞围岩稳定评价及开挖支护原理
非线性弹塑性原理及 Plaxis 3D Tunnel 模拟原理
隧洞群初始地应力确定及应力场分析
采用 Plaxis 3D Tunnel 程序对隧洞开挖进行模拟分析
通过模拟，分析不同施工顺序对隧洞群稳定性的影响
隧洞开挖影响范围分析
隧洞不同开挖进尺效果分析
隧洞锚杆加固效应分析
隧洞围岩稳定影响参数分析
隧洞群顺序开挖方案效果分析
隧洞群并行式开挖方案效果分析
隧洞群间隔式开挖方案效果分析
通过新奥法隧洞施工和数值模拟调整支护参数、指导施工

图 1.4　研究技术路线

第 2 章　依托工程与高地应力环境

初始地应力场是工程设计需要的基本指标，尤其在地下隧洞工程建设中更为重要。初始地应力场利用是否可靠，岩体参数选取是否合理将直接影响到工程设计与施工的可靠性与安全性。由于许多隧洞工程是一个多步骤的多次开挖过程，前面的每次开挖都对后期的开挖产生影响，施工步骤不同，开挖顺序不同，都有各自不同的最终力学效应。只有通过大量的计算和分析，比较各种不同的开挖和支护方法、过程、步骤、顺序下的应力和应变动态变化过程，采用优化设计的方法，才能确定最经济合理的开挖设计方案。所有的计算和分析都必须在已知地应力的前提下进行。

2.1　工程概况

辽宁红沿河核电厂厂址位于辽宁省瓦房店市东岗乡林沟村小孙屯，地处瓦房店市西端渤海辽东湾东海岸温沱子。隧洞位于厂址区的西北侧，沿海岸分布有海蚀崖，海蚀崖的坡角一般为 50°～70°，崖顶部标高为 20.0m 左右。根据设计标准，此隧洞属抗震 I 类物项，其抗震设防标准需按照相关规定进行抗震设计和论证。隧洞口节理裂隙密集破碎带区域位于厂区西北侧沿海处，隧洞口东南侧及西侧，地形为原始丘陵地形，如图 2.1 所示。

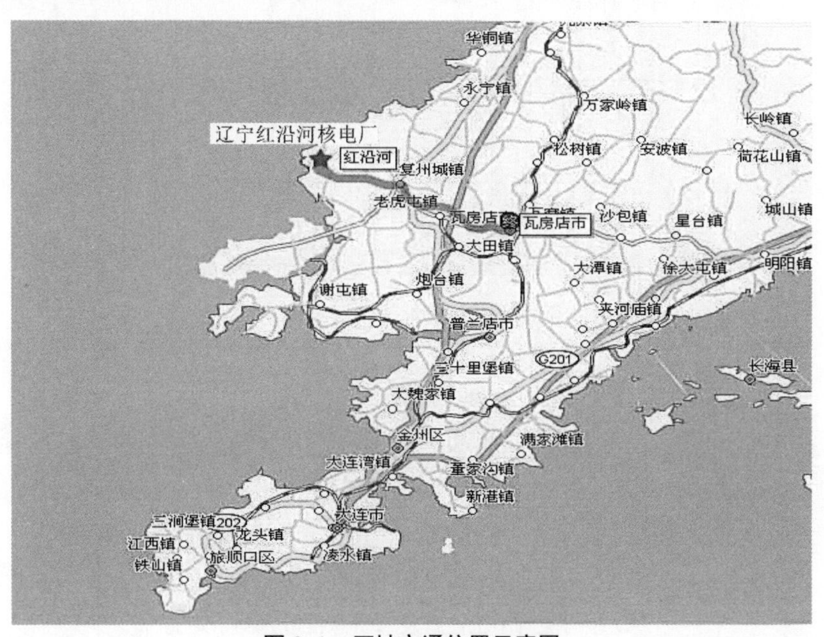

图 2.1　厂址交通位置示意图

厂区规划装机容量为 6×1000MW 级机组，分两期建设，其中一期工程建设四台 1000MW 级的 CPR1000 机组。取水工程采用单元制的海水直流供水系统，每台机组设置一条取水隧洞通至厂内 PX 泵房进水前池，并在池内设置连通口，保证在一条隧洞检修或事故时，由另一条隧洞向两台机组供应安全厂用水。取水工程主要为电厂常规岛冷却水、核岛安全厂用水和海水淡化系统提供海水，每台机组总的设计取水量为 $50.1m^3/s$，一期工程规模为 1 座取水建筑物和 4 条取水隧洞。图 2.2 所示为取水隧洞群总体布置平面图，图 2.3 为 1 号至 4 号隧洞地质剖面图。

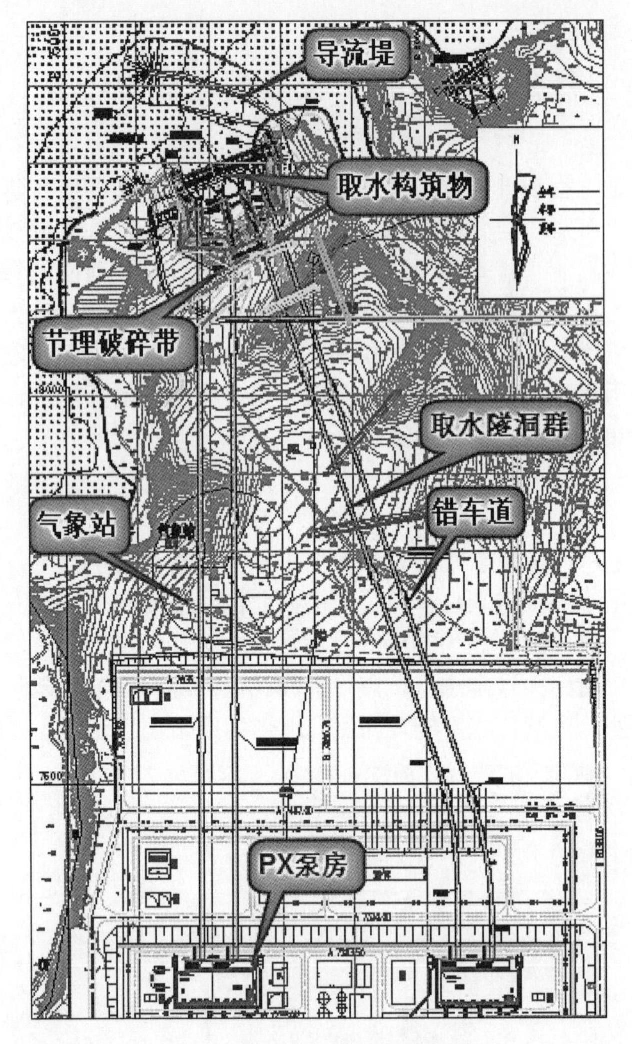

图 2.2　CB 取水隧洞群平面图

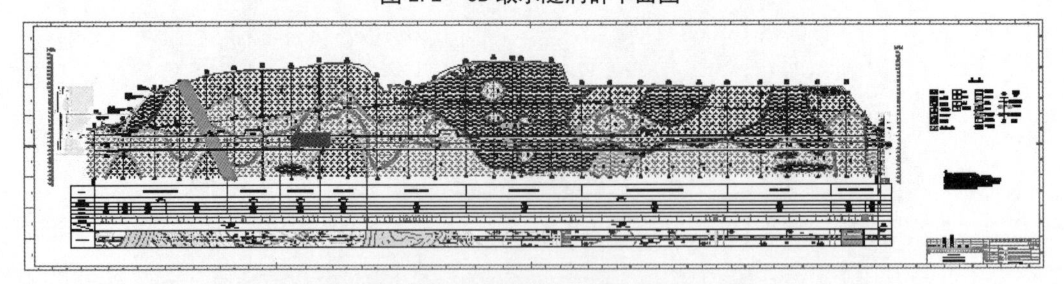

（a）1 号隧洞施工位置及掌子面推进方向示意图

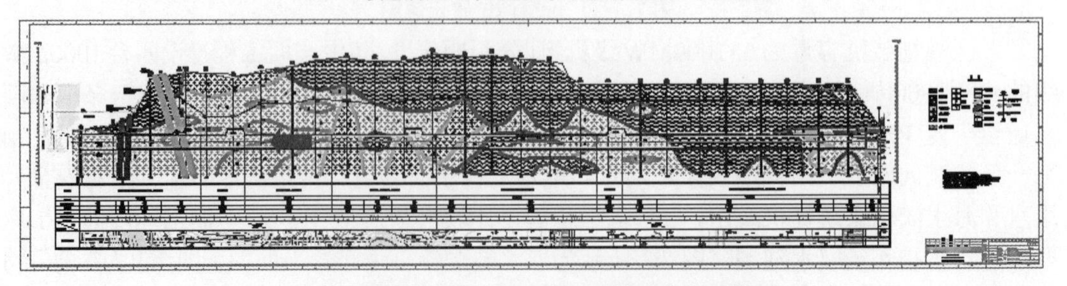

（b）2 号隧洞施工位置及掌子面推进方向示意图

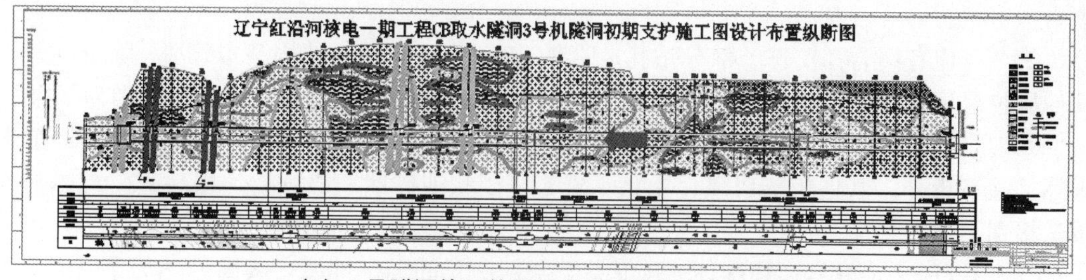

（3）3 号隧洞施工位置及掌子面推进方向示意图

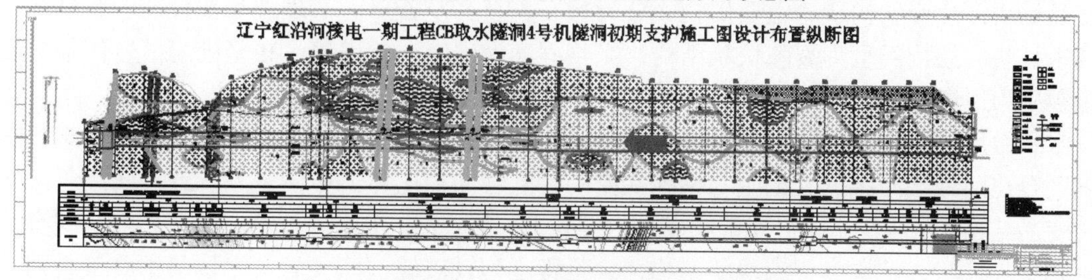

（d）4 号隧洞施工位置及掌子面推进方向示意图

图 2.3　隧洞地质剖面示意图

电厂厂址地形条件是北高南低，结合厂区总体布置，一期工程的取水建筑物位于电厂北部约 1.0km 的天然小海湾内，取水隧洞自取水建筑物起止 PX 泵房。自取水建筑物致 PX 泵房为下坡，1 号机取水隧洞长 966m，2 号机取水隧洞长 979m，隧洞坡度 i=0.000517，两隧洞中心间距为 47.7m。3 号机取水隧洞长 1037m，4 号机取水隧洞长 1050m，隧洞坡度 i=0.000482，两隧洞中心间距为 29.2m。进水口隧底高程为▽-9.7m，出水口隧底高程为▽-10.2m。取水隧洞采用圆形断面，直径 5.5m，开挖直径为 6.9m，采用钢筋混凝土衬砌，二衬厚度 500mm。取水建筑物位于电厂北部约 1.0km 的海域里，此处为自岸边向海洋方向倾斜的缓坡，海水深度为 0～7m。海蚀崖沿海岸分布，海蚀崖的坡脚一般为 50°～70°，崖顶部标高为 20.0m 左右。自取水建筑物至海水淡化场地之间为天然地面，地形地貌为丘陵，地面高程为 15～37m，地表见有北东向及东西向的冲沟两条，其规模较小，横断面呈 V 字形或 U 字形，取水隧洞在冲沟源头部位的地下穿越。隧洞自海水淡化场地至联合泵房之间的勘察场地现已整平，形成标高为 20.00m 的平台，地势平坦。

2.2　工程地质与水文地质条件

地下隧洞由于其隐蔽性和不可见性，在修建过程中会遇到众多地质灾害问题，产生的地质背景和发生机理也更加复杂，强度和危害性大得多，这给隧洞围岩稳定性增加了一系列不确定因素。因此，在进行地下隧洞数值分析前，必须弄清楚隧洞工程区的水文地质情况，并对这些地质条件下形成的初始应力荷载及其对隧洞的作用机理有准确的了解，这对计算结果的准确性起着至关重要的作用。

2.2.1　工程地质条件

隧洞区岩性主要为花岗岩及片麻岩（捕虏体），花岗岩以④$_1$ 强风化花岗岩和⑤中等风化花岗岩为主，片麻岩（捕虏体）以④$_1$ 强风化片麻岩为主。

各层岩土的特性如下。

①素填土：仅见于 20m 平台南部及 12m 边坡部分钻孔，一般厚度 2.00～3.00m，杂色，由黏性土混多量砂、少量岩屑及岩块组成，为场地整平堆积的回填土，经过初步碾压，稍

密～中密状态。

②全风化花岗岩：仅见于部分钻孔，层厚 2.00m，浅黄色，结构基本破坏，除石英外，其他矿物已风化土状，岩芯呈土状或砂状。极软岩，极破碎，岩体基本质量级别为Ⅴ级。

③$_1$ 全风化片麻岩：仅见于部分钻孔，层厚 1.20～3.00m，浅黄色—浅灰色，结构基本破坏，除石英外，其他矿物已风化土状，岩芯呈土状或砂状。极软岩，极破碎，岩体基本质量级别为Ⅴ级。

⑤$_1$ 中等风化片麻岩（捕虏体）：仅见于个别钻孔的局部地段，灰褐色—灰绿色，鳞片变晶结构，片麻状构造。主要矿物成分为长石、石英及云母。节理裂隙发育，岩芯呈柱状或短柱状，结构类型为裂隙块状结构，完整程度为破碎—较破碎，较坚硬岩，岩体基本质量级别为Ⅳ级。

⑥微风化花岗岩：分布范围很小，仅见于个别钻孔深度 30m 以下，根据物探成果，隧洞区存在两处低阻区，其范围与钻孔揭露的片麻岩（捕虏体）范围基本一致，浅红色，花岗变晶结构，块状构造。主要矿物成分为钾长石、斜长石、石英及云母。节理裂隙较发育，岩芯呈长柱状，结构类型为块状结构，完整程度为较破碎，坚硬岩，岩体基本质量级别为Ⅲ级。

④$_1$ 强风化片麻岩（捕虏体）：主要分布于隧洞区的南侧，厚度及埋深变化大，分布无规律，钻孔揭露的最大厚度为 55.0m，灰褐色—灰绿色，鳞片变晶结构，片麻状构造。主要矿物成分为长石、石英及云母。节理裂隙极发育，长石及云母大部分已高岭土化，岩芯呈土状、砂土状及碎块状，结构类型为散体状结构，软岩，完整程度为极破碎，岩体基本质量级别为Ⅴ级。

④强风化花岗岩：见于隧洞区大部分地段的钻孔，在 20m 平台北部边坡至岸边海蚀崖，分布于地表，一般厚度 5.0～8.0m；20m 平台处，与片麻岩交错分布，厚度及埋深变化大，厚度为 23m，最大埋深为 43m，浅红色—浅黄色，花岗变晶结构，块状构造。主要矿物成份为钾长石、斜长石、石英及云母。节理裂隙极发育，斜长石大部分已高岭土化，岩芯呈碎块状及砂状，结构类型为散体状结构或碎裂状结构，软岩或较软岩，完整程度为极破碎，岩体基本质量级别为Ⅴ级。

⑤中等风化花岗岩：分布于 1 号隧洞北部，一般埋深在 5.0～8.0m，厚度大，分布范围广；1 号隧洞南部，分布范围小，埋深大，厚度小，与片麻岩（捕虏体）交错分布。2 号隧洞北部，一般埋深在小于 5.0m，厚度大，分布范围广；2 号隧洞南部，分布范围小，埋深大，厚度小，与片麻岩（捕虏体）交错分布，浅红色，花岗变晶结构，块状构造。主要矿物成分为钾长石、斜长石、石英及云母。节理裂隙较发育，岩芯呈块状或短柱状，结构类型为裂隙块状结构，完整程度为破碎—较破碎，较坚硬岩，岩体基本质量级别为Ⅳ级。

结合钻探、工程地质测绘、声波测井等手段，根据岩石野外特征定性划分，隧洞地段岩性为太古宙花岗岩及太古宇变质岩，太古宇变质岩呈捕虏体赋存于太古宙花岗岩中。变质岩的岩性以片麻岩为主，经过历次构造运动，花岗岩中节理裂隙发育，岩体极为破碎，片麻岩经过交替变质作用，抗风化能力差，加之片理发育，岩体风化作用强烈。

隧洞地段花岗岩及片麻岩以强风化—中等风化为主，强风化花岗岩及片麻岩岩芯呈土状、砂状及碎块状，结构类型为散体状结构或碎裂状结构；完整程度为极破碎。岩体基本质量为Ⅴ级；中等风化花岗岩及片麻岩岩芯呈柱状，结构类型为裂隙块状，完整程度为较破碎—较完整，岩体基本质量分级为Ⅳ级。隧洞围岩分级为Ⅳ级和Ⅴ级，Ⅳ级围岩自稳时间很短，规模较大的各种变形和破坏随时都可能发生，不稳定；Ⅴ级围岩不能自稳，变形破坏严重，极不稳定。强风化花岗岩及片麻岩结构强度极低，大部分呈散体结构，加之地下水的作用，施工中极易出现塌方。

工作区内断层与破碎带不发育，隧洞经过区未发现断层。而不同规模的节理与节理密集带比较发育。节理密集带主要发育在靠近取水隧洞头部及取水构筑物地段，东北向节理密集带宽度相对较小，但节理密度大（可达几厘米一条或 1～2cm 一条）；而西北向节理密集带通常节理密度比较小，5～20cm，但宽度比较大的可达几十米。两者的共同特点是倾角比较陡（70°～80°），延伸比较远。

2.2.2　水文地质条件

隧洞区地下水为基岩裂隙水，含水体为全风化、强风化片麻岩及花岗岩体。由于全、强风化带节理裂隙很发育，裂隙联通性较好，可形成统一的地下水位，故该地下水为风化裂隙水向孔隙水过度的类型。中等风化花岗岩局部受节理裂隙发育影响，可形成局部的构造裂隙水，但不形成统一的含水层及地下水位，且富水性微弱。

地下水位在 20m 平台地段高程为 9.00～12.50m，大致呈北高南低，20m 平台北部边坡以上到海边地段，由于地形起伏较大，地下水埋深 0.5～21m，变化较大，高程 0.5～11m，地下水埋深随地形起伏。取水区岩石属弱透水—中等透水。

测区内深部岩体内地下水与海水无水力联系，但根据节理裂隙的定向发育特点，推测地下水与海水之间在近海岸局部节理裂隙比较发育、且节理贯通性较好的地段存在水力联系。地下水对混凝土结构及其中钢筋无腐蚀性，对钢结构有弱的腐蚀性。

2.3　构造高地应力环境

影响围岩稳定性的因素很多，就其性质而言，基本可归纳为两大类：第一类是地质环境方面的自然因素，是客观存在的，它们决定了隧洞围岩的质量；第二类是工程活动的人为因素。地应力是存在岩体内部未受扰动的应力，主要由五个部分组成，即岩体自重、地质构造、地形势、剥蚀作用和封闭应力。在隧洞工程设计中，岩体初始地应力与围岩稳定性关系十分密切，是使隧洞围岩变形、破坏的重要作用力，直接影响围岩的稳定性。当隧洞岩体开挖后，初始地应力释放引起围岩应力重新分布，这时围岩稳定性将取决于重新分布的应力对岩体地质因素的平衡条件。因此，隧洞工程施工之前不查清初始地应力分布情况，会给施工带来麻烦，甚至安全威胁。

2.3.1　高地应力的判别

一般工程中大多将大于 20～30MPa 的硬质岩体内的初始应力称为高地应力。法国隧道协会、日本应用地质协会和前苏联顿巴斯矿区等采用岩石单轴抗压强度 R_b 和最大主应力 σ_1 的比值 R_b/σ_1（即岩石强度应力比）来划分地应力级别（见表 2.1）。

表 2.1　部分国家地应力分级方案

地应力级别	高地应力	中等地应力	低地应力
岩石强度应力比（R_b/σ_1）	＜2	2～4	＞4

这样划分和评价的实质是反映岩体承受压应力的相对能力。我国的陶振宇（1983）对高地应力给出了一个定性的规定，即所谓高地应力是指其初始应力状态，特别是它们的水平初始应力分量，大大超过其上覆岩层的岩体质量。这一规定强调了水平地应力的作用。天津大学薛玺成等（1987）建议用下式来划分地应力量级：

$$n = I_1/I_1^0 \tag{2.1}$$

式中：I_1—实测地应力的主应力之和；I_1^0—相应测点的自重应力主应力之和；n—比值。

薛玺成等人的地应力分级方案（表 2.2）在物理概念上与陶振宇的高地应力定性方案并无本质区别。姚宝魁、张继娟（1985）认为陶振宇、薛玺成等人的分级、评价方法没有考虑到岩体的变形和稳定性条件，因而在工程实践中难以应用。

表 2.2　地应力分级方案

地应力级别 $n=I_1/I_1^0$	一般地应力 1～1.5	较高地应力 1.5～2	高地应力＞2
说明	n=1 时 为纯自重应力场	在应力场中有 30%～50%是 构造应力产生的，其余为重力场应力	50%以上的地应力值是 由构造应力产生的

他们认为，应从工程岩体的变形破坏特征出发，考虑地应力对不同岩体的影响程度，建议以式（2.2）作为判断高地应力的标准：

$$\sigma_1 \geq (0.15 \sim 0.20) R_b \tag{2.2}$$

实际上，式（2.2）继承了 Barton 等人（1974）Q 系统分类指标的物理概念。中华人民共和国技术监督局、中华人民共和国建设部 1994 年联合发布的《岩土工程勘察规范》（GB50021—94）中也采用岩石强度应力比（R_b/σ_1）来划分高地应力级别，规定：R_b/σ_1=4～7 为高地应力，R_b/σ_1＜4 为极高地应力。

显然，这一规定中高地应力的含义与姚宝魁、张继娟（1985）的建议标准相近，而与表 2.1 部分国家地应力分级方案又很大的差别，这反映出不同国家对高地应力的界定是有很大差别的。实际上，高地应力是一个相对的概念，并且与岩体所经受的应力历史和岩体强度、岩石弹性模量等诸多因素有关。

孙广忠曾指出（1983），强烈构造作用地区，地应力水平与岩体强度有关；轻缓构造作用地区，岩体内储存的地应力大小与岩石弹性模量直接有关，即弹性模量大的岩体内地应力高、弹性模量小的岩体内地应力低。孙广忠提出了高地应力地区的六大地质标志，见表 2.3，该表中同时列出了低地应力地区的一些地质标志，以便进行对比。

表 2.3　高、低地应力地区的地质标志

高地应力地区地质标志	低地应力地区地质标志
1.围岩产生岩爆、剥离 2.收敛变形大 3.软弱夹层挤出 4.饼状岩心 5.水下开挖无渗水 6.开挖过程有瓦斯突出	1.围岩松动、塌方、掉块 2.围岩渗水 3.节理面内有夹泥 4.岩脉内岩块松动、强风化 5.为层状或节理面内有次生矿物晶簇、孔洞等

2.3.2　地应力测试基本方法

目前各种主要测量地应力的方法有数十种之多，而测量仪器有数百种之多。

根据测量手段的不同可分为：构造法、变形法、电磁法、地震法和放射性法五大类。

根据测量原理的不同可分为：应力恢复法、应力解除法、应变恢复法、应变解除法、水压致裂法、声发射法、X 射线法和重力法八类。

其中，水压致裂方法是直接测量法中应用最为广泛的方法，声发射法次之。

（1）水压致裂法测量原理

费尔赫斯特（C.Fairhurst）和海姆森（B.C.Haimson）最早将水压致裂法用于地应力测量中来。从弹性力学的基本理论可知，当一个位于无限体中的钻孔受到无穷远处二维应力场（σ_1，σ_2）的作用时，离开钻孔端部一定距离的部位处于平面应变状态。

在这些部位，钻孔周边的应力为：

$$\sigma_\theta=\sigma_1+\sigma_2-2（\sigma_1-\sigma_2）\cos2\theta_\gamma \quad (2.3)$$

$$\sigma_\gamma=0 \quad (2.4)$$

式中，σ_θ，σ_γ—钻孔周边的切向应力和径向应力；θ—周边一点与σ_1轴的夹角。

由式（2.3）可知，当 $\theta=0°$ 时，σ_θ取得极小值，此时：

$$\sigma_\theta=3\sigma_2-\sigma_1 \quad (2.5)$$

采用水压致裂系统将钻孔某段封闭进行高压注水，当水压超过 $3\sigma_2-\sigma_1$ 和岩石的抗拉强度 T 之和后，在 $\theta=0°$ 处，也即 σ_1 所在方位发生孔壁开裂。设钻孔壁发生初始开裂时的水压力为 P_i，则有

$$P_i=3\sigma_2-\sigma_1+T \quad (2.6)$$

当高压注水使得裂隙深度达到 3 倍钻孔直径时，得到恒定压力 Ps 和原岩应力 σ_2 相互平衡，即

$$Ps=\sigma_2 \quad (2.7)$$

由式（2.6）和式（2.7），只要测出岩石抗拉强度 T，即可确定 σ_1 和 σ_2。

在钻孔中存在裂隙水的情况下，封闭隔离处的裂隙水压为，式（2.6）变为

$$P_i=3\sigma_2-\sigma_1+T-P_0 \quad (2.8)$$

而测试岩石的抗拉强度往往是困难的，因此在水压致裂试验中增加一个环节，即在初始裂隙产生后，将水压卸除，使裂隙闭合，然后再重新向封闭隔断加压，使裂隙重新打开，此时压力为 P_r，有

$$P_r=3\sigma_2-\sigma_1+T-P_0 \quad (2.9)$$

这样，由式（2.7）和式（2.9）求得 σ_1 和 σ_2，就无须知道岩石的抗拉强度。因此水压致裂法测量原岩应力将不涉及岩石的物理力学性质，而完全由测量和记录的压力值来决定。

2.3.3　隧洞群地应力确定

根据岩体原位应力的大小和方向，可以对隧洞的成洞条件及地应力对隧洞洞形、支护系统的影响进行评价，预测施工中产生岩爆、剥落、弯曲变形、隆起、位移变形的可能性，在取水隧洞地段进行 4 个钻孔的地应力测试。每个钻孔进行三个深度，对应取水隧洞的洞顶、洞体与洞底三个高程位置。水压致裂法测试结果见表 2.4。

表 2.4　水压致裂法测试地应力成果表

钻孔编号	深度 /m	破裂压力 P_b/MPa	重张压力 P_r/MPa	关闭压力 P_s/MPa	孔隙压力 P_0/MPa	抗拉强度 σ_c/MPa	最大水平主应力 σ_H/MPa	最小水平主应力 σ_h/MPa	垂直应力 σ_v/MPa	最大水平主应力方向
	25.13	4.57	2.65	1.36	0.25	1.92	1.68	1.61	0.68	
S05	33.80	3.77	2.50	1.37	0.34	1.27	1.95	1.71	0.92	30°
	44.67	6.09	3.81	2.22	0.44	2.28	3.29	2.66	1.20	
	29.68	4.14	2.99	1.56	0.30	1.15	1.99	1.86	0.81	
S47	38.67	6.12	3.63	1.89	0.39	2.49	2.43	2.28	1.05	42°
	42.66	8.73	3.92	2.22	0.43	4.81	3.17	2.65	1.16	
	30.44	3.18	3.00	1.85	0.30	0.18	2.85	2.15	0.78	35°
H16	39.05	6.70	4.90	2.50	0.39	1.80	2.99	2.89	1.014	
	42.37	5.22	4.14	2.29	0.42	1.08	3.14	2.71	1.092	
	25.85	4.56	2.16	1.45	0.26	2.40	2.45	1.71	0.676	41°
H30	42.38	4.92	3.42	1.86	0.42	1.50	2.58	2.28	1.092	
	45.83	3.36	2.76	1.92	0.46	0.60	3.46	2.38	1.196	

注：自重应力按岩石的上覆重量计算，其岩石容重取为 27000N/m^3。

1 号，2 号取水隧洞 S05 测试孔最大水平主应力为 1.68～3.29MPa，最小水平主应力 1.61～2.66MPa；S47 测试孔最大水平主应力 1.99～3.17MPa，最小水平主应力 1.86～2.65MPa，两个钻孔的最大水平主应力方向均为东北向，分别为 30°和 42°。3 号、4 号隧洞与 1 号、2 号隧洞比较，两次的测试结果的应力值的大小和方向较为接近，这表明该工程区域的地应力值变化不大。

表 2.5　岩石应力情况

岩石分类	R_c	R_c/σ_{max}	应力情况
④强风化花岗岩	11	5.2	高应力
⑤中等风化花岗岩	40	18.9	
⑥微风化花岗岩	93	43.9	
$④_1$强风化片麻岩	7.5	3.5	极高应力
$⑤_1$中等风化片麻岩	26	12.3	

注：R_c—岩石饱和单轴抗压强度值；σ_{max}—为垂直洞轴线线方向的最大初始应力。

实测范围内，钻孔 S05 的最大水平主应力为 3.29MPa。最大水平主应力方向均为 30° 方向，垂直洞轴线线方向的最大初始应力 σ_{max}=3.29MPa×sin30°=1.65MPa。根据《工程岩体分级标准》（GB50218—94），强风化花岗岩 R_c/σ_{max} 值在 4～7 之间，应力情况为高应力，强风化花岗岩为软质岩，隧洞开挖过程中洞壁岩体位移显著，持续时间长，成洞性差；强风化片麻岩 R_c/σ_{max} 值小于 4，应力情况为极高应力，强风化片麻岩为软质岩，隧洞开挖过程中洞壁岩体有剥离，位移极为显著，甚至发生大位移，持续时间长，不易成洞。在测试验深度范围内，侧压系数均大于 1，表明工程场区地应力以构造应力为主导，最大、最小水平主应力随岩层深度的增加均有增大的趋势。

隧洞群地应力条件评价参考 2 号隧洞 S05 钻孔地应力测试成果。各类岩石的地应力情况见表 2.5。侧压力系数统计见表 2.6。

表 2.6　钻孔 S05 地应力测试、侧压系数成果统计

隧洞部位	垂直隧洞水平地应力 /MPa	最大水平主应力方向 侧压系数	最小水平主应力方向 侧压系数	隧洞开挖 侧压系数
拱顶	2.35	2.28	2.08	2.94
拱脚或边墙顶	2.46	2.12	1.86	2.67
边墙脚或隧底	2.75	2.27	1.94	2.82

2.4　节理裂隙密集破碎带岩体工程地质特性

2.4.1　岩体风化程度划分原则

岩石风化程度按《岩土工程勘察规范》（GB50021—2001（2009 版））分为 5 级，未风化、微风化、中等风化、强风化、全风化。结合前期勘察和勘察钻探等手段，根据岩石野外特征定性划分，隧洞口破碎带岩石风化程度主要为强风化和中等风化，勘察钻孔未揭露到微风化岩体。

根据岩石结构破坏程度、矿物成分变化、节理裂隙特征等进行定性划分。强风化岩石结构大部分破坏，风化裂隙发育，长石等易风化矿物成分显著变化，岩芯呈砂状或碎块状，手掰易碎；中等风化岩石结构部分破坏，构造节理发育，节理面见铁锰质浸染，少部分易风化矿物成分发生变化，岩芯呈块状及短柱状。

2.4.2　风化岩分布情况

勘察测区内未揭露到微风化岩体。除 JK4、JK5 外，其他钻孔均揭露强风化岩，岩层厚度 1.70～9.60m（其中 JK5、JK6、JK10 钻孔存在中等风化花岗岩中夹强风化片麻岩）。在勘

测区，西侧比东侧岩体强风化岩层厚。风化岩层分布情况见表 2.7。

表 2.7　钻孔风化岩石揭露厚度和标高统计表

钻孔编号	地面标高/m	强风化岩层底标高/m	中等风化岩层底标高	强风化岩厚度/m	中等风化岩厚度/m
JK1	22.54	15.94	＜-15.46	6.10	＞31.40
JK2	26.32	16.32	＜-15.68	9.60	＞32.00
JK3	25.77	18.17	＜-15.23	7.60	＞33.40
JK4	14.95	未揭露	＜-15.05	0.00	＞28.00
JK5	18.50	未揭露	＜-16.50	0.00	＞34.50
JK6	16.48	11.98	＜-15.52	3.90	＞27.50
JK7	21.90	20.20	＜-15.10	1.70	＞35.30
JK8	15.48	14.88	＜-16.52	0.60	＞31.40
JK9	22.50	17.00	＜-15.50	3.80	＞32.50
JK10	21.10	13.80	＜-15.90	3.90	＞29.70

注：强风化岩层底标高不包括中等风化岩体中的强风化夹层。

2.4.3　岩石坚硬程度

根据规范《工程岩体分级标准》（GB 50218—94）的岩石坚硬程度划分的定性和定量划分方法，定性划分主要考虑岩体的锤击声、回弹、震手以及吸水反应等。定量划分依据单轴饱和抗压强度。中等风化花岗岩岩芯锤击声不清脆，有轻微回弹，较易击碎，浸水后指甲可刻出印痕，单轴饱和抗压强度标准值 40MPa（根据 1 号，2 号隧洞补勘资料），综合判断为较硬岩。

中等风化片麻岩岩芯锤击声不清脆，有轻微回弹，较易击碎，浸水后指甲可刻出印痕，单轴饱和抗压强度平均值小于 30MPa（根据 1 号，2 号隧洞补勘资料），综合判断为较软岩。强风化花岗岩锤击声哑，无回弹，浸水后手可掰开，综合判断为较软岩—软岩。强风化片麻岩呈砂状或土状，手可掰碎，综合判断为软岩。

2.4.4　岩体的完整程度划分

根据规范《工程岩体分级标准》（GB 50218—94）的岩体完整程度划分方法有定性和定量两种方法。定量方法主要用岩体完整性指数进行划分；定性方法主要利用结构面的发育程度和主要结构面的结合程度来进行划分。

花岗岩发育 2～3 组结构面，节理面平坦光滑，多呈闭合状，风化后一般呈微张状态，节理面粗糙，弯曲不平直，见大量铁锰质浸染，属于结合一般类型。少数节理裂隙面为剪切面，节理面张开度分别为 1～3mm、10～50mm，充填风化物等，属于结合差类型。勘察节理统计均以钻孔岩芯为准，节理裂隙间距基本在 150～260mm，岩体完整程度为较破碎—破碎。变质岩片麻理发育，属破碎岩体。结合岩体结构面发育程度和结构面的结合程度（见表 2.8）以及钻孔岩芯节理裂隙统计（见表 2.9）。

表 2.8　岩体完整程度定性划分成果表

结构面发育程度		主要结构面结合程度	主要结构面类型	相应结构类型	岩体完整程度	对应岩性
组数	平均间距/m					
2	>1.0	结合好	节理	整体状结构	完整	部分微风化花岗岩
3	1～0.4	结合好或一般	节理、裂隙	块状结构	较完整	微风化花岗岩
3	0.4～0.2	结合一般	节理、裂隙	镶嵌碎裂结构 裂隙块状结构	较破碎	部分微风化花岗岩、 中等风化花岗岩、 中等风化片麻岩
≥3	≤0.2	结合差	节理、裂隙	裂隙状结构	破碎	部分中等风化花岗岩、 强风化花岗岩
无序		结合很差	裂隙	散体状	极破碎	强风化片麻岩、 部分强风化花岗岩

表 2.9　钻孔岩芯节理裂隙密度和间距统计表

钻孔	节理密度/（条/m）	节理间距/m	钻孔	节理密度/（条/m）	节理间距/m
JK1	4.50	0.22	JK6	4.72	0.21
JK2	4.48	0.22	JK7	4.47	0.22
JK3	4.87	0.21	JK8	6.76	0.15
JK4	4.32	0.24	JK9	4.01	0.25
JK5	3.91	0.26	JK10	6.15	0.16

注：上述节理裂隙统计均为中等风化花岗岩的平均值。

表明中等风化花岗岩及片麻岩完整程度为较破碎—破碎，以较破碎为主，强风化岩体风化裂隙面发育，结构面无法统计，结构松散，岩体完整程度为破碎—极破碎，以破碎为主。强风化片麻岩片麻理、片理极发育，完整程度为极破碎，结合很差，呈散体结构。岩体基本质量分级：岩体基本质量等级划分依据基本质量的定性特征。基本质量的定性特征依据岩体完整性和岩石的坚硬程度，隧洞口破碎带岩体的基本质量等级定性划分见表 2.10。

表 2.10　岩体基本质量等级定性划分成果表

岩性	④强风化花岗岩	④$_1$强风化片麻岩	⑤中等风化花岗岩	⑤$_1$中等风化片麻岩
坚硬程度	软岩～较软岩	软岩	较坚硬岩	较软岩
完整性	破碎～极破碎	极破碎	破碎～较破碎	较破碎
岩体基本质量等级	V	V	IV	IV

2.4.5　岩石质量指标

根据钻孔岩芯编录结果，按照钻孔中等风化岩岩芯的 *RQD* 指标统计计算结果来评价岩石质量。并按《岩土工程勘察规范》(GB50021—2001（2009 版）) 分级标准进行评价。可见隧洞口节理裂隙密集破碎带测区内中等风化花岗岩 *RQD* 值在 13.61～52.62 之间，岩石质量为较差—极差，表明隧洞口节理裂隙密集破碎带围岩质量较差—极差，严重影响成洞、仰坡稳定性，对其开挖和支护要求极高。

节理裂隙密集破碎带分布（阴影部分）与综合工程地质图 2.11 所示。

表 2.11　钻孔岩芯采取率与 *RQD* 统计表

钻孔	采取率	*RQD*	岩石质量	钻孔	采取率	*RQD*	岩石质量
JK1	87.08	15.65	极差	JK6	83.28	13.61	极差
JK2	93.81	20.00	极差	JK7	75.14	17.79	极差
JK3	92.56	50.12	较差	JK8	90.31	20.70	极差
JK4	93.83	52.62	较差	JK9	90.92	50.62	较差
JK5	83.91	16.33	极差	JK10	92.30	30.11	差

2.5　施工设计概况

2.5.1　地质构造

辽宁红沿河核电厂取水口位于厂址区的北侧海岸线外的海里，为自岸边向海洋方向倾斜的缓坡，海水深度为 0～7m。沿海岸分布有海蚀崖，海蚀崖的坡角一般为 50°～70°，崖顶部标高为 20.0m 左右。由取水口至海水淡化场地之间为天然地面，地形地貌为丘陵，地面高程为 15～37m，地表见有北东向及东西向的冲沟两条，其规模较小，横断面呈 V 字形或 U 字形，隧洞在冲沟源头部位的地下穿越。隧洞自海水淡化场地至联合泵房之间的勘察场地现已整平，形成标高为 20.00m 的平台，地势平坦。

根据前期资料，在漫长的地质历史演变过程中，本区域历经了各个时期的多次地壳运动，致使地质构造较为复杂，形成多期褶皱，断裂发育。本区域断裂按方向划分为东西向、北东向、北北东向、北西向四组，其中以北东向和北北东向断裂比较发育。本区域 50km 范围内长度大于 15km 的断裂共有 8 条，其中北北东向的金州断裂和郯庐断裂北段（营潍断裂）为规模较大的断裂。金州断裂位于厂址东侧 50km，本区域全长为 65km；郯庐断裂北段位于厂址西侧 32km，长为 500km。本区域 5km 范围内长度大于 800m 的断裂有 8 条，按方向可分为东西向、北东东向、北北东向和北西向四组。主要有张屯断裂、青石岭断裂、林家沟断裂、西房身南断裂、城儿山断裂、程家沟断裂、磨盘山断裂、东岗断裂如图 2.4 和图 2.5 所示。区域内所有断层均为非能动断层，稳定性好。

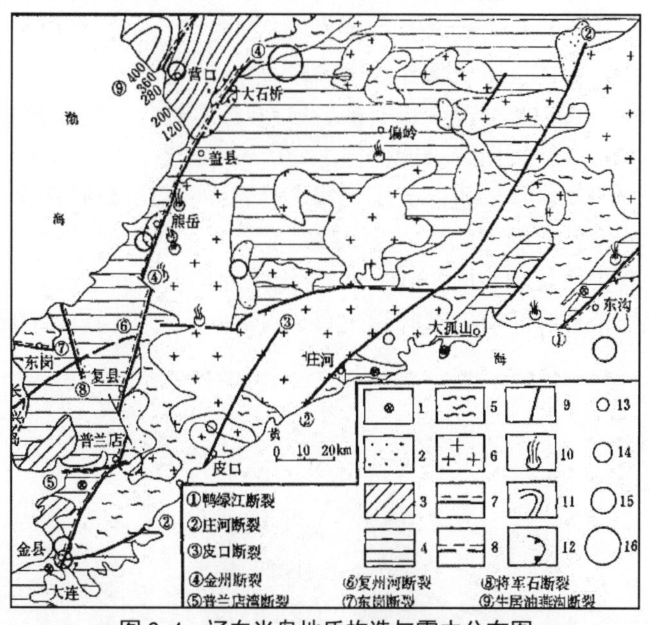

图 2.4　辽东半岛地质构造与震中分布图

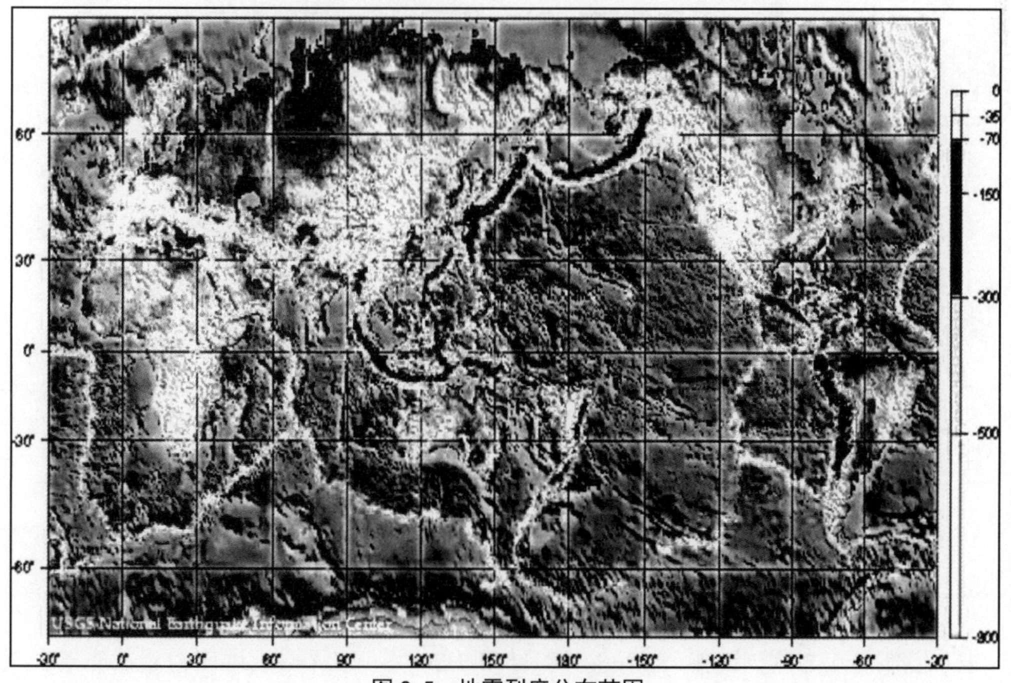

图 2.5　地震烈度分布范围

2.5.2 隧洞围岩分类

①隧洞地段岩性为太古宙花岗岩及太古宇变质岩，太古宇变质岩呈捕虏体赋存于太古宙花岗岩之中。变质岩的岩性以片麻岩为主，经过历次构造运动，花岗岩体中节理裂隙发育，岩体极为破碎，片麻岩经过交代变质作用，抗风化能力差，加之片理发育，岩体风化作用强烈。

②隧洞地段花岗岩及片麻岩以强风化—中等风化为主，强风化花岗岩及片麻岩岩芯呈土状、砂状及碎块状，结构类型为散体状结构或碎裂状结构；完整程度为极破碎。岩体基本质量分级为Ⅴ级；中等风化花岗岩及片麻岩岩芯呈柱状，结构类型为裂隙块状，完整程度为较破碎—较完整，岩体基本质量分级为Ⅳ级。

③隧洞围岩分类为Ⅳ类和Ⅴ类，Ⅳ类围岩自稳时间很短，规模较大各种变形和破坏随时都可能发生，不稳定；Ⅴ类围岩不能自稳，变形破坏严重，极不稳定。

④在海边开挖隧洞时，局部可能会出现海水沿岩体裂隙或破碎带涌入，应加强隧洞及基坑开挖过程中的水文地质观测工作，发现异常应及时采取处理措施。

⑤隧洞开挖过程中应注意走向 330°、30°两组节理构成倾向洞内楔形体滑落。

取水口隧洞围岩节理裂隙密集破碎带分布（阴影部分）与综合工程地质见图 2.6。

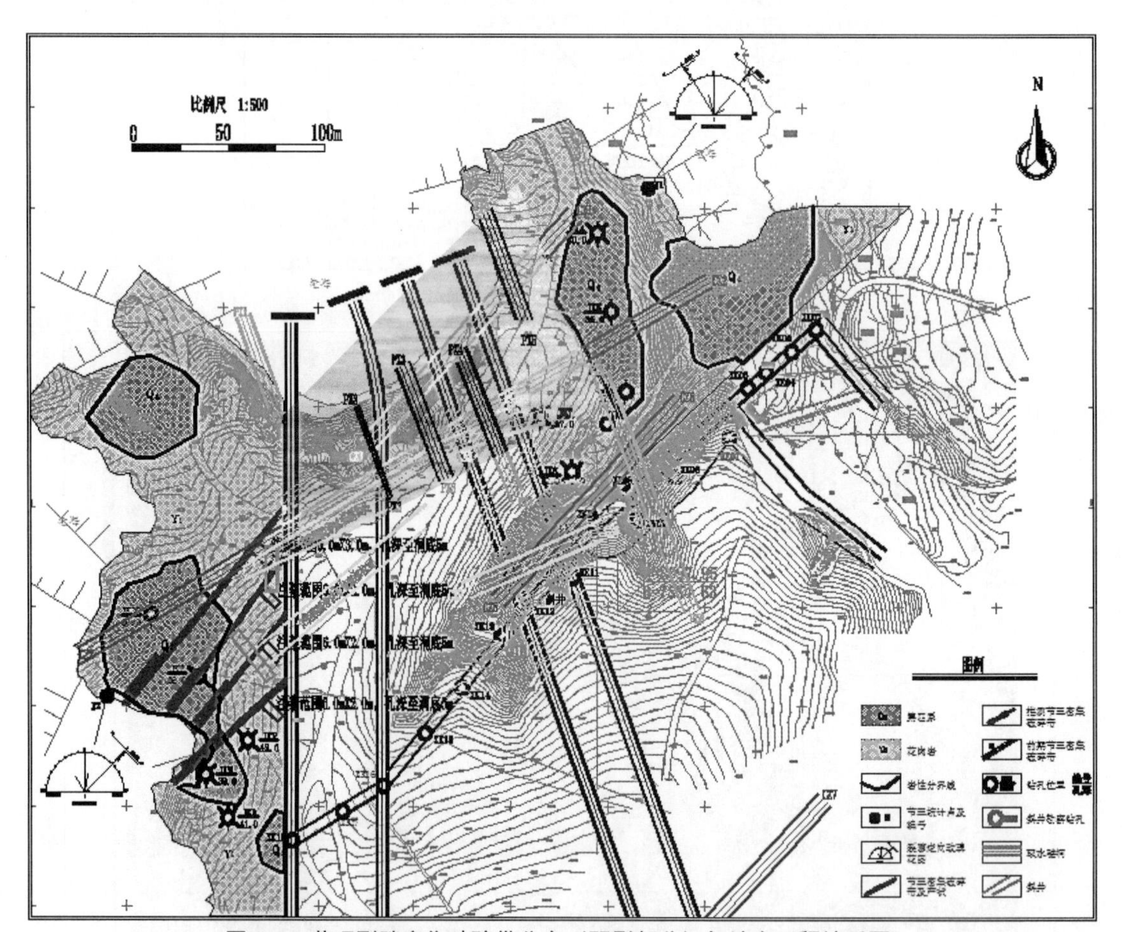

图 2.6 节理裂隙密集破碎带分布（阴影部分）与综合工程地质图

取水隧洞地应力测试钻孔：S05、S47、H16 和 H30 钻孔水压致裂地应力测试成果表 2.12 至表 2.15。

表 2.12　S05 钻孔水压致裂地应力测试成果

测试深度 /m	抗拉强度 /MPa	最大水平主应力 σ_H/MPa	最小水平主应力 σ_h/MPa	垂直应力 σ_v/MPa	隧洞埋深 /m
25.13	1.92	1.68	1.61	0.68	29.0～36.0
33.80	1.27	1.95	1.71	0.92	
44.67	2.28	3.29	2.66	1.20	

注：最大水平主应力方向为：NE30°

表 2.13　S47 钻孔水压致裂地应力测试成果

测试深度 /m	抗拉强度 /MPa	最大水平主应力 σ_H/MPa	最小水平主应力 σ_h/MPa	垂直应力 σ_v/MPa	隧洞埋深 /m
29.68	1.15	1.99	1.86	0.81	34.5～41.5
38.67	2.49	2.43	2.28	1.05	
42.66	4.81	3.17	2.65	1.16	

注：最大水平主应力方向为：NE42°

表 21.4　H16 钻孔水压致裂地应力测试成果

测试深度 /m	抗拉强度 /MPa	最大水平主应力 σ_H/MPa	最小水平主应力 σ_h/MPa	垂直应力 σ_v/MPa	隧洞埋深 /m
30.44	0.18	2.85	2.15	0.78	32.5～39.5
39.05	1.80	2.99	2.89	1.014	
42.37	1.08	3.14	2.71	1.092	

注：最大水平主应力方向为：NE35°

表 2.15　H30 钻孔水压致裂地应力测试成果

测试深度 /m	抗拉强度 /MPa	最大水平主应力 σ_H/MPa	最小水平主应力 σ_h/MPa	垂直应力 σ_v/MPa	隧洞埋深 /m
25.85	2.40	2.45	1.71	0.676	34.0～41.0
42.38	1.50	2.58	2.28	1.092	
45.83	0.60	3.46	2.38	1.196	

注：最大水平主应力方向为：NE41°

2.5.3　设计情况

本项目的计算是在东北大学设计研究院设计的《红沿河隧洞施工设计图》提供的地质资料和隧洞设计的基础上进行的，进而开展物理模型和数值模拟分析。

隧洞头部山体自然坡度25°～50°，基岩裸露，为中等风化花岗岩，主要节理有2组，走向分别是330°、50°节理的控制，通过此处所作的节理统计结果表明，上述两组节理在此处交汇，往往使岩体切割成极破碎的块体，受到钾长花岗岩岩性的影响，岩石坚硬，耐风化能力强，但在多组节理发育的情况下，极容易产生崩塌。而且往往表现为此消彼长的现象，取水头部陡崖外已有危岩体出现崩塌，节理面已被剥离出来，明显处于失稳的边缘状态。隧洞区岩性以花岗岩为主，风化状态主要为强风化、中等风化及微风化，片麻岩以捕虏体形式存在，分布范围小，以强风化状态为主，局部见少量中等风化。隧洞围岩分类为Ⅳ类和Ⅴ类，Ⅳ类围岩自稳时间很短，规模较大的各种变形和破坏随时都可能发生，不稳定；Ⅴ类围岩不能自稳，变形破坏严重，极不稳定。

（1）Ⅴ类围岩（强风化花岗岩）。隧洞处于强风化花岗岩的Ⅴ类围岩，施工时可采用锚喷挂网，设置钢拱架超前小导管支护。Ⅴ-2型支护方案见图2.7。

（2）Ⅳ类围岩（中等风化花岗岩）。隧洞处于中等风化花岗岩的Ⅳ类围岩，施工时可采用锚喷挂网，设置钢拱架超前锚杆支护。Ⅳ-3型支护方案见图2.8。

综上所述，本章以工程概况为依据，从隧洞群所处的地质环境出发，详细介绍了隧洞工程区的地质条件和水文条件，主要小结如下。

①对隧洞工程区的高地应力给出了确切的概念，并根据水压致裂法测试出隧洞群钻孔的地应力成果值。②对隧洞群地应力条件做出合理、准确的评价，分析了地应力对隧洞群稳定性的影响，为隧洞设计和围岩数值计算分析提供了初始荷载条件和理论分析基础。

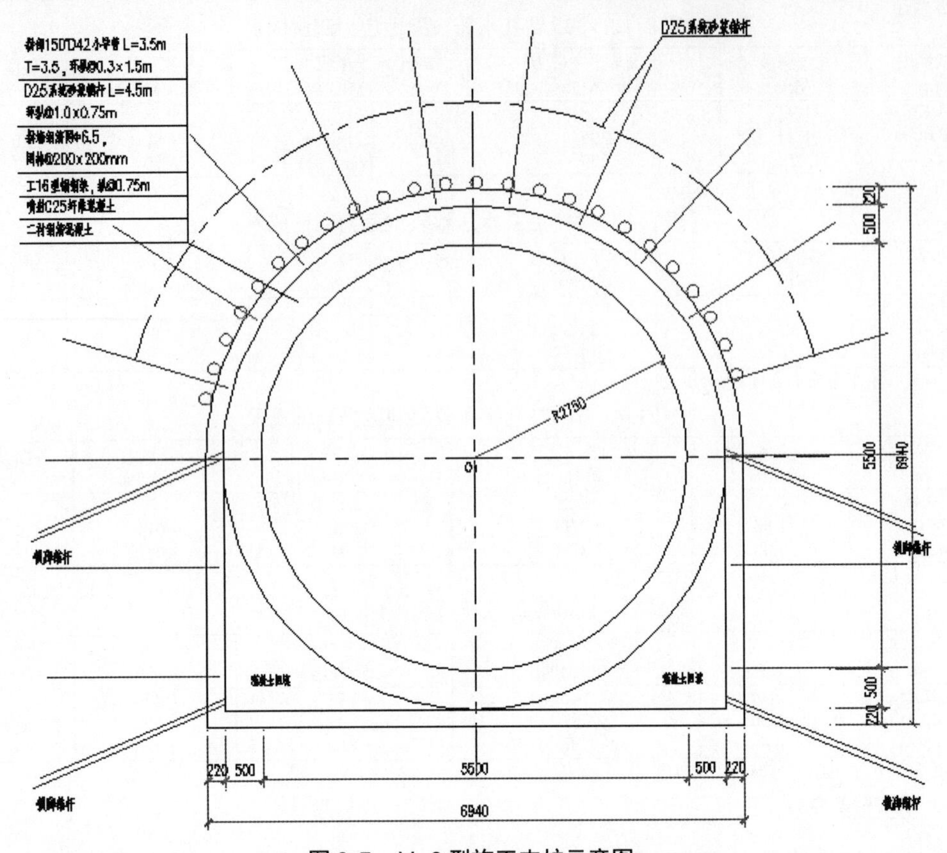

图 2.7　V-2 型施工支护示意图

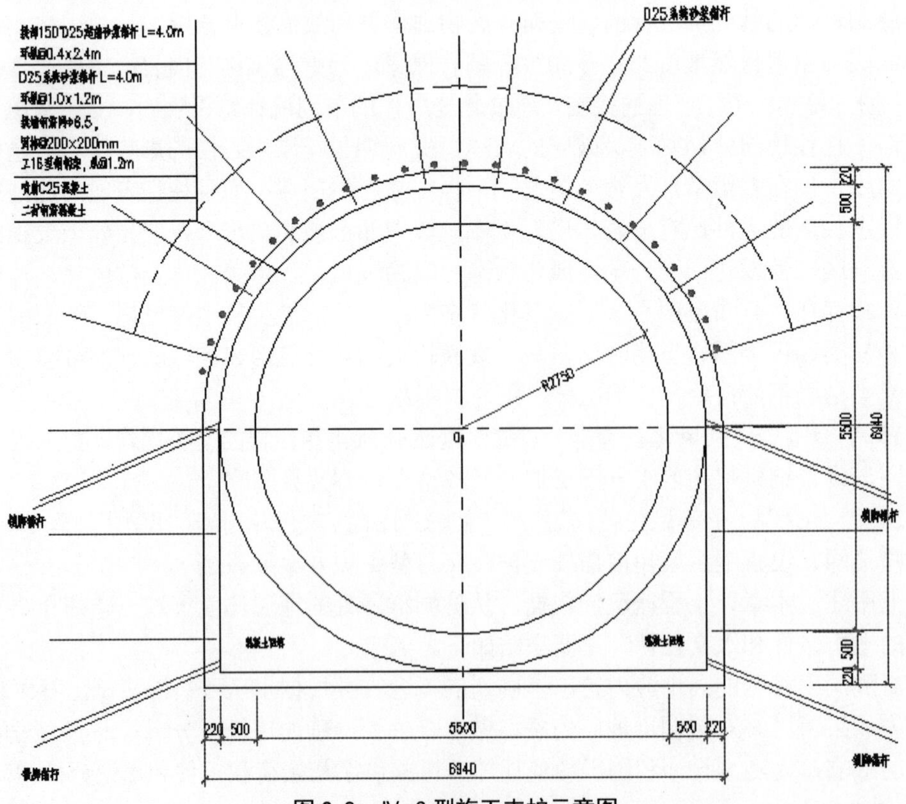

图 2.8　Ⅳ-3 型施工支护示意图

第3章　构造地应力影响隧洞开挖支护参数

结合红沿河隧洞的围岩分级，考虑关于构造地应力条件下围岩的分级，隧洞开挖支护设计中初始地应力，造地应力条件下隧洞围岩稳定性分级，提出构造地应力影响下的不同围岩隧洞开挖支护建议，优化施工设计。

3.1　隧洞开挖支护设计中初始地应力的考虑

3.1.1　设计中初始地应力的考虑

隧洞工程设计时，岩体初始地应力与隧洞的围岩稳定有着十分密切的关系。岩体开挖后初始地应力释放会引起隧洞围岩的应力重新分布，围岩稳定性取决于重新分布的应力对岩体地质因素的平衡条件。初始地应力分布情况会给施工带来麻烦甚至安全威胁。

隧洞设计和开挖过程中一般要考虑初始地应力问题，须进行隧洞开挖力学状态的分析。以下原则和经验值得考虑。

（1）在设计中，要注意初始地应力侧压系数 λ 对围岩稳定的影响。

①当 $\lambda<1$ 时，裂缝最先出现在拱线附近，隧洞两侧出现“楔形破裂体”并向洞内移动，造成支护层发生剪切破坏。

②当 $\lambda=1$ 时，裂缝最先出现在拱顶和隧洞底部，而围岩的变形较均匀，各处的破坏范围大致相同，各处的破坏范围大体相当，隧洞的这种受力状态是有利的。

③当 $\lambda>1$ 时，围岩的破坏最早是从拱顶和边墙墙脚开始的，并随着水平应力的增大向两侧边墙发展。

（2）在水平应力为主的情况下，相互正交的两个方向水平主应力有时不尽相同，这时要注意选择洞轴方向，最好将其选择在与最大水平应力平行或靠近最大剪应力的方向，这样有利于围岩的稳定和施工的安全。

如果由于某种原因不能这样考虑，可以改变隧洞断面的几何形状和控制开挖顺序，即用所谓应力控制方法来达到围岩自身稳定的目的，这是因为不同的隧洞断面形状能够适应不同 λ 值的应力状态。

3.1.2　在初始地应力情况下隧洞可能出现的危险性情况

根据上述分析，在进行取水隧洞围岩区划，判断隧洞结构类型和出现危险性情况的基础上，进行取水隧洞初期支护衬砌结构参数初步确定建议。

危险性情况分为：①岩爆趋势；②强挤压趋势；③强挤压、局部岩爆趋势或岩爆、局部强挤压趋势。例如，1号取水隧洞围岩区划见表3.1。

3.2　构造地应力条件下隧洞围岩稳定性分级与开挖支护考虑

3.2.1　隧洞岩体基本质量指标（*BQ*）评价

岩体基本质量指标分级简称 *BQ* 法，是一种通用岩体质量分类方法，作为工程岩体分级的国家标准在1994年提出，首先确定岩体基本质量，再依据具体实际工程特点确定岩体的级别。

表 3.1 隧洞围岩区划

里程	围岩	结构类型	危险性趋势
K1+000～K1+030	中等风化花岗岩	明洞	回填塌陷趋势
K1+030～K1+045	中等风化花岗岩	洞口加强段	边坡滑坡趋势
K1+045～K1+091	中等风化花岗岩	暗洞	岩爆趋势
K1+091～K1+129	破碎中等风化花岗岩	暗洞	强挤压趋势
K1+129～K1+154	中等风化花岗岩	暗洞	岩爆趋势
K1+154～K1+256	破碎中等风化花岗岩	暗洞	强挤压趋势
K1+256～K1+341	微风化、中等风化花岗岩	暗洞	岩爆趋势
K1+341～K1+433	破碎、局部中等风化花岗岩	暗洞	强挤压、局部岩爆趋势
K1+433～K1+468	中等风化花岗岩	暗洞	岩爆趋势
K1+468～K1+951	中等、强风化、破碎中等风化花岗岩 中等风化、强风化片麻岩	暗洞	强挤压、局部岩爆趋势
K1+951～K1+966	强风化片麻岩、局部中等风化花岗岩	洞口加强段	边坡滑坡趋势

岩体基本质量指标（BQ）按下式计算：

$$BQ=90+3R_C+250K_V \tag{3.1}$$

式中：R_C—岩石单轴饱和抗压强度；K_V—岩体完整性系数，$K_V=(V_{pm}/V_{pr})^2$，V_{pm}为岩体的纵波速度；V_{pr}岩块纵波速度。

该分类考虑地应力，是通过对岩体基本质量指标 BQ 进行修正来实现，按式（3.2）求的围岩基本质量指标修正值[BQ]。

$$[BQ]=BQ-100(K_1+K_2+K_3) \tag{3.2}$$

式中：[BQ]—围岩基本质量指标修正值；BQ—围岩基本质量指标；K_1—地下水影响修正系数；K_2—主要软弱结构面产状影响修正系数；K_3—初始应力状态影响修正系数，见表 3.2。

表 3.2 初始应力状态影响修正系数 K_3

初始应力状态 \ BQ	＞550	550～451	450～351	350～251	＜250
极高应力区	1.0	1.0	1.0～1.5	1.0～1.5	1.0
高应力区	0.5	0.5	0.5	0.5～1.0	0.5～1.0

依据岩体钻孔勘测探及开挖过程中出现的现象，评估围岩的应力情况，按照表 3.3 进行确定围岩极高及高初始应力状态。

表 3.3 高初始应力地区围岩在开挖过程中出现的主要现象

应力情况	主要现象	R_c/σ_{max}
极高应力	①硬质岩：开挖过程中有岩爆发生，有岩块弹出，洞壁岩体发生剥离，新生裂缝多，成洞性差；②软质岩：岩芯常有饼化现象，开挖过程中洞壁岩体有剥离，位移极为显著，甚至发生大位移，持续时间长，不易成洞	＜4
高应力	①硬质岩：开挖过程中可能出现岩爆，洞壁岩体有剥离和掉块现象，新生裂缝较多，成洞性差；②软质岩：岩芯时有饼化现象，开挖过程中洞壁岩体位移显著，持续时间较长，成洞性差	4～7

注：σ_{max}为垂直洞轴线方向的最大初始应力。

再确定岩体基本质量指标 BQ 值，以岩体基本质量指标 BQ 值为根据，按照表 3.4 进行工程岩体初步定级。工程岩体的详细定级，在岩体基本质量分级的基础之上，再进一步结合具体实际工程的特点，主要软弱结构面的方向和组合、地下水的状态和初始应力的状态等因素，进一步对 BQ 值进行修正。隧洞区岩体的基本质量等级基于隧洞岩体基本质量指标（BQ）方法的评价，岩体基本质量等级划分主要考虑岩石坚硬程度和岩体完整程度的特征，来确定岩体基本质量，岩体的基本质量等级定性划分见表 3.3，岩石基本质量指标见表 3.4。考虑工程特点，地下水状态、初始应力状态、工程轴线或走向线的方位与主要软弱结构面产状的组合关系等因素，对岩体基本质量指标 BQ 值进行修正，综合分析测绘、钻探和物探资料，由于没有发现隧洞区内由一组软弱结构面起控制作用，影响岩体稳定性；因此，可不考虑软弱结构面的影响，即主要软弱结构面产状的影响修正系数 K_2=0，初始应力状态的影响修正系数是根据初始应力的实际状态来确定，岩石基本质量分级见表 3.7。

表 3.4　按 *BQ* 值的岩土基本质量分级

基本质量级别	岩体基本质量的定性特征	岩体基本质量指标（*BQ*）
Ⅰ	坚硬岩，岩体完整	＞550
Ⅱ	坚硬岩，岩体较完整	550～451
	较坚硬岩，岩体完整	
Ⅲ	坚硬岩，岩体较破碎	450～351
	较坚硬岩或软硬岩互层，岩体较完整	
	较软岩，岩体完整	
Ⅳ	坚硬岩，岩体破碎	350～251
	较坚硬岩，岩体较破碎—破碎	
	较软岩或软硬岩互层，以软岩为主 岩体较完整—较破碎	
	软岩，岩体完整—较完整	
Ⅴ	较软岩，岩体破碎	≤250
	软岩，岩体较破碎—破碎	
	全部极软岩及全部较破碎岩	

表 3.5　岩体基本质量等级定性划分

岩性	④强风化花岗岩	④$_1$强风化片麻岩	⑤中等风化花岗岩	⑤$_1$中等风化片麻岩	⑥微风化花岗岩
坚硬程度 完整性 岩体基本质量等级	软岩—较软岩 破碎—极破碎 Ⅴ	软岩 极破碎 Ⅴ	较坚硬岩 破碎—较破碎 Ⅳ	较软岩 较破碎 Ⅳ	坚硬岩 完整—较破碎 Ⅱ～Ⅲ

表 3.6　岩石基本质量指标

岩石分类	V_{pm}	V_{pr}	K_v	*R*c	*BQ*
④强风化花岗岩	2318	—	0.12	11	153
⑤中等风化花岗岩	3312	4748	0.49	40	332.5
⑥微风化花岗岩	4100	5195	0.62	93	524
④$_1$强风化片麻岩	2200	—	0.10	7.5	137.5
⑤$_1$中等风化片麻岩	3000	3949	0.58	26	313

注：强风化花岗岩及片麻岩的完整性指数是根据定性评价结合经验值给出的。

表 3.7　岩石基本质量分级

岩石分类	*BQ*	K_1	K_3	｛*BQ*｝	基本质量级别
④强风化花岗岩	153	0.8	0.7	3	Ⅴ
⑤中等风化花岗岩	332.5	0.8	0	252.5	Ⅳ
⑥微风化花岗岩	524	0.1	0	514	Ⅱ
④$_1$强风化片麻岩	137.5	0.8	1	-42.5	Ⅴ
⑤$_1$中等风化片麻岩	319	0.5	0	269	Ⅳ

注：强风化花岗岩及强风化片麻岩｛*BQ*｝出现负值，设计和施工应给以足够的重视。

3.2.2　隧洞巴顿岩体质量指标（*Q*）分级

在1971—1974年挪威岩土所巴顿（Barton）等人总结了249条隧道的实践，提出了将围岩分类与支护设计集于一体的隧道质量分类法。

这种方法广泛用于隧道工程的勘察、规划设计和施工阶段。*Q*分类法用6个参数来考察围岩结构、完整性和应力情况：RQD/J_n表示岩体的完整性、J_r/J_a表示结构面形态、J_w/SRF表示水与应力存在时对岩体质量的影响，根据公式（3.3）计算出*Q*值。

$$Q=(RQD/J_n)\cdot(J_r/J_a)\cdot(J_w/SRF) \tag{3.3}$$

式中：*Q*—N.Barton岩质评定系数；*RQD*—岩体质量指标；J_n—岩体组数；J_r—节理粗糙度；J_a—节理蚀变系数；J_w—节理水折减系数；*SRF*—应力折减系数。

地应力折减系数 *SRF* 是用来表示应力与围岩强度关系的，通过地应力折减系数 *SRF*

来考虑地应力对围岩类别的影响，是通过前期的地质调查大致选定、再根据隧洞工程的现场应力测量和隧洞围岩稳定性的观测来进一步修正 *SRF* 值，其取值按表 3.8 确定。基于巴顿岩体质量指标（*Q*）方法进行分级评价，岩石基本质量分级基本参数见表 3.9。

表 3.8　地应力折减系数（*SRF*）

（a）软弱带与开挖的巷道相交，开挖时可能造成岩体松脱	A 含黏土的软弱带或化学分解的岩石频繁出现，围岩非常松散（处于任何深度）	10
	B 单个含黏土软弱带，或化学分解的岩石（巷道深度＜50m）	5
	C 单个含黏土软弱带，或化学分解的岩石（巷道深度＞50m）	2.5
	D 坚固岩石中多个剪切带（无黏土），松散围岩（处于任何深度）	7.5
	E 坚固岩石中含单一剪切带（无黏土，巷道深度＜50m）	5.0
	F 坚固岩石中含单一剪切带（无黏土，巷道深度＞50m）	2.5
	G 松散张开裂隙，严重节理化或呈"糖块"状等（处于任何深度）	5.0

注：如果剪切带仅仅影响巷道而没有与之相交，*SRF*值应降低25%～50%

		σ_{cf}/σ_1	σ_{Tf}/σ_1	*SRF*
（b）坚固岩石，岩石应力问题	H低应力，接近地表	＞200	＞13	2.5
	J中等应力	200～10	13～0.66	1.0
	K高应力，结构非常紧密（通常有利于稳定，但可能对岩帮的稳定不利）	10～5	0.66～0.33	0.5～2
	L轻微的岩裂（整体岩石）	5～2.5	0.33～0.16	5～10
	M严重的岩裂（整体岩石）	＜2.5	＜0.16	10～20

注：①如果（测得）原岩应力场明显各向异性，当$5\leqslant\sigma_1/\sigma_2\leqslant10$时，$\sigma_{cf}$和$\sigma_{Tf}$分别降到$0.8\sigma_{cf}$和$0.8\sigma_{Tf}$；当$\sigma_{cf}$和$\sigma_{Tf}$分别降到$0.6\sigma_{cf}$和$0.6\sigma_{Tf}$。当$\sigma_{cf}$为无侧压抗压强度，$\sigma_{Tf}$为抗拉强度（点荷载）时，$\sigma_1$和$\sigma_2$就是最大和最小主应力；②当拱顶距地表距离小于拱跨度时，可参考的记录相当少。对于这种情况建议将*SRF*从2.5增加到5。

（c）岩石在高压力下受挤压，不坚硬岩石塑性流动	N不大的岩石挤压力	5～10
	O强烈的岩石挤压力	10～20
（d）与水压有关的膨胀岩石，化学膨胀活动	P不大的岩石膨胀力	5～10
	R强烈的岩石膨胀力	10～15

表 3.9　岩石基本质量分级基本参数

岩石分类	*RQD*	J_n	J_r	J_a	J_w	*SRF*	SRF_Y	岩体分类
④强风化花岗岩	16～60 38 均值	6	1.0	1.0	1.00	2	10	Ⅴ
⑤破碎、中等风化片麻岩	20～60 40 均值	6	1.0	1.0	1.00	2	10	Ⅳ
⑤中等风化花岗岩	24～68 46 均值	6	1.0	1.0	1.00	2	10	Ⅳ
⑥微风化花岗岩	30～84 57 均值	6	1.0	1.0	1.00	2	10	Ⅱ
④$_1$强风化片麻岩	15～57 36 均值	6	1.0	1.0	1.00	2	10	Ⅴ
⑤$_1$中等风化片麻岩	22～62 42 均值	6	1.0	1.0	1.00	2	10	Ⅳ

注：隧洞洞口*Jn*=20，隧洞错车洞交叉口*Jn*=20。SRF_Y为高、极高地应力情况。

Q 系统分类法主要考虑围岩的完整性（结构面发育情况），也考虑地应力及地下水渗透的影响，结果用具体的数值表示分类的结果，比较直观，但是 *Q* 系统分类法没有直接考虑岩石的抗压强度，通过给定性描述赋权值确定参数取值，在操作过程中难免带有人为因素，尽管如此，*Q* 系统的分类能用具体的数值表示分类的结果，它作为隧洞分类方法的一个有益补充，使围岩分类更贴近实际地质情况。结合隧洞地质情况，一般围岩应力岩体基本质量分级见表 3.10，高、极高地应力岩体基本质量分级见表 3.11。

表 3.10　一般围岩应力岩体基本质量分级

岩石分类	岩体分类	*SRF*	*Q*	岩体分级
④强风化花岗岩	Ⅴ	2	3.170	差
⑤破碎、中等风化片麻岩	Ⅳ	2	3.330	差
⑤中等风化花岗岩	Ⅳ	2	3.830	差
⑥微风化花岗岩	Ⅱ	2	4.750	一般
④$_1$强风化片麻岩	Ⅴ	2	3.000	差
⑤$_1$中等风化片麻岩	Ⅳ	2	3.500	差

表 3.11　高、极高地应力岩体基本质量分级

岩石分类	岩体分类	SRF_Y	Q	岩体分级
④强风化花岗岩	Ⅴ	10	0.635	很差
⑤破碎、中等风化片麻岩	Ⅳ	10	0.700	很差
⑤中等风化花岗岩	Ⅳ	10	0.765	很差
⑥微风化花岗岩	Ⅱ	10	0.850	很差
$④_1$强风化片麻岩	Ⅴ	10	0.600	很差
$⑤_1$中等风化片麻岩	Ⅳ	10	0.665	很差

3.2.3　隧洞岩体地质力学指标值（*RMR*）分级

比尼威斯（Bieniawski）基于 1973 年矿山掘进的经验提出了隧洞岩体地质力学指标值（*RMR*）分级 Bieniawski 在分类因素的选取中，确定了完整岩石材料的强度、岩石质量指标（*RQD*）、节理间距、节理条件、地下水状况这 5 个基本分类参数。

①完整岩石材料的强度。可以对原状岩石采用点荷载强度指标求出完整岩石强度值。

②岩石质量指标（*RQD*）。*RQD* 值是在钻进时统计岩体质量指标进行岩体分类，采用直径为 75mm 的金刚石钻头和双层岩芯管在岩石中钻进，每一回次进尺中，长度大于 10cm 的岩芯段长度之和与该回次进尺的比值。

③节理间距。节理间距可以由现场勘测线的节理调查来获取，节理的间距是对岩体的稳定性起关键作用的节理的间距。

④节理条件。主要考虑了节理宽度、张开度、连续性、粗糙度、节理面的软硬、所含的充填物和节理延伸的长度等因素，节理条件是以最光滑最软弱的一组节理来考虑的。

⑤地下水状况。可以通过勘探平洞导洞的涌水量、裂隙水压力与岩体主应力之比，或是地下水的总的状态，对地下水条件的某个一般性的定性观测结果，确定地下水对岩体的稳定性的影响。

根据各类参数的实测资料，按照标准分别评分；然后将 5 个不同参数值的评分值相加得岩体质量总分 *RMR* 值，全部所需参数、描述和数值。

$$RMR = \sum_{i=1}^{5} R_i \, RMR \tag{3.4}$$

式中：R_i（i=1，2，3，4，5）—第 i 种分类因素的评分值。

再考虑节理产状对不同岩土工程的影响，按节理分类对 *RMR* 值进行修正，其修正值就是基于节理产状的有利程度。最后，用修正后的 *RMR* 值将岩体分级，围岩级别确定如表 3.12 和表 3.13 所示。

RMR 分类考虑了完整岩石材料的强度、岩石质量指标（*RQD*）、结构面的间距和性质、地下水的影响以及主要结构面的修正，但是未考虑地应力的影响，地应力对隧洞围岩分类产生明显的影响，尽管如此，*RMR* 分类条款简单明确，*RMR* 分类是以实测参数为基础，这些参数可在现场较容易地获得，*RMR* 分类是隧洞分类的重要方法。

表 3.12　按总评分值确定的围岩级别

评分值（*RMR*）	100～81	80～61	60～41	40～21	<20
分类级 质量描述	Ⅰ 非常好	Ⅱ 好	Ⅲ 一般	Ⅳ 差	Ⅴ 非常差

表 3.13　围岩分类级别及含义

分类级别	Ⅰ	Ⅱ	Ⅲ	Ⅳ	Ⅴ
平均自稳时间	6m 跨 10 年	4m 跨 6 个月	3m 跨 1 星期	1.5m 跨 5 小时	0.5m 跨 10 分钟
围岩凝聚力（kPa）	＞300	200～300	150～200	100～150	＜100
围岩内摩擦角（°）	＞45	40～45	35～40	30～35	＜30

结合隧洞地质情况，隧洞岩体地质力学指标值（*RMR*）分级见表 3.14 和表 3.15。

表 3.14　岩体地质力学指标值（*RMR*）

岩石分类	岩体完整性评分值	*RQD* 评分值	节理间距评分值	节理条件评分值	地下水评分值	*RMR* 评分值
④强风化花岗岩	1.5	8.0	8.0	9.0	4.0	30.5
⑤破碎、中等风化片麻岩	2.0	8.5	10.0	13.0	4.0	37.5
⑤中等风化花岗岩	4.0	10.0	13.0	21.0	4.0	52.0
⑥微风化花岗岩	7.0	11.0	15.0	25.0	4.0	62.0
$④_1$ 强风化片麻岩	2.0	8.0	6.0	6.0	4.0	26.0
$⑤_1$ 中等风化片麻岩	3.0	9.0	12.0	16.0	4.0	44.0

表 3.15　（*RMR*）分级与自稳

岩石分类	*RMR* 评分值	围岩级别及描述		隧洞平均自稳时间
④强风化花岗岩	30.5	Ⅳ	差	1.5m 跨，5 小时
⑤破碎、中等风化片麻岩	37.5	Ⅳ	差	1.5m 跨，5 小时
⑤中等风化花岗岩	52.0	Ⅲ	一般	3.0m 跨，1 星期
⑥微风化花岗岩	62.0	Ⅱ	好	3.0m 跨，6 个月
$④_1$ 强风化片麻岩	26.0	Ⅳ	差	1.5m 跨，5 小时
$⑤_1$ 中等风化片麻岩	44.0	Ⅲ	一般	3.0m 跨，1 星期

3.2.4　高地应力条件下施工中隧洞开挖支护类型判定

隧洞岩体基本质量指标（*BQ*）评价是一个经验判断与测试计算、定性与定量相结合的分类方法，隧洞岩体基本质量指标（*BQ*）评价通过初始应力状态影响修正系数 K_3 考虑了地应力的影响。隧洞巴顿岩体质量指标（*Q*）分级 *Q* 对高地应力条件有一定的考虑，通过对应力折减系数 *SRF* 的调整考虑地应力对围岩类别的影响，隧洞岩体地质力学指标值（*RMR*）分级没有考虑地应力对岩体质量的影响。在隧洞施工中确定了 13 个参数，通过三种方法对围岩级别进行综合分类确定，见图 3.1。综合分类确定能够较好地反映岩体的实际情况（如表 3.16 和表 3.17 所示）。为此，确定隧洞开挖的支护类型。

（a）隧洞掌子面岩体结构

（b）掌子面岩体现场测试

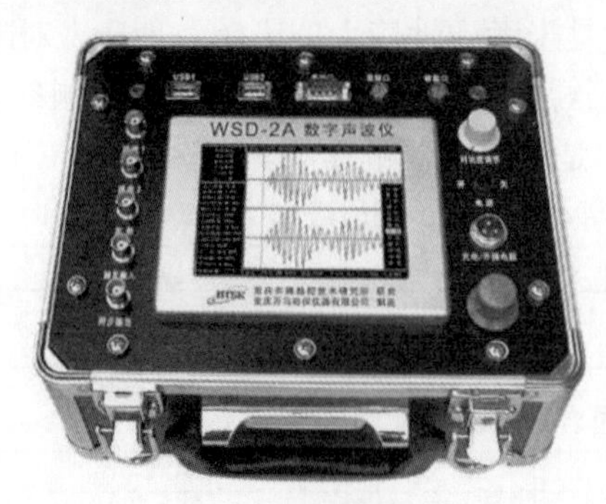

（c）声波仪

（d）点荷载和抗压试验仪

图 3.1　围岩分级评价过程

表 3.16　隧洞掌子面围岩参数评分、围岩类别与初衬支护类型

围岩类别判定参数			7 月 26 日	7 月 27 日	7 月 30 日	8 月 1 日	8 月 7 日
序号	里程		K1+478	K1+476	K1+469	K1+464	K1+450
1	完整岩石	点荷载强度/MPa	0.16～0.46	0.13～0.21	0.07～1.64	0.52～2.02	0.07～0.11
		单轴抗压强度/MPa	6.37～13.79	5.46～7.82	3.21～34.95	15.01～40.79	3.44～4.84
	评分值		2	2	4	4	1
2	*RQD*/%		10	10	42	62	20
	评分值		3	3	8	13	3
3	节理间距/m		0.2～0.6	<0.06	0.2～0.4	0.2～0.6	0.25～0.33
	评分值		10	5	10	10	10
4	节理条件评分值		10	10	10	10	10
5	地下水评分值		10	10	7	4	10
6	产状评分值		-8	-8	-10	-8	-8
7	节理组数 J_n		2	0	2	3	4
	评分值		6	20	6	9	15
8	节理的粗糙度 J_r 评分值		3	3	3	3	3
9	节理的蚀变程度 J_a 评分值		3	3	3	3	3
10	节理水折减系数 J_w 评分值		1	1	1	1	1
11	地应力折减系数 SRF 评分值		10	7.5	10	7.5	5
12	岩体纵波波速/（m/s）		2675	1870	2950	2090	3000
13	岩块纵波波速/（m/s）		3537	3605	3980	3320	3520
BQ 分级	$BQ=90+3RC+250K_V$，$[BQ]=BQ-100\times(K_1+K_2+K_3)$		118	68	144	191	135
			Ⅴ类围岩	Ⅴ类围岩	Ⅴ类围岩	Ⅴ类围岩	Ⅴ类围岩
Q 分级	$Q=\frac{RQD}{J_n}\cdot\frac{J_r}{J_a}\cdot\frac{J_w}{SRF}$		0.167	0.067	0.700	0.919	0.267
			很差类别围岩	极差类别围岩	很差类别围岩	很差类别围岩	很差类别围岩
RMR 分级	$RMR=\sum_{i=1}^{5}R_i$		27	22	29	33	26
			Ⅳ类围岩	Ⅳ类围岩	Ⅳ类围岩	Ⅳ类围岩	Ⅳ类围岩
	质量描述		差	差	差	差	差
	平均自稳时间		1.5m 跨 5 小时	1.5m 跨 5 小时	1.5m 跨 5 小时	1.5m 跨 5 小时	1.5m 跨 5 小时
初衬支护类型			V-1 过渡段初支类型	Ⅵ支护类型	V-1 过渡段初支类型	V-1 初支类型	V-1 过渡段初支类型

表 3.17　掌子面围岩参数评分、围岩类别与初衬支护类型

序号	围岩类别判定参数		8 月 10 日	8 月 12 日	8 月 19 日	8 月 27 日	9 月 18 日
序号	里程		K1+443	K1+440	K1+428	K1+418	K1+360
1	完整岩石	点荷载强度/MPa	0.45～0.66	0.1～0.36	0.27～0.53	0.34～1.07	1.2～2.3
	完整岩石	单轴抗压强度/MPa	13.51～17.96	4.41～11.48	9.37～15.35	10.94～25.49	27.6～44.9
	评分值			2	2	2	4
2	RQD/%			10	10	40	10
	评分值			3	3	8	3
3	节理间距/m			0.06～0.20	0.25～0.33	0.20～0.25	0.25～0.34
	评分值			8	10	10	10
4	节理条件评分值			10	8	8	10
5	地下水评分值			10	7	7	7
6	产状评分值			-8	-8	-8	-8
7	节理组数 J_n			2	3	3	3
	评分值			15	3	3	6
8	节理的粗糙度 J_r 评分值			3	3	3	3
9	节理的蚀变程度 J_a 评分值			3	3	3	3
10	节理水折减系数 J_w 评分值			1	1	1	1
11	地应力折减系数 SRF 评分值			10	5	7.5	7.5
12	岩体纵波波速/（m/s）			3660	2730	2031	1780
13	岩块纵波波速/（m/s）			4750	3524	2857	2467
BQ 分级	$BQ=90+3RC+250K_V$，$[BQ]=BQ-100\times(K_1+K_2+K_3)$			173	187	168	185
				Ⅴ类围岩	Ⅴ类围岩	Ⅴ类围岩	Ⅴ类围岩
Q 分级	$Q=\frac{RQD}{J_n}\frac{J_r}{J_a}\frac{J_w}{SRF}$			0.067	0.667	1.78	1
				极差类别围岩	很差类别围岩	差类别围岩	很差类别围岩
RMR 分级	$RMR=\sum_{i=1}^{5}R_i$			25	22	27	26
				Ⅳ类围岩	Ⅳ类围岩	Ⅳ类围岩	Ⅳ类围岩
	质量描述			差	差	差	差
	平均自稳时间			1.5m 跨 5 小时	1.5m 跨 5 小时	1.5m 跨 5 小时	1.5m 跨 5 小时
初衬支护类型			V-2 初支类型	V-1 初支类型	V-1 初支类型	V-1 初支类型	V-1 初支类型

3.3　构造地应力影响下的不同围岩隧洞开挖支护参数建议

目前，由于岩体力学问题的复杂性、隧洞工作状态极为复杂，我国隧洞的设计还停留在工程类比阶段，数量众多的隧洞直接套用标准图设计、施工。现行的许多规范也把类比法设计放在了一个重要位置上，由于设计中生硬套用标准图，导致隧洞设计很难结合实际地质，降低了支护的效率，增加施工的安全风险。

隧洞的标准图，沿用几十年而缺少变化，存在诸多弊端，主要体现在。

①设计理论不完善，轻视隧洞底部结构的作用，造成不少隧洞的底部设计薄弱诱发隧洞病害。②采用隧洞断面形式不适当，造成无法应对应力集中。③影响施工速度和隧洞的施工安全。

针对上述存在的问题，设计、施工单位要求对隧洞设计的标准图进行改进，对隧洞衬砌支护参数进行优化，实现安全和经济的要求越来越高。

设计、施工单位要求重点考虑以下方面的问题。

①隧洞施工开挖围岩稳定性最好。②及时衬砌支护稳定性最好。③优化隧洞初衬支护参数与标准图相比，技术可行性和经济实用性最好。

综合上述分析，红沿河隧洞开挖支护建议如下。

①隧洞处于中等风化花岗岩及片麻岩的Ⅳ类围岩和强风化花岗岩及片麻岩的Ⅴ类围岩，围岩极不稳定，视岩性可采用相应施工支护。②加强监测，适时调整支护参数。

详见表 3.16 和表 3.17。

3.3.1　隧洞洞体段开挖支护

隧洞支护主要采用锚喷支护方法，锚喷支护一般按工程类比法进行设计，并按《水工隧洞设计规范》锚喷支护类型及其参数选用，不同岩性的支护方案如下。

（1）Ⅴ类围岩（强风化片麻岩）

隧洞处于强风化片麻岩的Ⅴ类围岩，施工时可采用锚喷挂网，设置钢拱架超前小导管支护。Ⅴ-1 型支护方案见图 3.2。

（2）Ⅴ类围岩（强风化花岗岩）

隧洞处于强风化花岗岩的Ⅴ类围岩，施工时可采用锚喷挂网，设置钢拱架超前小导管支护。Ⅴ-2 型支护方案见图 3.3。

（3）Ⅳ类围岩（中等风化片麻岩）

隧洞处于中等风化花岗岩的Ⅳ类围岩，施工时可采用锚喷挂网，设置钢拱架超前小导管支护。Ⅳ-1 型支护方案见图 3.4。

（4）Ⅳ类围岩（破碎中等风化花岗岩）

隧洞处于破碎中等风化花岗岩的Ⅳ类围岩，施工时可采用锚喷挂网，设置钢拱架超前小导管支护。Ⅳ-2 型支护方案见图 3.5。

（5）Ⅳ类围岩（中等风化花岗岩）

隧洞处于中等风化花岗岩的Ⅳ类围岩，施工时可采用锚喷挂网，设置钢拱架超前锚杆支护。Ⅳ-3 型支护方案见图 3.6。

（6）Ⅲ类围岩（微风化花岗岩）

隧洞处于强风化花岗岩的Ⅲ类围岩，施工时可采用锚喷挂网，设置超前锚杆支护。Ⅲ型支护方案见图 3.7。

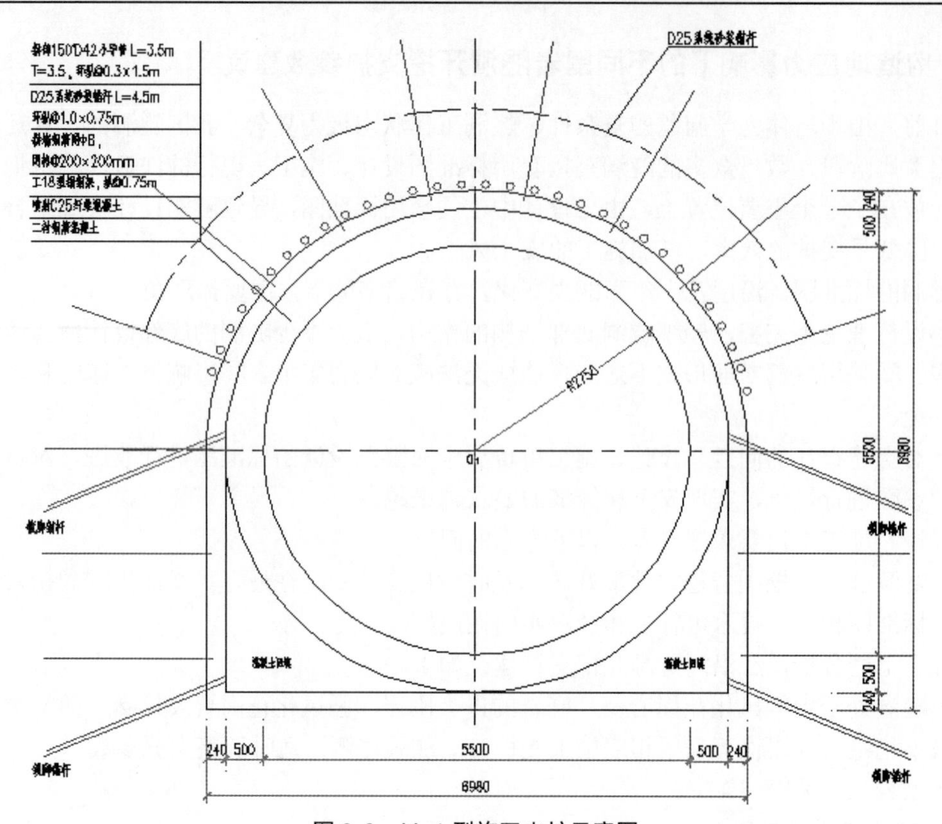

图 3.2　V-1 型施工支护示意图

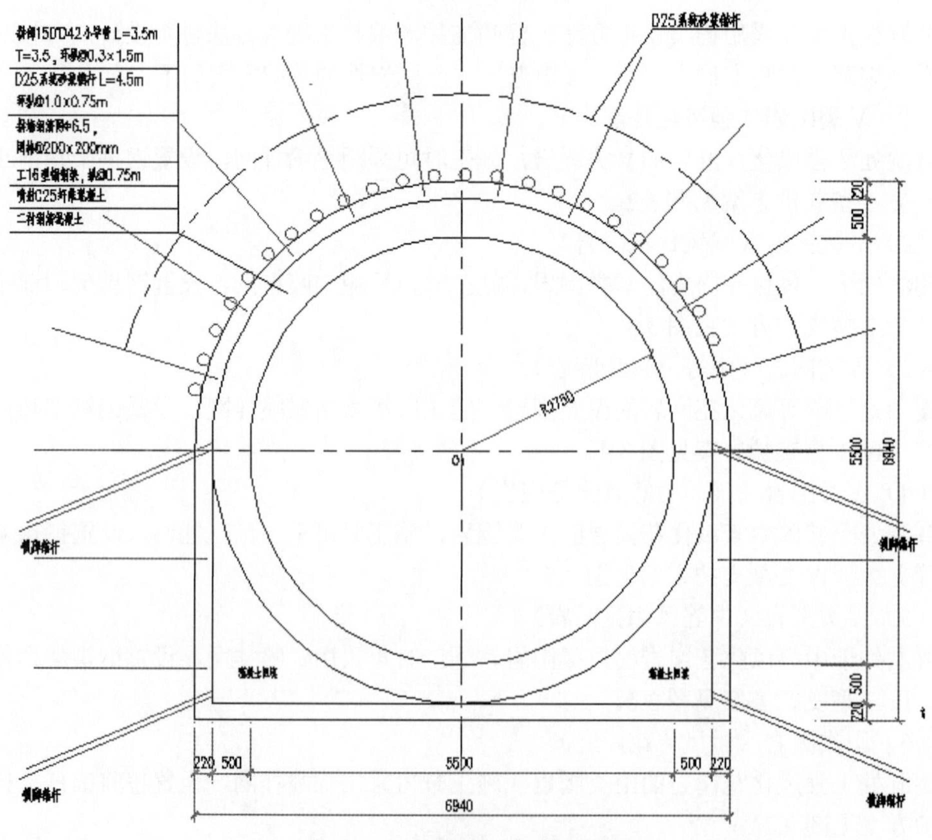

图 3.3　V-2 型施工支护示意图

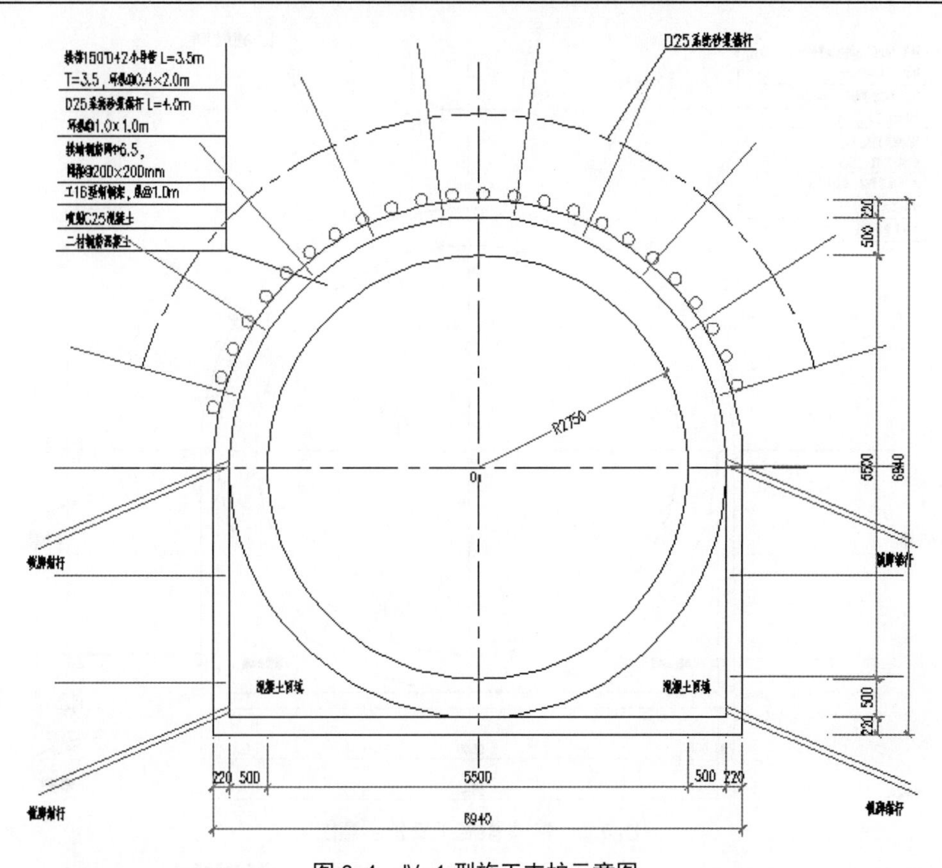

图 3.4　Ⅳ-1 型施工支护示意图

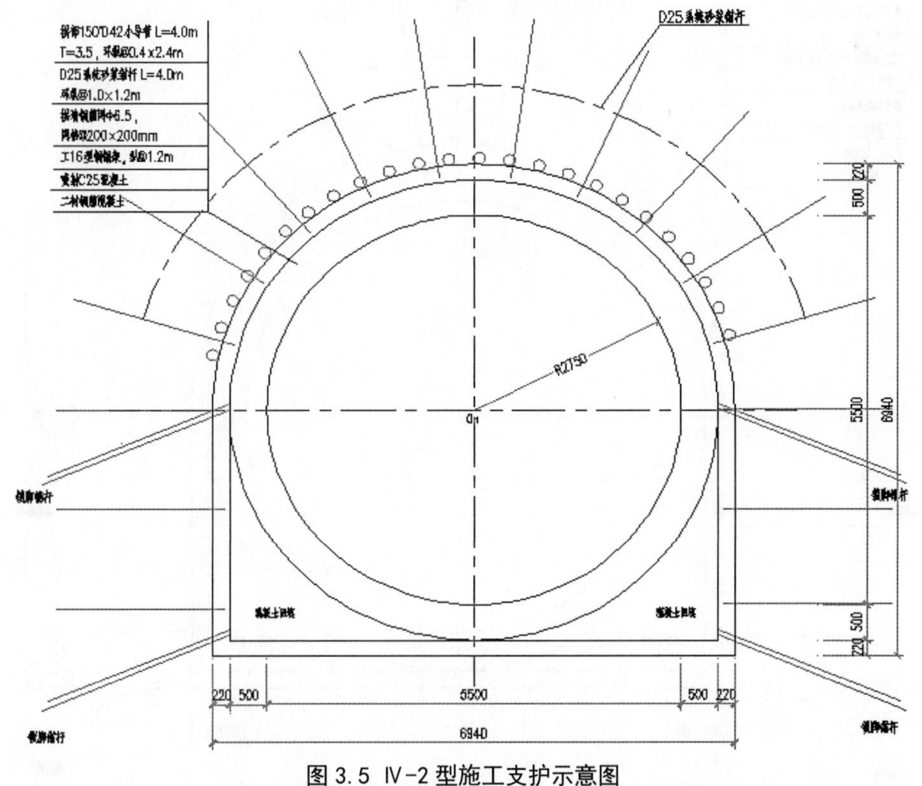

图 3.5 Ⅳ-2 型施工支护示意图

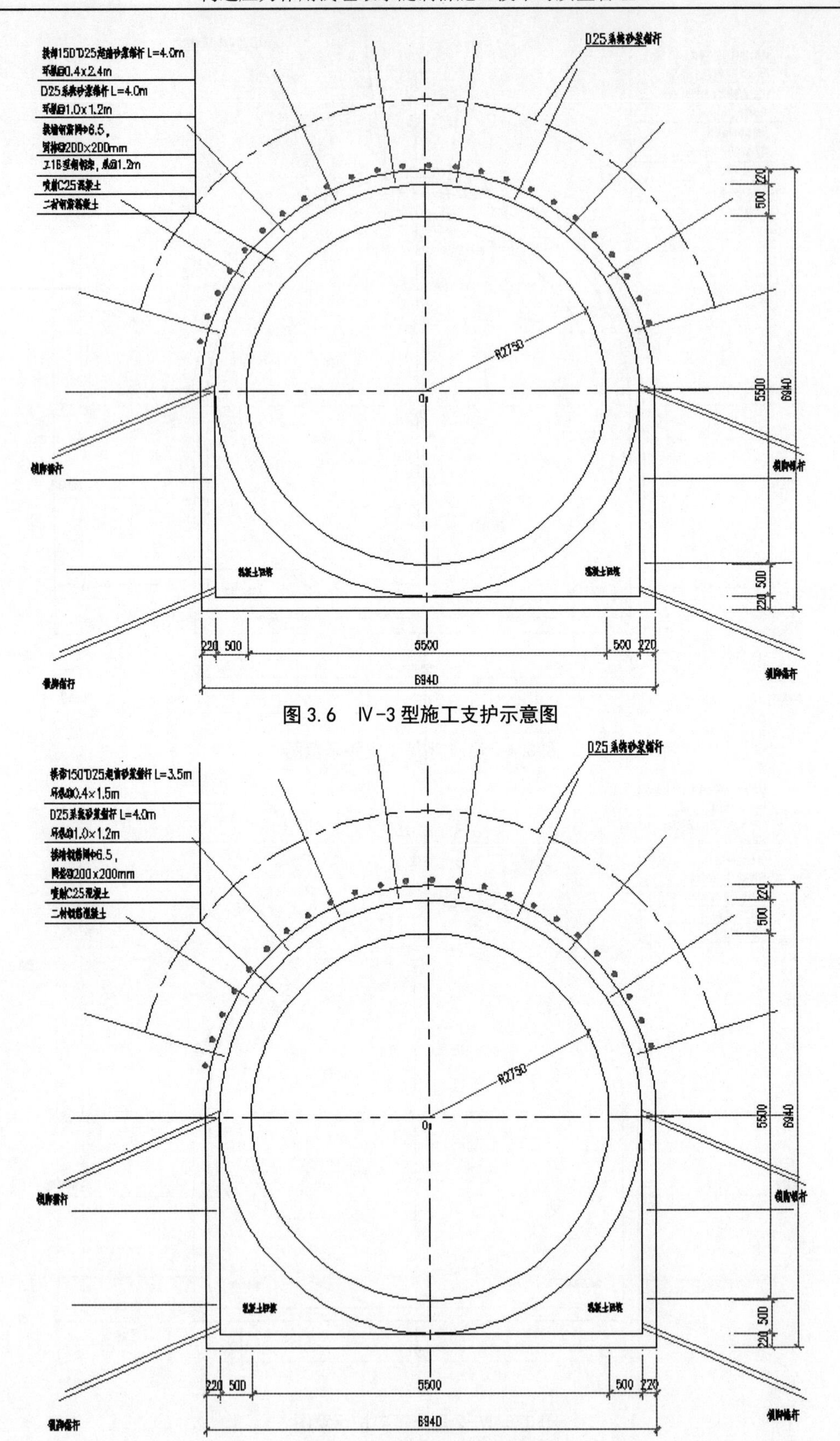

图 3.6　Ⅳ-3 型施工支护示意图

图 3.7　Ⅲ型施工支护示意图/

3.3.2　隧洞洞口段、节理裂隙密集带开挖支护

（1）隧洞洞口段开挖支护

隧洞施工时可采用锚喷挂网，设置钢拱架超前管棚支护。

Ⅴ-1 加强型支护方案见图 3.8。

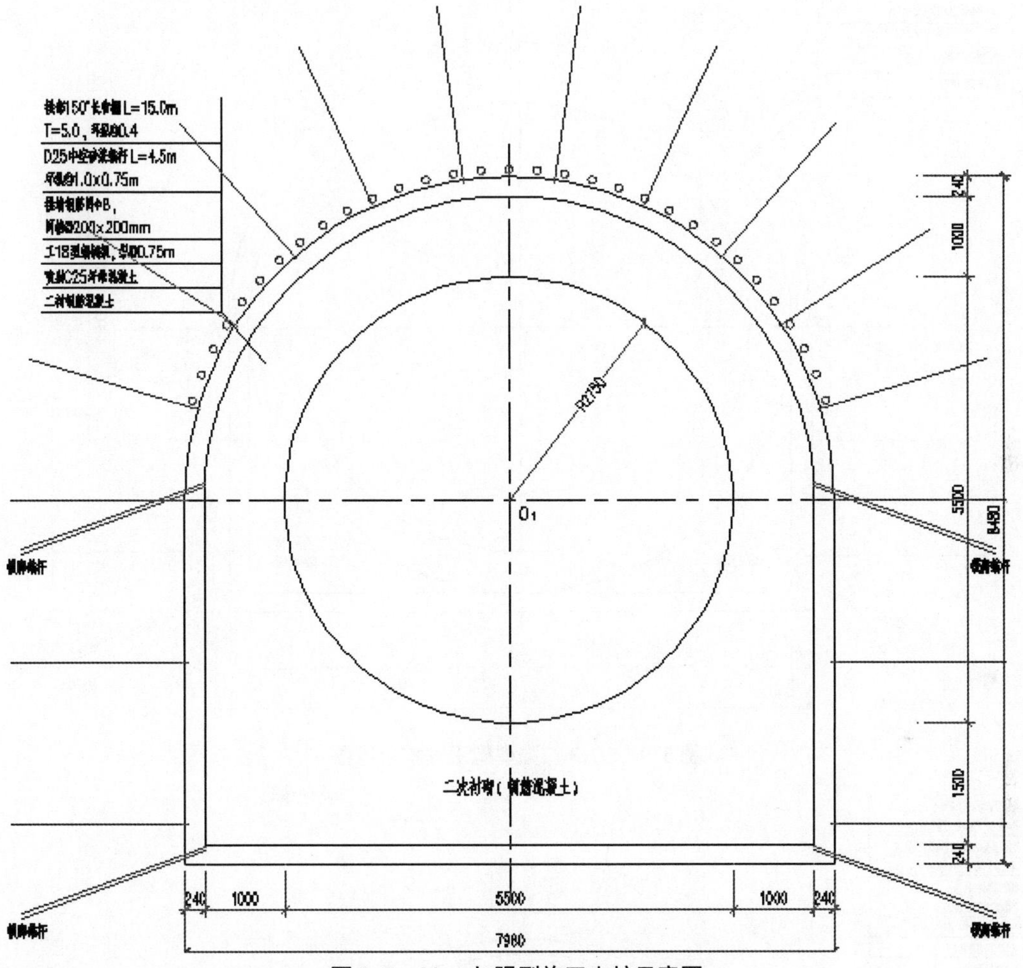

图 3.8　Ⅴ-1 加强型施工支护示意图

（2）隧洞节理裂隙密集带开挖支护

隧洞施工时可采用锚喷挂网，设置钢拱架超前管棚支护。

Ⅴ-2 加强型支护方案见图 3..9。

3.3.3　隧洞错车道开挖支护

（1）隧洞错车道Ⅳ-1 型开挖支护

隧洞处于微风化、中等风化花岗岩的Ⅳ类围岩，施工时可采用锚喷挂网，设置超前小导管支护。

Ⅴ-1 型支护方案见图 3.10。

（2）隧洞错车道Ⅳ-2 型开挖支护

隧洞处于中等风化、破碎中等风化花岗岩的Ⅳ类围岩，施工时可采用锚喷挂网，设置超前小导管支护。

Ⅴ-2 型支护方案见图 3.11。

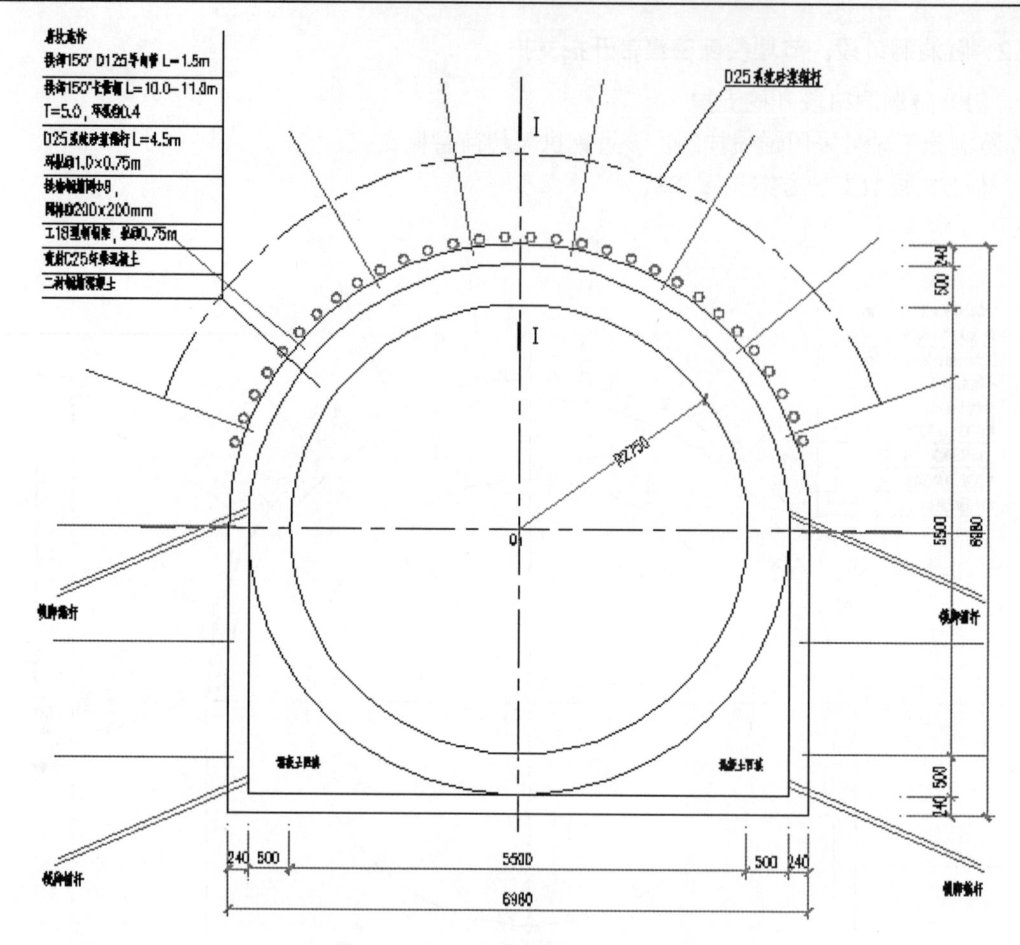

图 3.9　V-2 加强型施工支护示意图

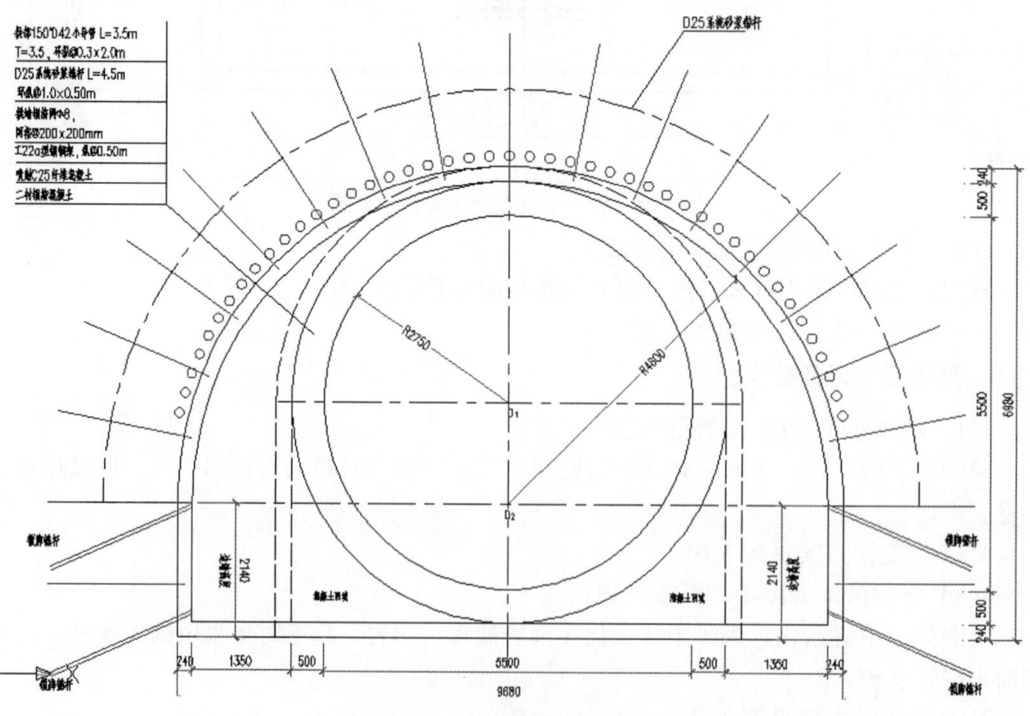

（a）V-1 型施工支护

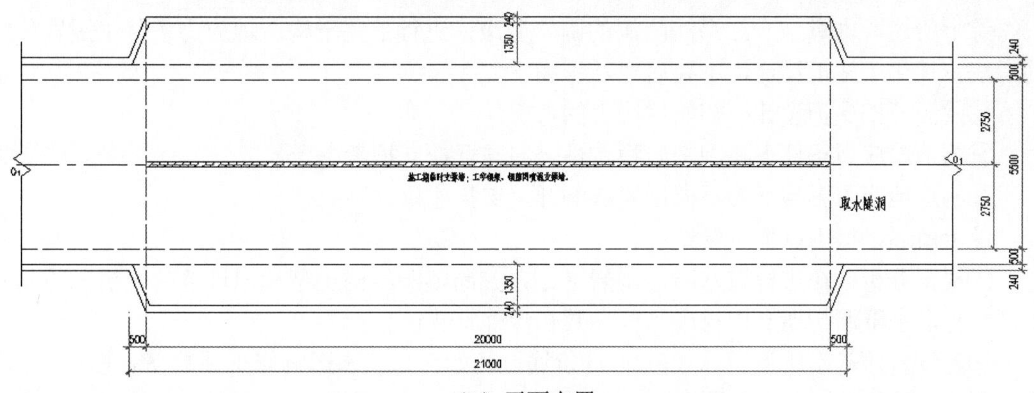

（b）平面布置

图 3.10　Ⅴ-1 型施工支护及平面布置示意图

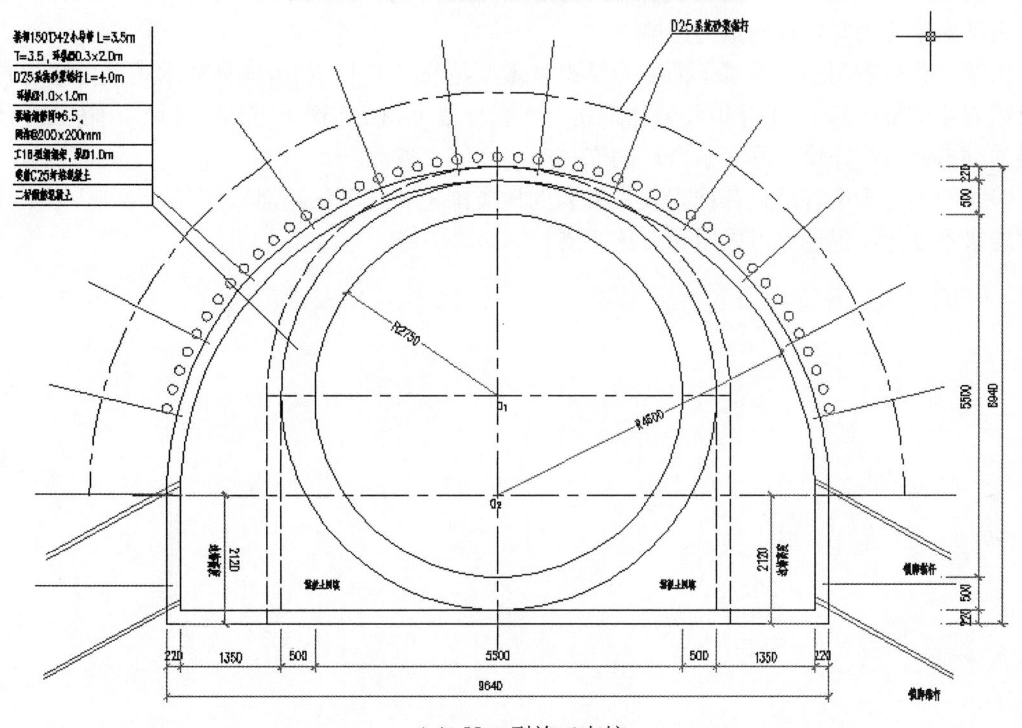

（a）Ⅴ-2 型施工支护

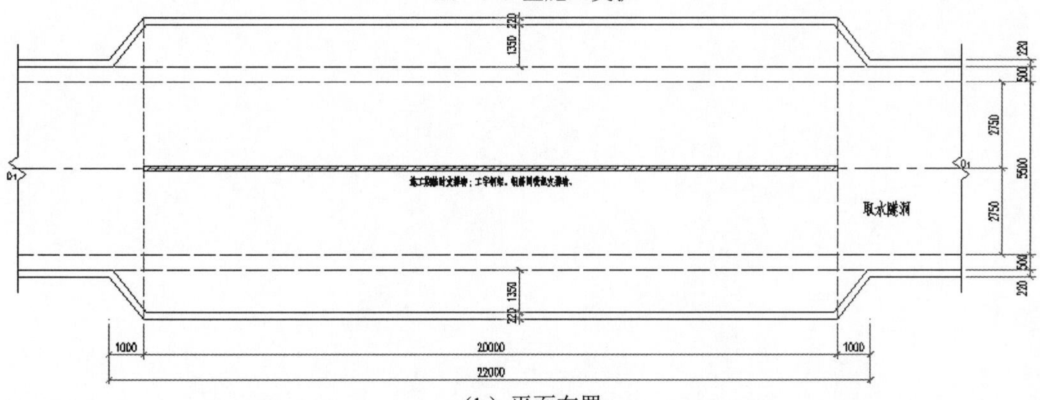

（b）平面布置

图 3.11　Ⅴ-2 型施工支护及平面布置示意图

综上所述，本章结合红沿河隧洞的围岩分级，进行了关于构造地应力条件下围岩分级的考虑，优化了施工设计，主要研究结论如下。

①隧洞开挖支护设计中初始地应力的考虑。

②构造地应力条件下隧洞围岩稳定性分级与开挖支护考虑。

③构造地应力影响下的不同围岩隧洞开挖支护建议。

综上所述，得出以下主要结论。

①根据分析，在进行取水隧洞围岩区划，判断隧洞结构类型和出现危险性情况的基础上，进行取水隧洞初期支护衬砌结构参数初步确定建议。

②隧洞岩体基本质量指标（*BQ*）评价通过初始应力状态影响修正系数 K_3 考虑了地应力的影响。隧洞巴顿岩体质量指标（*Q*）分级对高地应力条件有一定的考虑，通过对应力折减系数 *SRF* 的调整考虑地应力对围岩类别的影响，隧洞岩体地质力学指标值（*RMR*）分级没有考虑地应力对岩体质量的影响。

③在获得隧洞施工中掌子面多个关键技术参数的基础上，利用岩体基本质量指标（*BQ*）、巴顿岩体质量指标（*Q*）分级和岩体地质力学指标值（*RMR*）评价方法，进行了围岩级别分类的动态分析与评价，确立了合理的支护类型和施工参数。

④隧洞处于中等风化花岗岩及片麻岩的Ⅳ类围岩和强风化花岗岩及片麻岩的Ⅴ类围岩，围岩极不稳定，视岩性可采用相应施工支护。

第4章　隧洞施工计划及保证措施

本章主要讨论隧洞施工进度控制指标、分项工程进度计划，以及施工进度管理和保证措施，里程碑保证措施。

4.1　施工进度指标

4.1.1　V级（含V-1、V-2两种类型）围岩段开挖支护

洞身Ⅴ级围岩段开挖支护作业循环时间见表4.1。

①根据业主招标文件提供的取水隧洞施工总说明，Ⅴ级围岩段每榀钢拱架间距为0.75m，计划每二榀爆破一次，因此每循环控制进尺也为1.5m。

②本项目隧洞开挖循环时间只考虑拱部开挖所要求时间，下台阶与拱部平行作业，因此施工下台阶时不占用拱部循环时间。

③清掌子面时，将爆破洞碴清至下台阶，出碴利用立拱、挂网、锚杆施工时间段进行，不占用循环时间。

④Ⅴ级围岩段拱部每循环进尺需要时间为20h。

4.1.2　IV-1衬砌类型围岩段开挖支护施工

Ⅳ-1衬砌类型围岩段开挖支护作业循环时间见表4.2。

①根据业主招标文件提供的取水隧洞施工总说明，Ⅳ-1衬砌类型围岩段每榀钢拱架间距为1m，因此每循环控制进尺也为1m。

②本项目隧洞开挖循环时间只考虑拱部开挖所要求时间，下台阶与拱部平行作业，因此施工下台阶时不占用拱部循环时间。

③清掌子面时，将爆破洞碴清至下台阶，出碴利用立拱、挂网、锚杆施工时间段进行，不占用循环时间。

④Ⅳ-1衬砌类型围岩段拱部每循环进尺需要时间为16h。

4.1.3　IV-2衬砌类型围岩段开挖支护施工

Ⅳ-2衬砌类型围岩段开挖支护作业循环时间见表4.3。

①根据业主招标文件提供的取水隧洞施工总说明，Ⅳ-2衬砌类型围岩段每榀钢拱架间距为1.2m，因此每循环控制进尺也为1.2m。

②本项目隧洞开挖循环时间只考虑拱部开挖所要求时间，下台阶与拱部平行作业，因此施工下台阶时不占用拱部循环时间。

③清掌子面时，将爆破洞碴清至下台阶，出碴利用立拱、挂网、锚杆施工时间段进行，不占用循环时间。

④Ⅳ-1衬砌类型围岩段拱部每循环进尺需要时间为17h。

4.1.4　隧洞衬砌施工进度指标分析

隧洞衬砌分出口端和进口端两种类型，出口端进行二衬施工时，需通过洞口上方平台进行施工，需考虑一定的难度系数，本项目按比正常情况下每循环增加半天考虑。

进口端正常情况下施工作业循环时间见表4.4。

表 4.1 洞身Ⅴ级围岩段开挖支护作业循环时间表

序号	作业项目	作业时间	循环时间/h																			
			1	2	3	4	5	6	7	8	9	10	11	12	13	14	15	16	17	18	19	20
1	测量放线	0.5																				
2	φ42 超前小导管	2.5																				
3	上台阶打眼放炮	2.5																				
4	通风找顶	0.5																				
5	清掌子面	1																				
6	立拱、钢筋网、锚杆	5																				
7	喷浆	8																				

表 4.2 Ⅳ-1 衬砌类型围岩段开挖支护作业循环时间表

序号	作业项目	作业时间	循环时间/h															
			1	2	3	4	5	6	7	8	9	10	11	12	13	14	15	16
1	测量放线	0.5																
2	φ42 超前小导管	2.5																
3	上台阶打眼放炮	2.5																
4	通风找顶	0.5																
5	清掌子面	1																
6	立拱、钢筋网、锚杆	4																
7	喷浆	5																

表 4.3 Ⅳ-2 衬砌类型围岩段开挖支护作业循环时间表

序号	作业项目	作业时间	循环时间/h																
			1	2	3	4	5	6	7	8	9	10	11	12	13	14	15	16	17
1	测量放线	0.5																	
2	φ42 超前小导管	2.5																	
3	上台阶打眼放炮	2.5																	
4	通风找顶	0.5																	
5	清掌子面	1																	
6	立拱、钢筋网、锚杆	4																	
7	喷浆	6																	

表 4.4　隧洞衬砌施工作业循环时间表

序号	作业项目	循环时间/h
1	测量放线	1
2	供风、供水管改移	2
3	模板台车就位	2
4	安装衬砌结构钢筋和挡头模板	16
5	灌注混凝土	7
6	混凝土养生	18
7	脱　模	2
合　　计		48

4.2　分项工程进度计划

在认真领会招标文件精神的基础上，根据工程规模、特点，综合考虑公司的施工技术、机械设备装备水平，并考虑本项目隧洞长度、业主提供施工场地的时间、与其他承包商的接口等因素，本项目两条隧洞拟采用按业主提供场地时间，计划在接到中标通知书后，立即安排 1 号，2 号洞人员进行出口端的施工筹备工作。

2009 年 3 月 16 日开始进行 3 号，4 号出口端管棚施工，管棚施工预计时间一个月；2009 年 4 月 16 日开始进行 3 号，4 号取水隧洞出口端的洞内开挖初支施工。根据招标文件，隧洞进口端取水围堰计划在 2009 年 7 月中旬完成，2009 年 8 月中旬完成围堰内基坑抽水工作（上述工作由其他承包商完成），公司将在基坑抽水完成并移交场地后立即组织进水明渠、取水构筑物基础及边坡、3 号，4 号隧洞洞口及边坡的开挖及支护工作，并形成进水口施工便道，以上工作计划工期 45d，在 2009 年 9 月 30 日完成。

2009 年 10 月 1 日开始进行进口端供水、供风、供电设施建设，计划筹备时间为 10d，2009 年 10 月 11 日开始进行管棚施工，计划工期 20d；2009 年 11 月 1 日开始进行进口端的洞内掘进初支施工，3 号，4 号隧洞计划在 2010 年 5 月 30 日前完成开挖初支施工，实现贯通。2010 年 5 月 15 日开始利用出口端施工场地进行钢模台车的进场及组装工作，工期 15d；2010 年 6 月 1 日开始从出口端往进口方向进行二衬钢筋制作安装及模筑混凝土施工，计划工期 280d，至 2011 年 3 月 15 日完成 3 号，4 号隧洞的二衬混凝土施工。

本项目隧洞的回填灌浆、固结灌浆、混凝土表面的防腐施工计划与二衬混凝土平行作业，上述工作计划在二衬完成一个月后全部完成，于 2011 年 4 月 15 日完成本项目的全部工作，达到验收要求。各分项工程进度计划安排如下。

（1）出口端施工准备。出口端施工准备工作计划于 2009 年 03 月 10 日开始，至 2009 年 3 月 15 日结束，准备时间为 5d。由于公司有正在施工 1 号，2 号取水隧洞的有利条件，接到中标通知书后，可直接利用 1 号，2 号隧洞现有人员、设备及临建设施进行管棚施工的筹备工作。筹备工作主要包括回填洞口场地至隧洞设计标高；安排测量人员与业主施工支持处联系交接控制桩点并复测，将控制桩引至洞口，确定洞口位置及隧洞线路方向；从业主接口接通至洞口的供水、供电、供风设施；管棚及隧洞初支材料的采购与送检；同时着手安排急需人员、机械设备的进场，生产及生活临时设施的修建，为隧洞工程施工做好充分的准备工作。

（2）出口端管棚施工。时间：2009 年 3 月 16 日—2009 年 4 月 15 日。工期：31d。出口端管棚施工包括套拱施工及管棚施工。

（3）出口端开挖及初期支护。时间：2009 年 4 月 16 日—2010 年 5 月 31 日。工期：410d。根据循环时间测算，本项目平均月完成开挖掘进及初支为 55m/，并考虑冬季施工及春节影响，计划在 2010 年 5 月 30 日前出口端完成 715m。

（4）进口端石方明挖及边坡防护。时间：2009 年 8 月 15 日—2009 年 9 月 30 日。工期：45d。根据招标文件，隧洞进口端取水围堰计划在 2009 年 7 月中旬完成，2009 年 8 月中旬完成围堰内基坑抽水工作（上述工作由其他承包商完成），公司将在基坑抽水完成并移交场地后立即组织进水明渠、取水构筑物基础及边坡，3 号，4 号隧洞洞口及边坡的开挖及支护工作，并形成进水口施工便道。

（5）进口端施工准备。时间：2009 年 10 月 1 日—2009 年 10 月 10 日。工期：10d。主要工作为确定洞口位置及隧洞线路方向并从业主接口接通至洞口的供水、供电、供风设施为管棚施工创造条件。

（6）进口端管棚施工。时间：2009 年 10 月 11 日—2009 年 10 月 30 日。工期：20d。主要工作为套拱施工及管棚施工。

（7）进口端开挖及初期支护。时间：2009 年 11 月 1 日—2010 年 5 月 30 日。工期：212d。进口端 3 号洞需完成开挖初支量为 282m，4 号洞需完成开挖初支量为 317m。3 号隧洞计划在 2009 年 4 月 30 日前完成贯通；4 号隧洞计划在 2009 年 5 月 30 日前完成贯通。

（8）隧洞二衬施工。钢模台车进场与组装时间：2010 年 5 月 15 日—2010 年 5 月 30 日。工期：15d。利用出口端施工场地进行钢模台车的进场及组装工作；隧洞模筑混凝土施工时间：2010 年 6 月 1 日—2011 年 3 月 15 日。工期：280d。主要工作包括钢筋安装、台车就位、立模、浇注混凝土。模筑混凝土拟从出口端往进口端进行。

（9）出口端场地清理移交。时间：2010 年 7 月 20 日—2010 年 7 月 30 日。工期：10d。根据招标文件，2010 年 7 月 30 日前必须将出口端场地恢复原状移交给前池施工单位，包括：拆除出口端洞口临建设施；拆除风、水、电管线路用设备；挖除洞口回填的土石至前池设计标高（-13.2m）。

（10）隧洞回填灌浆。3 号，4 号隧洞回填灌浆考虑与二衬作业平行施工，隧洞二衬 4 个月开始进行回填灌浆。计划时间：2010 年 12 月 1 日—2011 年 3 月 31 日。工期：121d。

（11）隧洞固结灌浆。固结灌浆比回填灌浆推迟 1 个月施工，两隧洞也是同时进行施工，并与回填灌浆、二衬作业平行施工。计划时间：2011 年 1 月 1 日—2011 年 4 月 10 日。工期：100d。

（12）隧洞钢筋混凝土表面防腐处理。计划时间：2011 年 2 月 1 日—2011 年 4 月 12 日。工期：71d。

（13）场地清理。计划时间：2011 年 4 月 10 日—2011 年 4 月 14 日。工期：4d。

（14）工程完工、验收。计划时间：2011 年 4 月 15 日。本项目计划在 2011 年 4 月 15 日完成全部合同内工作内容，达到验收要求。

4.3 施工进度管理

为加强项目进度计划管理，确保工程按合同工期完成，本项目设一名专职进度计划工程师负责计划管理工作。本项目将以本章所编进度计划作为控制合同进度的依据，施工总进度计划的变更、修改须事先按业主工程管理程序的要求得到业主的书面批准。

在合同签字后 15d 内，须根据总进度计划编制并提交详细的施工进度计划并获业主审查批准，该施工进度计划要求涵盖本工程施工各阶段的详细施工计划安排（包括主要材料采购及人员进场计划）。在合同签字后 13d 内，向业主提交工程量进展计划曲线，供业主审查批准。在合同执行期间，需在月会上向业主汇报工程的进展情况，以及需要业主协调的有关质量、安全和进度方面的重大问题。

根据业主要求，需在每月 5 日前向业主提交上月月报，月报要求纸质文件一份，电子文件一份。月报的主要内容包括但不限于以下内容：月进展报告、人力动员曲线、机械进退场状况、本月完成的实物工程量/累计完成工程量和相应的进展曲线、施工详细情况的跟综、重大的质量技术事件、需业主关注的其他问题。及时、认真地检查进度的执行情况，采取措施包括必要的合格的人力和机具，确保进度计划按时完成。如果出现进度的延误，采取一切措施，制订赶工计划，保证按期实现。同时应升版施工计划报业主审批。

4.4　施工进度保证措施

4.4.1　人员、组织管理保证措施

①由公司总部抽调具有丰富施工经验、年富力强的技术、管理干部，有多次类似工程施工经验、战斗力强的施工队伍，组成现场经理部，按照项目部的统一部署，组建施工队伍，配备充足、结构合理的施工人员和机械设备，完成本项目的施工任务。

②加强现场施工组织指挥，做到指挥正确、指挥得力，效率高、应变能力强。建立以项目经理部经理、总工程师为首的管理体系，决策重大施工问题，确定重大施工方案，分析施工进度。当实际进度落后于实施性施工组织设计要求时，提出加快施工进度的措施。

③加强组织协调工作，确保将各工作面和各工序的相互施工干扰降到最低程度。

④建立健全岗位责任制，施工人员定岗定责，严格技术标准、工艺措施，严明施工纪律，按设计和规范要求施工。

⑤深化改革、完善项目管理模式，完善竞争机制和激励机制，实行全员风险承包，任务层层落实。把工期效率和职工个人的经济利益挂钩，兑现奖罚，充分调动全体职工的积极性。

4.4.2　技术保证措施

①掌握设计意图，编制实施性施工组织设计，逐级负责，认真实施，并在实践中不断优化。实施性施工组织设计的实现关键在强化管理：高起点、高质量、严要求。

②施工准备期抓“两短一快”，即进场时间短、准备时间短、尽快形成生产能力。施工过程中合理组织，抓好程序化、标准化作业，提高施工进度，保持稳产高产。

③认真做好工程的统筹、网络计划工作，科学组织、合理安排、均衡生产。牢牢抓住关键工序的管理与控制，控制循环作业时间，减少工序衔接时间，提高施工效率。

④优化施工方案，提高施工进度。对不良地质地段采用稳妥的施工方法通过。

⑤依靠科技进步，采用新技术，关键工序采用施工效率高的机械。对影响施工进度的施工技术难题，开展 QC 小组活动，组织攻关，充分听取各方面的合理化建议，提高施工进度。

⑥根据施工总进度的要求，分别编制月、旬、日施工生产计划，并在实施中对照检查，找差距，找原因，完善管理，促进施工。

⑦按生产计划情况编制材料供应计划，提前订货加工，及时供货，并备有足够的库存量，保证物资供应。

⑧在施工中采用微机进行管理。采用微机分析、处理施工数据，选用决策数学模型，结合有关资料和外部信息，用计算机作出决策依据，以实现施工管理的科学化。

⑨密切与业主、设计、监理单位和地方政府的关系，同心协力为工程建设工期的如期

实现献计献策。

⑩在雨季或遇到雷电、洪水、台风等恶劣气候条件时（除招标文件合同条款中规定的异常恶劣气候除外），采取相应措施如调整分项工程施工计划等，将气候条件对工程施工的影响减至最小。冬季施工前，提前做好物资材料的储备，避免因材料供应不上而影响施工进度。

4.4.3 资金保证措施

①根据施工总进度的要求，分别编制月、旬施工生产资金计划，实施中对照检查，找差距，找原因，完善管理，促进施工。

②按生产计划情况编制材料资金供应计划，提前订货加工，及时供货，并备有足够的库存量，确保材料供应满足施工需要。

③本项目资金要保证专款专用，不挪用本项目资金，确保工程顺利进行。

4.4.4 机械设备保证措施

①合理配置机械设备，加强机械设备的管、用、养、修，确保承诺的工期实现。

②配备足够的挖、装、运、钻孔等大型设备，组成机械化配套作业线，以先进的设备，保证施工的顺利进行，确保工期目标如期实现。

③编制机械安全技术操作规程，组织专家深入现场，督促检查设备安全工作情况，发现问题，及时纠正，消除隐患，使机械设备达到安全、优质、高效、低耗地运行。严禁违章指挥、违章操作、违反劳动纪律和蛮干、乱干等操作行为。

④严格执行交接班制度。认真填写交接班记录，做到例保、“十字作业”。交班清楚后，接班人检查移交的运转、维修、油耗等记录情况及设备情况，并开车试运转，确认妥善无误后方可进行工作。

⑤机械设备在使用中严禁超载作业，或者任意扩大其使用范围，严格按照机械设备使用说明书的规定使用。

⑥车辆倒车时必须带有声音提示的报警信号。机械设备集中停放的场地有防火、消防设备和防盗措施，设专人看守。

⑦对施工机械用油进行科学管理，合理使用。机械用油和水的正确选择是保证工程机械正常运转的关键之一。加强机械用油和水的管理，正确选用油品，正确掌握换油期，正确掌握加油量，正确使用内燃机冷却液，建立专业化的油、水管理组织，对所有机械进行正常管理。

⑧加强对施工设备管、用、养、修的动态管理，积极应用现代化微机管理，建立设备台账和技术档案，建立检测、大修项修、技术开发、配件库存、人员培训等信息库，提高机械设备的管理水平。

⑨工地仓库要备有一定数量的机械设备配件，特别是易耗件更应储备充足。重要机械有整机或部分总成配件备用，以保证机械正常运行。

⑩同类机械设备尽可能采用同厂家设备，以便于维修、配件供应和通用互换，确保机械使用率。冬季施工时，应对机械设备采取防冻措施，确保设备正常运行。

4.4.5 劳动力保证措施

①认真做好劳动力的统筹、网络计划工作，科学组织、合理安排、均衡生产，加强组织协调，确保施工劳动力能满足工程生产的需要。

②建立健全岗位责任制，施工劳动力人员定岗定责，严格技术标准、工艺措施，严明施工纪律，按设计和规范要求施工。

③全面提高劳动力整体素质。加强技术培训，提高施工人员的操作技术熟练程度，提高施工人员的安全、质量意识。

④项目经理部的生产骨干要深入学习项目管理知识，以便指导施工现场的规范化操作行为。抓好后勤保障体系，一切为现场生产服务，关心职工的物质、文化生活，充分激发广大职工的生产积极性。

⑤加强核电站管理相关制度的学习，教育本单位职工模范遵守核电站的有关管理规章制度。

4.4.6　不良地质段的进度保证措施

①对不良地质地段精心编制实施性施工组织设计，并经专家组审定，确保其科学、合理、可行。

②对不良地质地段的施工必须加强各工序施工的衔接，相邻工序的施工班组必须提前30min 进行交接班，避免因工序的衔接影响进度计划的实现，同时也避免因下道工序时间延误而发生安全或质量问题。

③使用先进的施工设备，保证足够多的施工机械及机械操作人员，确保工期目标。

④成立专门的机械维修班组，加强机械的保养维护，保证施工机械的正常运转。

⑤加强地质超前预报工作，在开挖前制订出相应具体的对策和措施，避免延误施工的时间。不良地质段注浆钻孔及注浆的时间很长，为加快进度，可采用分浆器以加快注浆速度，同时要加强工艺控制和施工管理。

⑥配备备用电源，防止因网电停电而造成质量事故和延误时间。

⑦加强物资储备，储备数量满足施工需要，质量合格，防止因材料原因导致返工而耽误工期。

⑧不良地质段施工过程中，项目部主要领导现场值班，实行三班制，轮流值班，及时处理现场的问题，加强监督落实，激励士气，加快施工进度。

⑨施工人员、机械、材料、资金等满足施工需要，为不良地质段的顺利通过作好必要的保证。

4.5　里程碑保证措施

4.5.1　里程碑

本项目进度计划管理的重点是对隧洞开挖尤其是拱部开挖的进度管理，拱部开挖的快慢将直接影响到下断面的掘进速度及二衬施工的按时完成。

因此，将拱部开挖初支作为本工程的关键路径加以关注。在合同执行过程中，将全力配合业主的工作，保证合同进度计划的实现。并按业主设立的关键里程碑要求在规定时间内完成相应的施工内容。业主设立的关键里程碑如表4.5。

根据业主要求，每月申请支付时，要提交支付里程碑完工证书，并附上里程碑完成的证明文件。如果在竣工日期或者根据合同相关条款的规定或修改后的竣工时间未能完成本合同工程，业主将要求按既定条款支付违约金。业主将每月对的进场人员和机械设备是否按其批准的进度计划进行检查，如果在合同规定的关键日期或根据合同条款修改、延长的关键日期完成相应工作，则业主将对照其批准的计划，当的进场设备和人员符合要求，要求按相关条款向其支付违约金，如人员和机械存在不足，则要按 1.5 倍支付违约金.。

表 4.5　关键里程碑的工期及延误工期的处罚

里程碑工作内容描述	要求完成日期	罚款星级
项目经理、主要管理人员及主要机具设备进场	2009 年 3 月 15 日	*
开工时间	2009 年 3 月 16 日	***
取水构筑物基础及边坡开挖完成	2009 年 9 月 30 日	***
进水明渠开挖完成	2009 年 9 月 30 日	***
隧洞出口端（靠 PX 泵房端）管棚支护施工完成	2009 年 4 月 16 日	**
隧洞工程二次支护—钢筋混凝土衬砌完成	2011 年 3 月 15 日	***
隧洞工程完工、验收	2011 年 4 月 15 日	**

注：由其他承包商承担的取水围堰工程完工且完成基坑一次性抽水、本项目具备干地施工条件后 45 天内完成进水口明渠及取水构筑物基础及边坡的开挖工作。

4.5.2　里程碑完成针对性保证措施

为保证本项目按合同工期完成，必须要确保各关键里程碑工期的完成。各关键里程碑的针对性措施见表 4.6。

表 4.6　为保证关键里程碑按时完成的各项针对性措施

里程碑工作内容	针对性措施
项目经理、主要管理人员及主要机具设备进场	①对于本项目补充增加的主要管理人员应提前准备，办理好原工作交接，一旦接到中标通知，立即赶赴本项目工地现场，以确保上述人员按时到位。②提前准备并检修本项目拟配备设备，确保设备进场前机况良好，一接到中标通知书后立即通知物流公司将设备运至红沿河核电施工现场，确保所有设备均能按计划要求进场。
隧洞出口端（靠 PX 泵房侧）管棚支护施工完成	①目前公司正在施工 1 号，2 号取水隧洞，一接到中标通知，立即组织 1 号，2 号隧洞的现有设备、人员及临建设施进行前期施工筹备，尽快形成现场的“三通一平”工作。②接到中标通知书后立即安排 1 号，2 号隧洞现有设备回填泵房基坑至洞底标高，搭设施工作业平台，以尽快进行管棚施工。③公司目前在现场有足够的钻孔设备和管棚施工经验丰富的作业人员。
进口端明挖土石方及边坡防护的完成	①经常跟踪了解进口端取水建筑物围堰的完成情况，并根据工期和挖运土石方量提前准备足够的土石方钻孔、挖运设备。②提前办理爆破作业申批手续并办好爆炸物品的采购工作。③安排双班司机，考虑夜间作业。④安排足够的边坡支护设备及作业人员。
隧洞开挖、初支完成	①配备足够、良好的机械设备和足够的经验丰富的施工人员。②公司在施工 1 号，2 号取水隧洞时已办理好相关爆破作业手续，只要一具备进洞条件，能马上进行洞挖掘进工作。③公司在施工 1 号，2 号取水隧洞时已完成了初支相关材料的 MSS 单申报工作，并确定了材料供应商，本项目可利用 1 号，2 号隧洞的现有材料及供应商，确保材料的按时供应。④加强工序交接管理，避免因工序交接影响进度。⑤加强物资材料供应管理，尤其是冬季施工的材料储备，确保不会因材料供应不上影响施工进度。
隧洞混凝土衬砌完成	①配备足够、良好的机械设备和足够的经验丰富的施工人员。②加快隧洞掘进速度，确保开挖按要求时间或提前完成。③钢模台车按时进场并组装，确保二衬作业按时开始。④加强现场管理，在保证混凝土质量基础上加快二衬施工循环时间。
隧洞完工、验收	①加快隧洞掘进和二衬施工速度，确保洞掘和二衬按要求时间完成。②安排回填灌浆、固结灌浆、防腐施工与二衬平行作业，确保上述工作内容能全部按要求时间完成。③组织人员及时进行完工后的现场清理工作。

第 5 章　隧洞施工总体部署

本章讨论隧洞施工总体部署中的施工指导思想、任务划分、顺序安排，以及隧洞施工机械设备选型与配套、总体方案和重点、难点及对策。

5.1　施工指导思想

在本项目的隧洞施工过程中，以高起点、高标准、高质量、高效益的“四高”为总体目标，精心组织，精细正规，精益求精，铸造精品工程。

（1）两个“确保”

一是确保安全和质量目标；二是确保工期目标。

（2）达到“三高”

高标准控制施工全过程（用检测控制工序，以工序控制过程，以过程控制整体）；高效率建设本隧洞工程；高水平建成本取水隧洞工程（一次达标，一次成优）。

（3）坚持“四先”

在实际施工中，用先进的设备和科学的配置来满足设计规范和业主、监理工程师的要求；用先进的技术与工艺来保证质量要求；用先进的组织管理方法，结合本隧洞工程特点，统筹考虑，科学安排；用先进的思想观念来统一全体参建职工的认识，不凭老经验、老方法办事，把创优目标全面贯彻落实到施工的每一个环节之中。

（4）狠抓重点、难点工程

对施工中的重点、难点分项、分部工程，始终放在突出位置狠抓不放，根据公司多年从事类似工程的施工经验，提前预研，优化方案，择优选用，充分发挥施工优势，创出一流水平。

（5）试验先行

根据本隧洞工程的特点，并结合公司施工 1 号，2 号取水隧洞的经验，对隧洞开挖、衬砌等项目先做样板工程，确保工艺参数的可靠性，报业主工程师审批后，方可施工。

（6）全过程监测、信息化施工

做好各个主要工程项目的监控量测，对各道工序进行全过程的跟踪监测，并及时反馈施工全过程的各类信息，以便更好地指导施工。

（7）充分发挥企业优势和特点

在制订施工方案时，坚持科学组织，合理安排，均衡生产，确保高速度、高质量、高效益地完成本隧洞工程的建设，实现施工组织的先进性和合理性。

（8）采用先进的施工技术

机械设备和施工方法的选择做到满足施工安全、质量和进度的要求。考虑到本项目隧洞地质条件和施工技术比较复杂，公司将在该隧洞施工中投入先进的设备和施工技术，选择合理的施工方法，建成质量一流的隧洞。

（9）科学管理，严格施工工艺

隧洞地质条件比较复杂，坚持“稳扎稳打、稳中求快”的原则；科学管理，严格施工工艺，充分利用公司在类似工程施工中积累的施工经验和施工技术。

5.2 施工任务划分

本工程隧洞位于海平面以下，地质情况复杂，开挖及混凝土工程量大，工期相对紧张，根据工程特点，本工程以隧洞的开挖作为施工重点工序，其他工序围绕此工序进行开展，重点投入足够的人力、物力和资源加快隧洞的开挖速度，为后序工作面提供工作空间，同时要合理安排二次衬砌的施工时间，从而加快整个工程的总体施工进度。

本工程3号，4号隧洞各设一个隧洞作业队进行施工，由于本项目2009年10月30日后，当隧洞进口端具备开挖初支施工条件后，隧洞进口、出口需同时进行开挖初支施工，因此每个作业队需设进、出口两个作业工区以分别承担进口端和出口端的开挖初支施工；1号，2号，3号和4号所使用的钢材料统一由钢材料场加工；为保证本项目及1号，2号隧洞的喷浆及二衬用混凝土统一由混凝土搅拌场负责供应。各作业队任务划分情况如表5.1。

表5.1 作业队施工任务划分一览表

<table>
<tr><th colspan="2">单 位</th><th>承担任务</th></tr>
<tr><td colspan="2">进口土石方施工队</td><td>进口端90600m³明挖石方施工</td></tr>
<tr><td rowspan="7">3号隧洞施工队</td><td>开挖初支出口工区</td><td>3号隧洞进口端715m开挖初支施工</td></tr>
<tr><td>开挖初支进口工区</td><td>3号隧洞出口端282m开挖初支施工</td></tr>
<tr><td>钢筋班</td><td>3号隧洞二衬钢筋制安</td></tr>
<tr><td>二衬混凝土工班</td><td>3号隧洞二衬混凝土施工</td></tr>
<tr><td>回填灌浆班</td><td>3号隧洞回填灌浆施工</td></tr>
<tr><td>固结灌浆班</td><td>3号隧洞的固结灌浆施工</td></tr>
<tr><td>防腐施工班</td><td>3号隧洞的防腐施工</td></tr>
<tr><td rowspan="7">4号隧洞施工队</td><td>开挖初支出口工区</td><td>4号隧洞进口端715m开挖初支施工</td></tr>
<tr><td>开挖初支进口工区</td><td>4号隧洞出口端317m开挖初支施工</td></tr>
<tr><td>钢筋班</td><td>4号隧洞二衬钢筋制安</td></tr>
<tr><td>二衬混凝土工班</td><td>4号隧洞二衬混凝土施工</td></tr>
<tr><td>回填灌浆班</td><td>4号隧洞回填灌浆施工</td></tr>
<tr><td>固结灌浆班</td><td>4号隧洞的固结灌浆施工</td></tr>
<tr><td>防腐施工班</td><td>4号隧洞的防腐施工</td></tr>
<tr><td colspan="2">钢材料加工场</td><td>1号，2号，3号和4号隧洞钢拱架、小导管、初支及二衬钢筋的加工</td></tr>
<tr><td colspan="2" rowspan="2">混凝土搅拌场</td><td>1号，2号，3号和4号隧洞的喷浆料的搅拌</td></tr>
<tr><td>1号，2号，3号和4号隧洞二衬混凝土的搅拌</td></tr>
</table>

5.3 施工顺序安排

本项目出口端PX泵房前池开挖完成后的设计标高为-13.2m，因此接到中标通知书后立即安排回填前池至隧洞底标高（-10.2m），并通过1PX泵房东端道路形成3号，4号隧洞出口端施工道路。

隧洞施工前，先做好洞口坡面防护和防排水系统，并在每个隧洞洞口位置修筑一个集水坑，安设抽水系统，以便施工期间地表雨水及洞内积水能汇集至集水坑再抽排出基坑外面。当施工筹备具备“四通（风通、电通、水通、路通）”条件后，立即安排出口端洞口长管棚套拱及长管棚施工。长管棚施工完成后，安排隧洞出口端的开挖初支施工，施工时从出口端往进口端掘进。

根据招标文件，隧洞进口端取水围堰计划在2009年7月中旬完成，2009年8月中旬完成围堰内基坑抽水工作（上述工作由其他承包商完成），公司将在基坑抽水完成并移交场地后立即组织进水明渠、取水构筑物基础及边坡、1号至4号隧洞洞口及边坡的开挖及支护工作，并形成进水口施工便道及安装进口端供水、供风、供电设施后，开始进行进口端长管棚施工和进口端的洞内掘进初支施工，与出口端同时双向掘进，实现贯通。

2010 年 5 月 15 日开始利用出口端施工场地进行钢模台车的进场、组装、就位工作，并开始从出口端往进口方向进行二衬钢筋制安及模筑混凝土施工。按招标文件要求，本工程出口端施工道路最迟要在 2010 年 7 月 30 日要完成该施工道路前池段回填量的清除恢复工作，交由其他承包商进行施工。

因此，1 号，2 号隧洞出口端应在 2010 年 7 月 20 日前停止出口端洞口位置的所有施工，着手进行回填土石的清理，以便能及时移交给其他承包商。

本项目隧洞的回填灌浆、固结灌浆、混凝土表面的防腐施工计划与二衬混凝土平行作业，在二衬完成一个月后，于 2011 年 4 月 15 日完成全部工作，达到验收要求。

5.4　施工机械设备选型与配套

5.4.1　供电系统

（1）施工总用电量估算

在施工现场，电力供应首先要确定总用电量，以便选择合适的发电机、变压器、各类开关设备和线路导线，做到安全、可靠地供电，减少投资，节约开支。确定现场供电负荷的大小时，不能简单地将所有用电设备的容量相加，因为在实际生产中，并非所有设备都同时工作，另外，处于工作状态的用电设备也并非均处在额定工作状态。

（2）变压器的确定与选型

一般根据估算的施工总用电量来选择变压器，其容量应等于或略大于施工总用电量，且在使用过程中，一般使变压器承受的用电负荷达到额定容量的 60％左右为佳。

5.4.2　供风系统

（1）空压机站的生产能力

压缩空气由空压机生产供应。空压机一般集中安设在洞口附近的空压机站内。空压机站的生产能力取决于耗风量的大小，并考虑一定的备用系数。耗风量应包括隧洞内同时工作的各种风动机具的生产耗风量和由储气筒到风动机具沿途的损失。

（2）空压机选择

根据计算确定了空压机站的生产能力以后，可选择合适的空压机和适当容量的贮风筒。当一台空压机的排气量不满足供风需要时，可选择多台空压机组成空压机组。

此时，为便于操作和维修，宜采用同类型的空压机，考虑在施工风量中负荷的不均匀，为避免空压机的回风空转，可选择一台较小排气量（一般为其他空压机容量的一半）的空压机进行组合。

本项目拟配备 2 台 20m^3/min 和一台 12m^3/min 的电动空压机组成空压机组，以保证隧洞施工用风。空压机站应设在空气洁净、通风良好、地基稳固且便于设备搬运之处，并尽量靠近两隧洞洞口，以缩短管路漏风消耗。

（3）压风管道的设置

压风管道的选择，应满足工作风压不小于 0.5MPa 的要求。空压机生产的压缩空气的压力一般在 0.7～0.8MPa 左右，为保证工作风压，钢管终端上风压不小于 0.6MPa，通过胶皮管输送至风动机具的工作风压不小于 0.5MPa。压缩空气在输送过程中，由于管壁摩擦，接头、阀门等产生阻力，其压力会减小，一般应考虑压力损失。

根据计算，本项目需选用 $\Phi100$ 的压风管道才能保证钢管末端风压不小于 0.6MPa。胶皮风管是连接钢管与风动机具的，由于其压力损失较大，一般应尽量缩短其使用的长度，从而保证压缩空气的工作压力不小于 0.5MPa。

5.4.3 通风系统

（1）风量计算

隧洞施工的通风计算，因施工方法、隧洞断面、爆破器材、炸药种类、施工设备等不同而变化。目前所用的通风计算公式大都是同矿井通风及铁路运营通风的计算公式类比或直接引用，一般按以下几个方面计算并取其中最大的数值，再考虑漏风因数进行调整，并加备用系数后，作为选择风机的依据。

（2）风压计算

在通风过程中，要克服风流沿途所受的阻力，保证将所需风量送到洞内，并达到规定的风速，必须要有一定的风压。因此，风压计算的目的就是确定通风机本身应具备多大的压力才能满足通风需要。

5.4.4 隧洞开挖、出渣设备

（1）钻孔设备

本项目取水隧洞开挖宽度 6.8m，由于地质情况较差，采用微台阶（隧洞段）和拱部弧形导坑法（错车道段）进行施工，因此本项目钻孔设备选用钻孔速度快、用风相对较小的 YT28 型气腿式钻机。根据开挖断面情况，本项目两条隧洞每条进出口各配备 8 台气腿式风钻，需要 32 台，共计配备 32 台风钻。

（2）出渣设备

取水隧洞开挖宽度 6.8m，考虑到装渣设备与运渣设备之间及设备与围岩之间至少需预留 50cm 空隙，根据施工 1 号，2 号隧洞施工经验，本项目隧洞可采用大宇短臂 130 型挖掘机配合 8T 金刚自卸车（宽 2.4m）进行掌子面清理及出渣作业。本项目出口端、进口端各配备 2 台 130 型挖机进行装渣作业，考虑装载机的机动性，进出口各配备 1 台 ZL40 型装载机配合出渣及渣场清理工作。

本项目根据计划安排，单口掘进最大进深约 700m。本项目 200m 考虑一处错车加宽位置，前一辆车从掌子面行至第一个错车道处（需 1min），后一台车倒车 200m 至掌子面按倒车速度 5km/h 用时 2min，装车 4.5m^{3}用时 3min，运至洞口最远 700m（按行驶速度 15km）需用 4min，再运至弃渣场 3km（按行驶速度 30km/h）需 10min，倒渣 1min，返回至距掌子面第一个错车道需 14min，因此，每弃一车洞渣需 30min。而装一车渣时间为 6min，因此本项目隧洞进、出口各需配备 5 台 8T 金刚自卸车进行运渣作业。

5.4.5 其他设备

（1）搅拌设备

公司现在核电厂内已经有一座喷浆料搅拌场，完全能满足 4 条隧洞（6 个作业面）的喷浆料供料要求。考虑到本项目 3 号、4 号隧洞可能会存在两条隧洞同时浇注二衬混凝土的可能，因此可利用业主指定的本项目临建位置另建一座二衬用混凝土搅拌站，配备 2 台 1000L 的强制式搅拌机进行搅拌作业，以满足二衬混凝土供应要求。

（2）喷浆设备

为缩短喷浆作业时间，每条隧洞配备 2 台 PZ-2 型喷浆机进行喷射作业，另考虑备用一台。本项目进出口端共计配备 10 台 PZ-2 型喷浆机。

（3）锚杆施工设备

本项目每条隧洞进出口各配备 2 台 YT28 型钻机钻锚杆眼，1 台锚杆灌浆机灌注砂浆，本项目共计需配备 8 台 YT28 型钻机钻锚杆眼，4 台锚杆灌浆机灌注砂浆。

（4）混凝土施工设备

本项目计划在隧洞贯通后才开始从出口端往进口端进行二衬作业。

为加快二衬施工速度，本项目两条隧洞二衬混凝土拟安排同时作业，但为了充分利用混凝土施工设备，两条隧洞浇注施工可错开进行。

根据搅拌场到洞内作业点的距离及浇注速度，本项目拟配备 3 台混凝土运输罐车进行混凝土运输工作。每条隧洞配一台中联 60 型混凝土输送泵和一台针梁式全液压（10m 长）钢模台车进行二衬施工。

（5）洞内抽排水设备

本项目隧洞紧临海边，而且位于海平面以下近 10m，隧洞施工过程中极有可能发生大量渗水和涌水；同时本项目两边洞口都位于基坑内，地表雨水会汇集中到基坑。因此施工中除了要修筑好基坑周围的排水沟外，还要在洞口处设置一个足够大的集水坑，并安装 2 台大功率的抽水机以随时抽排洞内涌水和基坑内积水。每条隧洞内安排 4 台潜水泵抽排洞内积水，同时要备用 10 台潜水泵以随时应付洞内出现的涌水情况。

（6）进口端明挖石方设备

本项目进口端有 90600m³ 明挖石方，需在 45d 内完成，每天需完成 2000 m³ 。考虑潜孔钻机、挖机、自卸车的生产率及本项目运距，本项目明挖石方拟配备 2 台 90 型潜孔钻机、4 台 1.5m³挖机、14 台 12m³的大型自卸车以完成本项目的明挖工作。

5.5　隧洞施工总体方案

根据工程特点及工程地质条件，3 号、4 号隧洞施工总体方案采取洞身段微台阶法进行施工；错车道段采用正台阶、拱部弧形开挖、预留核心土的方法进行开挖和初期支护。所有洞段均严格按照“预探测、管超前、严注浆、小断面、短进尺、强（紧）支护、早封闭、勤量测”的原则组织施工。

①开挖作业线：土质地段弧形导坑采用人工开挖，风镐配合施工，核心土及下断面采用挖掘机开挖，人工配合的方法进行施工。岩石地段采用风动凿岩机钻眼，光面爆破。

②装运作业线：采用无轨运输方案，弧形导坑内洞碴用小型挖机清至下台阶后再用侧卸式装载机装碴，挖掘机配合，自卸汽车运碴出洞至弃碴场。鉴于本项目隧洞开挖断面较小，设计按 200m 距离设置一错车道对开挖断面适当加宽以便会车和倒车。

③喷锚作业线：采用多功能作业台架、湿喷机喷混凝土，风动凿岩机打锚杆眼，注浆泵注浆。

④衬砌作业线：在混凝土搅拌场搅拌混凝土，专用混凝土运输罐车运送混凝土，输送泵泵送混凝土，采用长 10.5m 针梁式整体钢模板台车衬砌。

通过以上配备，实现开挖、装运、喷锚、衬砌等机械化作业，同时加强机械设备的管、用、养、修，达到优质快速施工的目标。

5.5.1　开挖及初期支护

①充分考虑施工条件及工期要求，两条隧洞选择同时从出口端往进口端作业，待进口端具备进洞条件后，再从进口端往出口端进行双向开挖掘进施工。

②进口端石方及明洞开挖。根据招标文件及设计图纸，进口端设置有近 90600m³ 明挖石方及一段明洞。施工时采用机械化快速施工，环形截水边沟优先安排施工，避免后期洪水或雨水冲刷边坡。挖方采用先上后下挖掘法施工，边坡按设计边坡进行预裂爆破，采用 90 潜孔钻机钻孔，非电毫秒雷管微差爆破开挖。土石方均由挖掘机或装载机装入自卸汽车运至指定地点。边坡开挖完成后及时对边坡按设计进行喷锚支护，以保证其稳定性。

③洞口加强段及节理破碎密集段。由于隧洞洞口段及Ⅴ级围岩段地质情况较差，主要为全风化花岗岩和麻岩，自稳能力很差，为减少爆破对围岩的扰动，施工时先按设计施工 *Φ*89 长管棚进行预加固围岩后，采用破碎锤进行开挖。为防止隧洞在掘进过程中塌方，洞口加强段及围岩节理密集破碎段要控制循环进尺，每循环进尺控制在一榀钢拱架距离；同时开挖后及时初喷混凝土并按设计要求对拱部掌子面进行封闭；安装工字钢架及钢筋网、打设锚杆、复喷混凝土至设计厚度；并根据量测反馈的信息，合理安排仰拱封闭和二次衬砌作业时间，确保洞口段及节理密集破碎段施工安全。

④Ⅴ级围岩洞身段及错车道。Ⅴ级围岩段地质情况较差，主要为风化花岗岩和全麻岩，自稳能力很差；错车道断面大、跨度大，施工时先按设计施超前小导管进行预边固围岩后，再采用正台阶、拱部弧形开挖、预留核心土的方法进行开挖和支护。土质地段弧形导坑采用人工开挖、风镐配合施工，核心土采用挖掘机开挖及人工配合的方法进行施工。为防止隧洞在掘进过程中塌方，洞口加强段及Ⅴ级围岩段要控制循环进尺，每循环进尺控制在一榀钢拱架距离；同时开挖后及时初喷混凝土并按设计要求对拱部掌子面进行封闭；并安装工字钢架及钢筋网、打设锚杆、复喷混凝土至设计厚度；并根据量测反馈的信息，合理安排仰拱封闭和二次衬砌作业时间，确保洞口段及Ⅴ级围岩段施工安全。

⑤Ⅳ级围岩洞身段。Ⅳ级围岩岩体破碎、节理裂隙发育、蚀变强烈，因此施工时要先按设计打设 *Φ*42 超前小导管超前注浆加固围岩或采用超前锚杆进行预支护后，用微台阶法进行开挖和支护。施工时采用风动凿岩机打眼，上半断面采用非电毫秒雷管微差光面爆破技术，下半断面采用非电毫秒雷管微差预裂爆破技术，开挖后及时完成初期支护，形成整体受力，使围岩变形减到最小值。隧洞开挖施工采用光面、微震控制爆破技术，尽量减少对围岩的扰动，有效控制超、欠挖。

5.5.2 二衬钢筋及二次衬砌

二衬钢筋采用在洞外钢筋加工场预制，再运至洞内作业台架上进行人工安装和焊接。根据招标文件，为保证本项目总体工期，同时考虑冬季对混凝土施工的影响，本项目两条隧洞各配备一台 10.5m 长的针梁式整体液压钢模台车进行二次衬砌作业。

根据圆形隧洞类似项目施工经验，本项目计划在隧洞开挖完成后才能进行二次衬砌施工。混凝土在混凝土搅拌场用 2 台 1000L 强制式搅拌机集中搅拌，通过专用混凝土运输车（容积为 6m³）直接将混凝土运送到泵送地点，用输送泵泵送混凝土入模，插入式及附着式振捣器捣固混凝土。

5.5.3 回填灌浆及固结灌浆

本工程设计灌浆分回填灌浆和固结灌浆。回填灌浆范围为全隧洞拱顶 120° 内，固结灌浆只在进出口各 60m 范围内、Ⅴ级围岩及节理裂隙密集段内进行。回填灌浆施工待隧洞衬砌达到设计强度的 70%以上后随混凝土浇注工序平行作业施工。固结灌浆在回填灌浆结束 7d 后按环间分序、环内加密的原则进行。灌浆施工采用洞外制浆送浆的洞内灌注的方式与钢筋混凝土施工平行作业。

5.5.4　其他施工方案

（1）防腐施工方案

灌浆施工完成后，立即在二衬表面喷涂两层烷氧基硅烷进行防腐处理。为保证工期，防腐施工可与灌浆平行作业。

（2）洞内通风方案

本项目 1 号至 4 号隧洞均采用机械压入式通风。出口端施工时，由于此端单口掘进洞深近 700m，为保证洞内通风要求，可在两隧洞洞口各安装一台 55×2kW 多级变速隧洞专用通风机；进口端掘进时，此端掘进深度约 300m，每个洞口可采用 37kW 轴流风机进行洞内通风。

（3）施工排水方案

由于本项目隧洞内比隧洞外高程低很多，洞口基坑除设环向截水沟外，还需在洞口设置大型集水坑及抽水设施，及时抽排洞口基坑内积水，防止洞外雨水倒灌入隧洞。在进口端施工时，为下坡，可每隔 50～100m 设一集水井，再将掌子面积水采用抽水机或潜水泵抽至集水井内，再抽排出洞外。泵房基坑内集水，经充分沉淀后抽排至附近沟渠。从进口往出口端施工时，可直接通过排水沟流至洞口集水池，再由集水池用抽水机抽排至洞外。

5.6　隧洞施工重点、难点及对策

5.6.1　隧洞地质情况很差

本项目所处地段均为Ⅳ级、Ⅴ级围岩，隧洞开挖后极难自稳，在施工过程中存在可能塌方和掉块现象，如何防止隧洞塌方，确保施工人员安全是本项目的工作重点和难点，解决这些问题的对策如下。

①施工原则：早预报、先治水，管超前、短进尺，弱爆破、强支护，早封闭、勤量测，步步为营，以防为主，稳步前进。

②加强超前地质预报工作，进一步判明前方地质情况，获取施工中掌握的参数，采取相应的处治措施。

③施工前切实掌握地质情况，包括岩石节理裂隙发育情况，节理间填充物、地下水以及隧洞轴线与节理面方向的组合关系，以便采取相应措施。

④制定和选用合理的施工方法。根据在大亚湾核电基地高岭山隧洞及其它类似地质隧洞的施工经验，在不同地质条件下选用合理施工方法是防坍的重要手段。在制定和选择施工方法时应注意以下几点。

• 贯彻“不坍就是进度”的思想。针对软弱围岩的施工方法必须稳妥可靠，应在保证不坍的原则下再考虑加快施工进度。

• 选定初期支护参数要贯彻“宁强勿弱”的原则。由于对岩体工程性质的认识很难恰如其分，对于介于两级围岩之间的情况应按偏低的围岩级别进行支护。

• 隧洞Ⅴ级围岩地段采用弧形导坑法施工，Ⅳ级围岩地段采用微台阶法施工。施工中尽量采用风镐开挖，掘进循环进尺控制在一榀钢架间距。采用爆破法掘进时，应严格控制炮眼数量、深度和装药量，遇特别破碎地带，周边眼可不装药，尽量减少爆破对围岩的震动。

•Ⅳ级围岩施工中如发现开挖后成型差和围岩潮湿不稳定时，即改为弧形导坑法施工，并缩短进尺。

⑤各施工工序之间的距离尽量缩短，尽快形成初期支护全断面封闭，减少岩层暴露、松动和地层应力的因暴露时间过长的变化。

⑥采用新奥法原理指导施工，应做到以下几点。

• 采用控制爆破，尽量减少对围岩的扰动。

• 开挖成型后及时喷混凝土等初期支护或边开挖边支护，步步为营。

• 开挖后自稳能力差的地段应采用超前支护或超前加固前方围岩，坚持先护顶后开挖的原则组织施工。

• 尽量使初期支护封闭成环。

• 施工过程中对围岩及支护结构进行位移量测，根据数据结合观察报告正确分析和支护的稳定性，并采取正确对策。

• 对变形超限的初期支护要及时进行加固。

• 初期支护变形稳定后应立即进行二次衬砌，对自稳能力很差的围岩，测出围岩变形异常且无收敛趋势时，提前做二次衬砌。二次衬砌中，采取增设钢筋和提高混凝土强度等措施。

⑦保证初期支护质量。

• 初期支护应严格按照设计和施工规范施工，确保支护质量。

• 提高开挖质量是保证支护质量的关键，凡爆破成型不良地段，均应考虑超前支护。

• 喷射混凝土与围岩密贴，并保证喷混凝土强度，钢架背后空洞应回填密实，如无法回填密实应建议设计采用注浆措施，以保证初支背后不出现空洞，防止隧洞失稳。

•钢架间距符合设计，安装位置正确，保证接头处的等强连接，钢架应置于原状土上。

• 锚杆孔的长度、间距符合设计要求，在杆孔内的砂浆应饱满。

⑧加强施工过程控制。

• 施工过程中每一开挖工班配一名工程师跟班，确保各种措施、技术交底的落实，保证标准化作业。

• 开挖过程中配备有经验的地质工程师 24h 轮流值班，及时监控地质变化情况，指导现场施工。

• 领导是关键，在软弱不稳定围岩地段施工，安排主要领导轮流值班，及时解决现场出现的问题，指导施工人员按规范及标准化作业。

⑨遇地下水较丰富时，施工前必须先治水，治水多采用排、堵（导管注浆止水）结合的治理措施。根据公司在大亚湾高岭山隧洞的施工经验，采取合理的、有针对性辅助施工措施是防止隧洞坍塌的关键。

• 遇掌子面极不稳定时，可采用预留核心土或增加预留核心土的高度。

• 开挖后及时按设计对掌子面进行喷射混凝土进行封闭，并且保证喷射混凝土质量和厚度。

•建议设计采用超前小导管注浆加固地层，如设计有小导管注浆，但小导管间距过大，建议可根据具体情况设计对小导管进行适当加密，并确保注浆质量。

• 掌子面采用射灯照明，以便能及时发现不稳定情况，采取相应措施。

⑩加强监控量测：根据位移量测结果，对量测数据进行分析，评价支护的可靠性和围岩的稳定状态。当量测结果显示围岩和支护体系变形异常时，及时调整支护参数，确保施工安全。严格施工纪律。施工中操作人员要严格按设计图进行施工并确保施工质量，不得

私自变动，否则，无论后果如何，都应受到严肃处理。

5.6.2　隧洞位于海平面以下

隧洞位于海平面以下近 10m，而且地质破碎，结构松散，隧洞施工中极易发生涌水现象，如何解决涌水对施工的影响是本项目的又一重点和难点，这一问题的对策如下。

当隧洞穿越地段有大面积突水或涌水时，采取止水和排水相结合的方法，以保证隧洞的正常施工。

（1）施工组织

① 提高警觉性,充分认识本项目在海平面以下近 10m 可能遭遇的突水涌水情况发生；

② 成立技术专家组（包括地质专业工程师），专门解决施工中可能存在的突水涌水问题，编制突水涌水施工预案，配套施工方案和施工方法，并现场指导施工，防止突水涌水和坍方的发生。

③按突水涌水处理预案要求提前购置相关堵水及大排量抽水设备，提前安装足够大的抽水管路，一旦发生涌水、突水及时安排抽排。

④对现场管理、施工人员进行涌水突水发生时的处理措施培训，使每个洞内作业人员都了解在各种情况下应采取的应急措施。

（2）施工技术措施

①进场后，立即根据业主提供的地质钻探资料对照现场情况，初步识别可能发生涌水的地段。

②采用 YSP 和红外探水仪作远距离（200m）的地质预测预报。在掌子面采用钻机对已用 TSP 和红外探水仪确定的可能涌水地段作进一步调查与验证。

③根据地质预测预报资料进行分析，确定可能发生涌水的规模与类型。

④技术专家组制定对策，提出有针对性的施工方案、施工方法，并与业主、设计相关人员作出具体“排、堵”方法的施工设计；并具体指导实施。

⑤处理后，钻孔检查处理效果。

⑥现场配备预防涌水、突水的机械设备、材料等。

⑦制订应急措施和避难措施，以撤退人员为主。

⑧通过可能涌水区，必须坚持“先治水、强支护、快封闭，早衬砌”的施工原则。

（3）建议设计针对不同类型的渗水、涌水采取的针对性施工措施

发现掌子面出现小量渗水时，建议采用超前钻孔排水技术进行处理。

①应使用轻型探水钻机或凿岩机钻孔。

②钻孔孔位（孔底）应在水流的上方，钻孔时孔口应有保护装置，以防人身及机械事故。

③采取排水措施保证钻孔排出的水迅速排出洞外。

④超前钻孔底应超前开挖面 1～2 个循环尺。

当发生规模不大的涌水时，建议设计立即进行注浆止水处理。一般在出水口附近钻 2～4 个分流孔以减少流量和水压。当涌水量及压力较大时，可视具体情况再增设 1～2 个分流孔，分流孔在一定深度（3～5m）与涌水带或节理裂隙交汇。再在出水口及分流孔孔口安设孔口管，并在孔口管与孔壁之间用堵水材料有效封堵，最后进行注浆止水。开挖过程中遇裂隙面出水，则建议设计采用“围堵注浆法”注浆止水。先在出水点周围适当的范围内布孔（孔径 50mm，孔口间距 1～1.5m，注浆孔与出水裂隙面尽量大角度相交）注浆，以形成封

闭式止水帷幕，浆液充填与大裂隙连通的小裂隙，既加固了这部分围岩，又利于提高其抗水压的能力。这样从远到近，由外至内，层层缩小包围圈，在注浆深度范围内使岩溶裂隙水和砂岩裂隙面状水成为管道型涌水，最后在集中出水口作逆流注浆。这样浆液扩散更有方向性，沿大裂隙逆流而上到达更深远的部位，能够把水堵到更深的地层。

对于节理裂隙非常发育且与海水连通的围岩地段，建议设计采用对隧洞通过围岩进行超前围岩预注浆堵水措施。超前围岩预注浆堵水施工，要符合以下技术要求如下。

①超前小导管采用 Φ32mm 焊接钢管或 Φ40mm 无缝钢管制作，长度以 3～5m 为宜。管壁每隔 10～20cm 交错钻眼，眼孔直径以入 Φ6～8mm 为宜。

②首先沿隧洞纵向开挖轮廓线向外以 10º～30º 的外插角钻孔，将外层小导管打入地层、再从外往内在开挖面上钻孔将第二圈、第三圈小导管打入地层，小导管环向间距以 20～50cm 为宜。

③小导管注浆前，应对开挖面及 5m 范围内的坑道，喷射厚度为 5～10cm 混凝土或用模筑混凝土封闭，并将检查注浆机具是否完好，备足注浆材料。

④小导管预注浆的工序流程如图 5.1 所示。

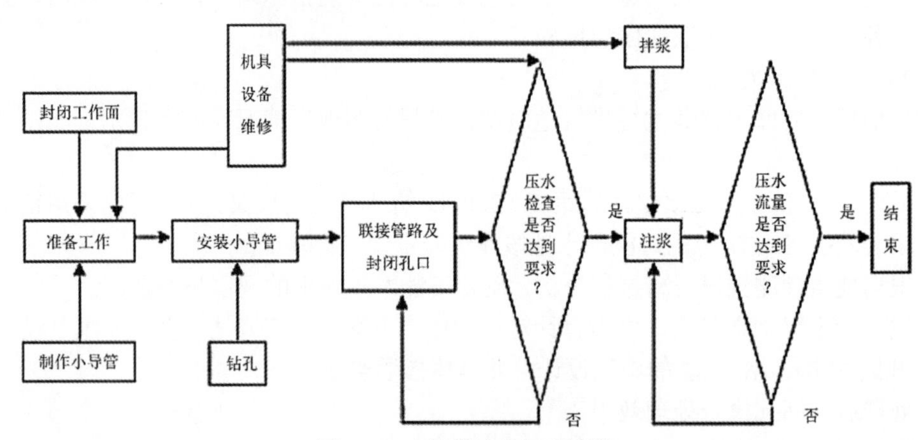

图 5.1　小导管注浆工序流程

⑤为充分发挥机械效果，加快注浆速度，在小导管前安设分浆器，一次可注入 3～5 根小导管，注浆压力应为 0.5～1.0MPa。必要时可在孔口处设止浆塞，止浆塞应能承受规定的最大注浆力或水压。

⑥注浆后至开挖前的时间间隔，视浆液种类宜为 4～8h。开挖时应保留 1.5～2.0m 的止浆墙，防止下次注浆时孔口跑浆。

堵水施工还要符合以下规定。

①注浆段的长度应根据地质条件、涌水量、机具设备能力等因素确定，一般宜在 30m～50m 之间；隧洞埋深在 50m 以内可用地面预注浆。

②钻孔及注浆顺序，应由外圈向内圈进行，同一圈钻孔应间隔施工。

③浆液宜采用水泥浆或水泥—双液浆液。隧洞埋深大于 50m 时，应用开挖面预帷幕注浆方法注浆堵水，以封闭围岩涌水裂隙。

隧洞施工中遇有流沙突泥治理措施。流沙是沙土或粉质黏土在水的作用下丧失其内聚力后形成的，多呈糊浆状，对隧洞施工危害极大。由于流沙可引起围岩失稳坍塌，支护结构变形，甚至倒塌破坏；因此，治理流沙必先治水，以减少沙层的含水量为主。宜采取以下措施进行处理。

①加强调查，制订方案。施工中应调查流沙特性、规模，了解其构成、贯入度、相对密度、粒径分布、塑性指数、地层承载力、滞水层分布、地下水压力和透水系数等，并制订出切实可行的治理方案。

②因地制宜，综合治水。隧洞通过流沙地段，处理地下水的问题是解决隧洞流沙、流泥施工难题中的首要关键技术。施工时，要因地制宜，采用“防、截、排、堵”的治理方法。

③先护后挖，加强支护。开挖时，必须采取自上而下分步进行，先护后挖，密闭支撑，边挖边封闭，遇缝必堵，严防沙粒从支撑缝隙中逸出。也可采用超前注浆，以改善围岩结构，用水泥浆或水泥水玻璃为主的注浆材料注入，或用化学药液注浆加固地层，然后开挖。

在施工中，应观测支撑和衬砌的实际沉落量的变化，及时调整预留量。架立支撑时应设底梁并纵横、上下连接牢固，以防箱架断裂倾倒。拱架应加强刚度，架立时设置底梁并垫平楔紧，拱脚下垫铺牢固。支撑背面用木板或槽型钢板遮挡，严防流沙从支撑间逸出。在流沙逸出口附近较干燥围岩处，应尽快打入锚杆或施作喷射混凝土，加固围岩防止逸出扩大。

④尽早衬砌，封闭成环。流沙地段，拱部和边墙衬砌混凝土的灌筑应尽量缩短时间，尽快与仰拱形成封闭环。这样，即使围岩中出现流沙也不会对洞身衬砌造成破坏。

5.6.3　隧洞掘进施工期紧

项目不管是掘进还是二衬施工，工期都很紧张，如何确保在合同工期内完成施工任务，是本项目的重点和难点，这一问题的对策如下。

①接到中标通知书后，立即组织设备、人员进行现场施工筹备工作，尽快打开施工局面，形成生产高潮。

②根据项目情况，配备足够的优良的施工机具设备，实现开挖、装运、喷锚、衬砌等机械化作业，同时加强机械设备的管、用、养、修，达到优质快速施工的目标。

③配备足够的经验丰富的管理、施工人员，并合理安排，精心组织。

④根据工程进展情况提前组织物资、材料，尤其是冬季施工前要准备充足的初支材料储备。

⑤其他承包商移交场地具备施工条件后，及时抢修施工便道及洞口土石方，洞口边坡防护施工，为提前进洞施工创造条件。

⑥狠抓开挖初支工序交接管理，减小工序交接时间，尽量缩短每循环掘进施工时间，确保每月掘进计划的完成。

⑦及时组织钢模台车的进场、安装和就位，确保二衬的按时开工。

⑧钢筋绑扎、二次衬砌、回填灌浆、固结浆浆、防腐施工安排平行作业，并加强各工序间的组织协调，避免交叉施工对工效的影响，确保本项目总工期目标的实现。

5.6.4　爆破震动影响

如何避免因爆破震动对 PX 泵房混凝土造成影响是本项目的工作重点，这一问题的对策如下。

（1）爆破点受保护对象及其震动控制标准

本工程隧洞出口端掘进施工 150m 范围内，业主委托其他承包商进行本工程隧洞开挖爆破震动监测，在施工过程中将对靠近 PX 泵房端的隧洞掘进施工采取控制爆破措施，保证 PX 泵房混凝土浇注不受影响，配合监测承包商进行爆破震动监测工作，并根据监测结果调整爆破参数。

隧洞爆破要求按如下监测控制参数控制：

①对距离爆区边缘最近的龄期1～3d的混凝土，质点震动峰值速度不大于1.5cm/s；

②对距离爆区边缘最近的龄期3～7d的混凝土，质点震动峰值速度不大于2.5cm/s;；

③对距离爆区边缘最近的龄期7～28d的混凝土，质点震动峰值速度不大于5cm/s；

距离爆源边缘30m处基岩面质点震动峰值不大于2.5cm/s。

（2）最大装药量的确定

根据萨氏公式 $V_{max}=K(\sqrt[3]{Q}/R)^2$ 以及项目附近受保护对象安全阈值和爆源距离，计算出最大（段）装药量。为保证满足安全控制要求。取最小值为允许最大段装药量。施工时，装药量按由小到大的顺序进行，并根据爆破监测单位监测数据及时进行调整单段最大装药量及爆破参数。

（3）隧洞控制爆破设计

①循环进尺：根据地质条件，严格控制每一循环爆破进尺。

②爆破器材选择。掏槽眼、掘进眼选用乳化炸药。周边眼选用低爆速、低密度、高爆力、小直径、传爆性好的光爆炸药。起爆雷管选用分段微差非电毫秒雷管。分段微差爆破中，各相邻段间的爆破间隔时间的选择十分重要，间隔时间越长，震动信号越不易叠加，但爆破效果差，不利于洞挖质量控制；反之，信号叠加范围大，不利于降低震动速度。借鉴以往经验，采用相邻两段间爆破间隔时间大于50ms的非电毫秒雷管，以大大减少震动波的叠加而不产生较大的震动。

③接力式起爆破网络设计。通常的隧洞开挖起爆网络均采用中心对称法，每圈炮眼同时起爆单段用药量大，不利于减震，拟在本隧洞开挖采用中心轴不对称起爆法，相当于将爆破网络中的用药量较大的一圈掘进眼分成了两次起爆，减少了每段的用药量。

④单段允许药量的限制。根据萨氏公式爆破震动量值与起爆方式、装药参数尤其主药包药量、地质情况、爆破点与测量点的距离及介质情况有关，当边界条件相同时，爆破开挖的最大震动速度值不取决于一次起爆的总药量，而决定于某单段的最大用药量。

⑤掏槽方式选择。隧洞分部开挖时采用直眼掏槽。

周边眼布置形式。周边眼采用不耦合间隔装药，为实现间隔装药，使药卷居中在孔内，采取预先加工周边眼药串的办法，按设计将药卷用传爆线串联在竹片上，让药串架空居中于钻孔中心。开挖断面的周边炮眼间均设空眼，以作减震和光爆导向眼之用。

⑦起爆顺序：掏槽眼→掘进眼→内圈眼→周边眼→底板眼。

（4）爆破飞石控制措施

飞石是爆炸气体沿弱面或孔口冲出时带出的石块。为防止飞石危害，应采取下列措施：

①洞口开挖尽量采用非爆破开挖；遇个别较大孤石或少量硬质岩，采用风钻钻眼、微药量解体，风镐修凿轮廓。

②洞口明挖石方按松动爆破进行设计，减小产生飞石的可能性。

③炮孔堵塞高度不小于最小抵抗线，采用良好的堵塞材料，合理布孔，合理地安排起爆顺序，以避免因夹制而冲孔。为防止冲孔携带大量飞石，应将台阶顶面浮石清走。

④找出软弱带和空隙，采取间隔堵塞或弱装药的方法，尤其是对第一排，不许装散炸药。以免在孔隙中形成聚集。

⑤在爆破点设置飞石防护墙。

⑥覆盖防护是直接覆盖在爆破对象上的防护。用作防护的材料有草袋、荆笆等。

⑦保护性防护。当在爆破危险区内有不能搬走或迁走的重要设施和设备时，可在其上面遮挡或覆盖草袋、荆笆、木板、方木和圆木等防护材料。

⑧为防止隧洞洞口段爆破时产生的飞石扩散，利用隧洞洞口施工管棚用的套拱加上橡胶帘门作为防飞石的防护屏障。

（5）爆破冲击波控制措施

空气冲击波是裸露爆破和爆炸气体突出造成的。另外，一些气象条件会造成地表远区空气冲击波的加强。为防止空气冲击波的危害，应采取下列措施。

①不使用导爆索起爆和裸露药包爆破。

②防止爆生气体从孔口和弱面突出。

③延迟时间不要太长，以防因“带炮”将个别炮孔抵抗线变小。

④避免在容易产生温度逆转的天气放炮。

5.6.5　与其他承包商及周边村民的关系接口与协调

（1）与爆破监测单位的关系接口

①拟委派一名爆破工程师与爆破监测单位进行接口，积极听取并采纳爆破监测单位的意见，及时修正爆破参数。

②爆破施工时，与爆破监测单位及时联系，统一指挥，确保能准确取得爆破监测数据。

③为爆破监测单位提供必要的方便和监测条件。

④根据爆破监测单位得出的监测数据及时调整爆破参数。

（2）与隧洞结构监测和水力条件监测单位的关系接口

①委派一名隧洞工程师与隧洞结构监测和水力条件监测单位进行接口与协调。

②及时通报工程进展情况，并积极配合隧洞结构监测和水力条件监测单位进行位移计、测缝计、锚杆应力针等应力应变监测设备的安装和仪器安装后的回填灌浆等工作。

③为隧洞结构监测和水力条件监测单位提供必要的方便和条件。

（3）与 PX 泵房及进口端取水建筑物施工单位的关系接口

①指派专人负责与临近承包商的关系接口与协调。

②教育员工本着和谐大家庭的原则，积极配合临近承包商的工作，当双方单位工作有冲突时，采取互谅互让的态度进行处理，或及时通报业主现场管理人员进行协调。

③及时完成施工道路前池段回填量的清除恢复工作，及时移交场地给其他承包商进行施工。

④根据监测结果及时调整爆破参数，以确保爆破对其他承包商的已完工程的影响降低到最小程度。

⑤提前告知临近单位爆破时间和爆破警戒范围以及爆破过程中应该注意的事项，取得他们对爆破施工时的安全配合。

⑥对公用施工便道安排专人指挥交通、维护施工便道、施工区域内每天定时用洒水车洒水，避免扬尘污染空气。

（4）与当地政府及地方村民的关系协调

①成立周边关系协调小组，针对本工程的特点提前制订处理周边村民关系的应急预案，以便在需要时可以及时启动该项应急预案，将影响降低到最低限度。

②工程中标后，积极、主动走访当地方政府、公安等部门，针对本项目可能发生的各

种情况与当地政府及各部门探讨处理办法，并取得他们对工程施工的全力配合和支持。

③与当地政府相关部门主管人员一道走访施工区周边的村庄和主要村民，联络感情，取得当地村民的理解和支持，确保工程的正常进行。

④教育我方员工自觉遵守项目部制定的各项规章制度及管理规定，尊重当地村民的风俗习惯，与当地村民和谐共处。

第 6 章　主要工序施工方案及施工技术措施

本章主要讨论进口端明挖石方及边坡防护施工、隧洞进出口进洞措施，分析Ⅳ、Ⅴ级围岩段及错车道施工方法、长管棚施工方法与初期支护施工方法，以及灌浆工程和防腐施工等。

6.1　进口端明挖石方及边坡防护施工

6.1.1　施工方案

根据招标文件和设计图纸，本项目隧洞进口端进水明渠，取水构筑物基础、3 号，4 号隧洞洞口及边坡的开挖石方方量约 90600m³，要求在取水围堰完成并第一次抽排水后 45d 内完成爆挖施工。时间短、任务量大，而且大部爆挖方量在海平面以下，有一定的施工难度。

进口端洞口石方采用机械化快速施工，环型截水边沟优先安排施工，避免后期洪水或雨水冲刷边坡。挖方采用先上后下挖掘法施工，边坡按设计边坡进行预裂爆破，采用 90 潜孔钻机钻孔，非电毫秒雷管微差爆破开挖。土石方均由挖掘机或装载机装入自卸汽车运至指定地点。施工期间应经常抽排基坑内积水。边坡开挖后应及时清理边坡危石和浮渣，并按设计要求打设砂浆锚杆、挂钢筋网并喷射混凝土对边坡进行防护。

6.1.2　土石方施工的准备工作

（1）放出边线桩

开工前进行线路导线、中线的复测，水准点的复测与增设、横断面的测量与绘制等。对所有的测量进行记录并整理，每段测量完成后，测量记录及成果资料由测量工程师和项目总工程师共同签字后报业主工程师核查；业主工程师核准测量成果后，按图纸要求现场设置边坡开挖边线桩，标明其轮廓，报请监理工程师检查批准。

（2）土石方工程的地表清理工作

伐树、挖掘树桩、清除草皮，拔出遗留的树根和老树桩并清除或毁掉这些表层附着物；挖除开挖范围内岩石上的海底淤泥，并按招标文件要求运至垃圾场。

（3）环型截水沟施工

由于进口端土石方的开挖底部均低于地面标高，为了防止地面雨水汇积基槽，同时为避免隧洞施工后地面积水倒灌隧洞，确保场地内汇水流的正常流动和排放，土石方施工前应沿洞口基槽周围外约 2m 位置建造施工期间必须的临时环型排水系统，这项工作在工程一开始和整个土石方工程实施过程中都应确保。临时排水不得破坏挖、填方的边坡，且不得影响施工道路的正常运行。定期修建和疏通排水沟渠，并配备水泵以确保开挖区的干燥，防止在开挖区出现浸水、冲刷及滑坡等现象。所有排水由排水边沟汇集，应及时清理坡脚边沟内的石渣，确保排水畅通，并将水引入临时排洪系统，道路路面不得有积水。

在土石方开挖工程施工前，应将一份排水管沟网络图提交给业主审核。

环形截水沟主要采用 M7.5 浆砌片石及 C20 混凝土现浇结构。施工时均按先铺底后两侧的顺序进行，砂浆及混凝土均采用搅拌机拌制。施工顺序如下。

①先做好临时排水设施，保证施工期内原水源不受污染。

②测量放线：根据设计图放出水沟平面位置和标高控制线，然后按测量桩点、标高开挖水沟断面。

③砌筑水沟：施工采用挤浆法分段砌筑，片石大小搭配、砌缝相互交错，咬搭密实，确保砂浆饱满。力求线形美观、直线顺直、曲线圆滑。

④表面用 3cm 厚 M10 砂浆抹面。

（4）开挖基坑经常性抽排水

本项目进口端开挖后基坑均位于海平面以下，地表雨水及海底渗水会造成基坑大量积水，因此在整个施工期间，均应设置集水坑、安放抽水设备派专人负责进行基坑抽排水，确保基坑内不积水，不影响基坑开挖和隧洞施工。

6.1.3 进口端土方开挖施工

（1）施工方法

土方开挖从上到下分层分段依次进行，随时做成一定的坡势以利于泄水并不得在影响边坡稳定的范围内积水，施工期间应采取相应措施防止滑坡。

土方开挖主要采用挖掘机配合自卸汽车进行施工。挖方过程中采用挖掘机或人工分层修刮平整边坡，并在雨季前做好排水设施等配套工程，保证边坡稳定性。在整个土方施工期间，必须保证施工区段排水畅通，防止损害用地范围以外的其他设施。

（2）施工要点

①施工前切实做好临时排水设施，并与永久性排水设施相结合，使施工场地处于良好的排水状态，且排出的水不得危及附近设施。

②土方开挖无论开挖工程量和开挖深度大小，均应自上而下进行，不得乱挖超挖，严禁掏洞取土。

③弃土应及时清运至指定弃土场，不得乱堆乱放，以减少对交通及周围环境的影响。

④当基坑内有积水时及时抽排，以保证基坑内干燥。

6.1.4 石方爆破施工

（1）爆破施工方案

土层中的孤石采用浅孔爆破，边坡上的孤石采用小孔径光面爆破的方法，以保证坡面平整。本项目基岩部分采用台阶预裂爆破方式，深孔与浅孔爆破相结合，确保爆破后岩体的完整性和边坡的稳定。浅孔爆破采用凿岩机钻眼，深孔爆破采用潜孔钻钻眼，非电雷管微差起爆。爆破施工注意事项：为了避免本工程爆破施工中爆破震动和爆破飞石破坏附近设施，防止飞石威胁人员及周围设施安全。本项目爆破施工拟采取以下措施。

①采用控制爆破的方法确保爆破抛掷方向避开朝向重要设施的方向。

②采用微差起爆，并根据实际爆破环境和爆破震动标准控制最大段装药量，以避免因震动过大对取水构筑物新浇混凝土造成破坏。

③最大段装药量的确定：先调查爆破点周边环境，确定周边环境中需要保护的构筑物及爆破震动控制标准，按震动衰减规律公式计算不同保护对象的最大段装药量，再以最小值作为本项目爆破的最大段装药量。

④本项目业主聘请了爆破监测单位对本项目的爆破进行监测，施工中按从小到大递增到控制装药标准，并根据爆破监测数据不断修正每次爆破的最大段装药，确保爆破震动控制在安全值以内。

⑤为避免飞石威胁周围设施安全，爆破时应在爆破区域用铁丝网、旧轮胎、砂袋进行

有效覆盖防护；按业主指定时间起爆，并在起爆时采取严格的安全警戒措施。

⑥配备专用设备和人员及时清理每次爆破后掉在附近地面上的石块。

（2）施工原则

根据施工工期、安全质量要求和待开挖山体的现状，确定石方爆破施工原则，决定采用浅孔和中深孔台阶爆破。为保证边坡面平整美观，边坡坡面采用预裂爆破，深孔台阶控制爆破的主体坡面高度依照设计图纸的坡面高度，一次爆破到位。石方开挖自上而下分台阶进行，上下台阶分梯段依次推进。根据爆区环境情况，按保护物到爆区的不同距离，严格控制同段最大药量和一次爆破规模。视爆区条件采用不同的起爆方式，并全部采用毫秒微差起爆方法，最大限度地减少爆破震动对环境的干扰。

采用控制爆破的方法，确保爆破抛掷方向避开通行道路及重要构筑物的方向。

（3）钻爆设计

①爆破震动控制（此部分内容详见《爆破震动及爆破飞石控制办法》）。

②爆破飞石控制。该工程炮孔直径采用 76mm，飞石飞散距离为 120m。但考虑到有浅孔爆破，为确保安全，警戒范围定为 300m，飞石控制在安全范围内。为了有效控制飞石飞散距离，根据爆破条件的变化，合理确定炸药单耗和爆破参数，采用岩屑堵塞孔口并捣实，保证炮孔的堵塞长度和质量，必要时，可在孔口用竹笆加砂袋进行覆盖。施工过程中须严格控制爆破飞石抛掷方向，避开需保护构筑物及至道路方向。

③爆破参数。

钻孔形式：采用多排孔布置形式，采用垂直孔，预裂孔倾角与边坡的倾角相同。

孔径 d：根据边坡设计要求，取 76mm。台阶爆破设计参数见表 6.1。

表 6.1　台阶爆破参数表

参数名称	台阶高度 H	钻孔直径 D	最小抵抗线 W	钻孔间距 a	钻孔排距 b	钻孔倾角 A	超深长度 h	钻孔深度 L	填塞长度 h_0	炸药单耗 q	单孔装药量 Q
单位	m	mm	m	m	m	(°)	m	m	m	kg/m³	kg
取值	5～7	76	1.8	2.16	2.0	设计	0.5～0.7	5.5～7.7	1.8	0.30	6.5～9.0

（4）预裂爆破

按本项目明洞基槽石方开挖台阶高度，拟采用潜孔钻机进行深孔预裂爆破。确保尽量减少对边坡的扰动，达到保持边坡稳定、平整，一次成型。

①爆破参数的选择。预裂爆破的主要孔网参数有钻孔直径、孔间距及同主爆孔行距；装药参数有装药密度、不偶合系数及孔底装药密度。

主爆孔及预裂孔拟采用同一类机械施钻，均采用 Φ60mm 钻孔直径。孔距 a 根据孔距系数 N 作为衡量孔距对预裂爆破效果影响的因素，即：$N=a/d$。

预裂孔距系数根据岩石具体情况，选用不同值，可参考表 6.2。

表 6.2　预裂爆破系数选值表

岩性	坚石	次坚石	软石
极限抗压强度/MPa	60 以上	30～60	5～30
N	11～13	9～11	7.5～9
孔距 a/m	0.7	0.6	0.5

预裂孔同主爆孔行距 W 与孔径之间的关系如下：

$$m'=a/W \tag{6.1}$$

露天施工 m'=0.4～0.8；软岩时 m'取最小值，硬岩时 m'取最大值。m'数值应经过现场试验选定，试验时每组预裂孔不应少于 5 个。线装药密度 q'和孔底装药密度 q''，g/m。

预裂爆破装药集中经验公式为：

$$q'=b\times d \tag{6.2}$$

b 值可参考表 8-3。

表 6.3　b 值参考表

岩　性	坚 石	次坚石	软 石
极限抗压强度/MPa	60 以上	30～60	5～60
b	3.9～6.2	2.8～3.9	1.2～2.8

孔底装药密度 q''根据孔深而定：

当 L>10m 时

$$q''=4.0q' \tag{6.3}$$

当 L=5～10m 时

$$q''=2.5q' \tag{6.4}$$

不耦合系数由炮孔直径与所用炸药直径的比值定，在预裂爆破的施工中要求在 2～3 之间为宜，不应小于 2。

②钻爆设计。

炮孔布置：预裂爆破就是沿着开挖边界线施钻一单排眼，因预裂爆破是配合深孔爆破进行的，是属于深孔爆破的一部分，所以还应注意预裂孔与邻近主爆孔之间的关系。

·预裂孔按设计坡面边界线及预裂孔距 a 来布置，深度由现场施钻的标高与开挖面的标高差值来确定。

·主爆孔采用矩形排列（全路堑爆破时主爆孔采用“V”形排列）

·如果预裂孔与主爆孔的钻孔方向平行时，其间距取深孔爆破正常的抵抗线或排距的 50%～75%。岩石完整时取小值，岩石破碎，松软时取大值，并且不大于 T 值，T 值一般取 0.8～1.0 倍最小抵抗线。

·预裂孔与主爆孔的钻孔方向不平行时，则应保证两种孔的距离不小于（10～30）d。数值大小视岩质而定，破碎的岩石取大值。

·预裂爆破设计参数见表 6.4。

表 6.4　预裂爆破参数表

孔径/mm	孔距/m	炸药品种	装药直径/mm	线装药密度/（g/m）	岩性
60	0.5～0.7	铵油炸药	32	200～220	

③浅孔爆破。

对于深孔爆破后未爆到位的岩坎，或爆破厚度较小（小于 2m）的部位，采用浅孔爆破找平，其浅眼爆破参数见表 6.5。

表 6.5　浅眼爆破参数表

参数名称	台阶高度 H	钻孔直径 d	最小抵抗线 W	钻孔间距 a	钻孔排距 b	钻孔顷角 α	超深长度 h	钻孔长度 L	填塞长度 h_o	炸药单耗 Q	装药密度 Q_1
单位	m	mm	m	m	m	（°）	m	m	m	kg/m³	kg/m
取值	≤2	38	0.4～0.8	0.6～1.4	0.3～0.6	85～90	≤0.4	≤2.4	0.3-1	0.4	1.0

浅孔爆破与深孔爆破比较没有本质区别，只是孔径与孔深不同，其爆破的机理、参数确定的原则基本相同。在狭隘、陡峭坡面、开辟工作面等情况下，孔深在 2～4m 时，可采用孔径 38mm 的浅眼爆破。

• 炮孔布置方式：为使爆破能量均匀分布，采用三角形（即梅花形）布孔。

• 起爆方式：正常情况下，起爆药包选用乳胶炸药。其余为铵油炸药，遇到炮孔内积水和下雨天，炮孔全用乳胶炸药。起爆药包放置在炮孔的顶部和底部，顶部为正向起爆，底部为反向起爆，二者相结合，确保成功率和爆破效果。预裂爆破采用导爆索起爆。

• 起爆网络：为了减少外界杂散电流、感应电流、射频电流等可能引起的早爆或误爆事故，采用非电复式导爆管起爆网络，导爆管与导爆管之间用四通连接相连。

·安全距离：本工程飞石距离控制，应控制在 120m 以内，但依据《爆破安全规程》规定，台阶爆破安全距离为 200m，孤石爆破为 300m，因此，人员必须撤离到 300m 以外的地方。

·起爆顺序：主爆孔与预裂孔同时点火，分别起爆，其顺序为：先起爆预裂孔，再起爆主爆孔。预裂爆破与主体爆破的时间间隔为 100ms，各延时段的时间间隔不小于 50ms。

（5）爆破施工工艺及施工技术措施

常规爆破施工工艺。爆破设计、钻孔、爆破按工艺流程组织施工。每道工序经检查合格转入下道工序，爆破设计、钻孔、爆破工艺流程。

根据爆破工艺流程图，各工序的控制要点如下。

①爆破设计。会审施工图纸，编制施工方案和每炮次的施工设计。工程技术部必须向施工人员进行技术交底。提前 24h 向业主呈交“爆破审批通知单”，其中记录该炮次炸药、雷管使用数量并做风险分析。爆破后须做爆破效果与质量评价表，按业主对爆破后石块的尺寸要求，必要时调整爆破参数。

②钻孔。钻孔前按设计孔位用红油漆将炮孔标注在清除干净浮土或浮石的岩石上。炮孔标注完成后，应用钢尺对所标注的炮孔进行校验，发现问题及时与设计人员一起调整，确保孔位准确无误。开孔时钻头要按设计角度对准孔位。先轻轻钻凿，待形成一定孔位时，可加压钻进。钻进过程中要保持钻机平稳，并注意观察钻进过程中的地质变化，做好记录。

炮孔钻好后要吹净孔内岩渣，慢慢将钻头提出，修复好炮孔口，按设计要求堵好炮孔口。做好标记，以备装药前验孔。钻孔与标注的孔位误差大于 15cm 时，应重新钻孔，以确保孔位正确。

钻孔验收：钻孔验收应由设计、施工和测量人员共同进行。验收时要对不符合要求的钻孔进行处理，确保达到设计要求。具体检查项目如下。

• 孔位和角度是否符合设计。

• 孔深是否与设计相符：对浅孔用炮棍检测，深孔用重锤测尺。发现有卡孔时，浅孔用炮棍清理，深孔用重锤测尺反复冲击障碍物清理炮孔，无效时用钻机清理钻孔。过深的孔应回填到位。浅孔应用高压风吹到设计孔深，吹不到设计孔深的应当用钻机加深或重新钻孔。

• 炮孔内有积水的要尽可能排净，排不净时底部必须使用抗水炸药，确保抗水炸药超过孔内积水高度后，才能使用铵油炸药。

③制作起爆药包。按设计的起爆药包重量和雷管段别加工制作起爆药包。

制作起爆药包应在爆破作业面附近安全地点进行，加工数量应与当班爆破作业需要数量一致。加工起爆药包时，应用木质或竹质锥子在炸药卷中心扎一个雷管大小的孔，孔深应能将雷管全部插入，不得露出药卷。

雷管插入药卷后应用胶带或非电雷管导爆管将雷管与炸药绑紧，禁止雷管露在药包外面。加工好的起爆体要做好编号和标明起爆段别，并及时将其装入炮孔中。

④装药。采用炮棍和炮药锤装药，炮棍用木棍、竹竿或塑料竿制作。

装起爆药包过程中严禁投掷冲击。装药必须是每一节炸药装到位后才能开始装下一节药，严禁将几节炸药同时装入炮孔。临近堵塞位置时，应停止装药，由技术人员测量其位置，并按设计要求装入起爆体。检查导线合格后再装入剩余炸药。装药出现堵塞时，在未装入雷管及起爆体时，可采用竹竿或木质长杆处理。禁止在装药时使用手机及对讲机等电子设备。装药时严禁烟火。

⑤堵塞。在检查装药质量和起爆线路合格后，可进行堵塞。堵塞材料为黏土或岩屑，严禁使用石块或易燃材料。堵塞过程要十分小心，不得破坏起爆线路。禁止直接捣击接触药包的堵塞材料或用堵塞材料冲击起爆药包。要切实保证堵塞质量和堵塞长度，严禁堵塞中出现空洞或接触不紧密的现象。

⑥起爆网络的联接。网络施工最重要是线路保护，线头搭接，为保证不接错，必须一人接线，一人检查监督，所有接头必须采用规定接法进行，由技术熟练的爆破工操作。特别要防止操伤导爆管造成断爆。接头要用黑胶布粘好，并达到规定的长度。遇到有水或潮湿地段要用防水胶布包一层或几层，以防接头受潮影响网络质量。

⑦爆破防护。为避免飞石威胁周围人员及设施安全，爆破时应在爆破区域用铁丝网、旧轮胎、砂袋进行有效覆盖防护。

⑧起爆。根据核电站要求，本项目采用非电起爆器进行起爆。起爆器必须由有爆破经验的爆破员操作。爆破前半小时必须装完药。连好起爆网络，并派专人检查。清理施工现场，一切机械设备和人员撤到 300m 以外的安全警戒距离。没有爆破队长的点火指令，不得起爆。炮响后 5min 爆破检查人员方可进入爆区。

⑨爆破警戒与信号。爆破工作开始前必须确定危险区边界，并设置明显的标志。

爆破前必须同时发出音响和视觉信号，使危险区内人员都能清楚地听到和看到。应使全体职工和其他单位的人员事先知道警戒范围、警戒标志和音响信号的意义，以及发出信号的方法和时间。爆破时间：按业主要求执行。整个施工过程中确保除爆破时间以外期间保持道路通畅。

（6）预裂爆破施工

①预裂爆破施工工艺流程。

②潜孔钻机选择：根据施工场地的作业条件，预裂钻孔和主爆孔施钻要求，参照现有潜孔钻机技术性能来确定，选用钻孔直径为 60mm 的 ROC742HC 带有吸尘装置的环保型潜孔钻机。

③钻孔：预裂炮孔深度根据开挖边坡的高度及边坡坡度而定。

钻孔作业及精度要求：施钻前应沿边坡将孔口周围松散覆盖层清除，并开辟钻机运转工作面。正确测放钻孔位置，进行孔口中心距路基中心水平距离的复测，要求误差不得超出 30mm。施钻方向应与边坡走向垂直；横向角应与边坡角一致，孔底中心偏离设计坡面不应大于孔深的 1%（垂直边坡方向）。孔底均应在同一底板平面上。

④装药：采用弱性不耦合装药结构：在孔口 0.8～1.5m（由岩质、风化程度而定）段不

装药，用炮泥堵塞；在底部 1.0～1.3 倍抵抗线长度段把药卷捆在一起来增强底部岩石的破碎，中间部分把标准药卷按设计装药密度 q'分散装药，导爆索起爆。预裂孔装药结构见图 6.1。

装药步骤：根据孔深量出所需的导爆索长度。在导爆索上标出孔口不装药段和孔底加强段位置。按设计要求将炸药用麻绳或绝缘胶布牢固绑在导爆索上，再与竹片连接在一起。装药前仔细检查孔眼，作好堵孔、水孔的处理。装药时炸药应放在孔的中间或靠近开挖的一侧。孔口装药后须用砂黏土或炮泥堵塞，堵塞时注意不能损坏导爆索。全部装药完毕后，用非电毫秒雷管和导爆索进行网路的连接，用火雷管起爆。

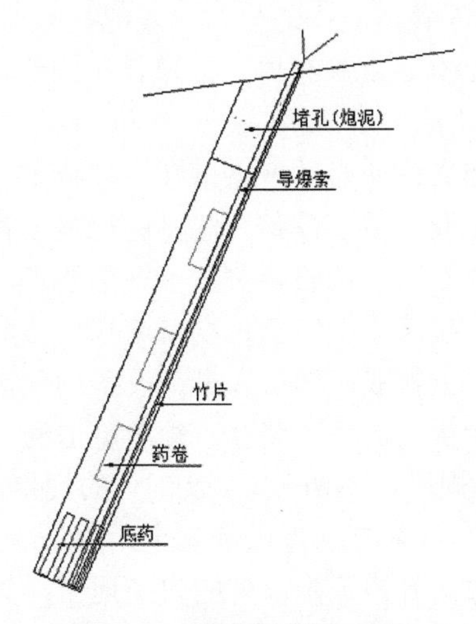

图 6.1　预裂孔装药示意图

⑤起爆网路：有两种起爆方法——一是同主爆孔分开起爆，此法网路只有一排，较简单。另一种是同主爆孔同时引爆，这样要求预裂孔与主爆孔之间按一定时间间隔先后起爆，硬岩延时 60ms，稍软岩石延时 80～90ms（如条件允许还可大些）。

⑥预裂爆破的质量标准：根据预裂爆破后石质坡面的情况，用良好的预裂爆破效果的基本要求进行对照，把信息反馈到施工工艺中，用以不断修正设计，提高施工工艺来获得良好的石质坡面。此项工作非常重要，往往需要在不断改进的情况下，才能达到目的。

预裂爆破的基本要求如下。

·坡面成型规则、平整，基本符合设计要求，坡面上局部凹凸差不大于 15cm，个别的也不大于 20cm。

·坡面上残留的半孔痕迹，长度不小于钻孔总长度的 80％；孔底不留埂坎。

• 坡面外用肉眼观察不到明显的裂缝。

• 坡面上岩石仅有轻微的破坏，且基本无浮石。

⑦预裂爆破安全措施。

• 坚持安全教育，作业人员持证上岗。

• 严格按《爆破安全规程》的要求作业，严禁违章。

• 把爆破安全技术贯彻在爆破材料的运输、储存、保管、爆破施工作业以及爆破产生有害效应，对环境的影响等整个施工过程中。

• 严格管理，坚持起爆前细心检查，防止出现瞎炮、盲炮。

• 起爆前必须有防护措施，有信号，爆破后必须有专人检查。

• 起爆后，及时处理坡面上的松石和危石。

（7）边坡验收

爆破开挖边坡要严格按照《土方与爆破工程施工及验收规范》（GB201—83）的规定执行。施工允许误差：边坡最终开挖面必须是完整的，没有由于爆破而引起的明显裂缝；预裂爆破，超出设计线不大于 15cm。

光面爆破的余底部，超出设计线不大于 15cm；其他：超出设计开挖线限制在 10～40cm，并按《土石方与爆破工程施工及验收规范》（GB201—83）标准有关条款执行。开挖最后阶段的验收：边坡最终开挖面必须是完整的，没有由于爆破而引起的明显的裂缝，岩面平整度应小于 15cm。边坡轮廓壁面孔痕应均匀分布，残留孔痕保存率，微风化岩体为 85％以上，弱风化中、下限岩体为 50％～80％范围；弱风化上、中限岩体为 25％～50％范围。

（8）石方施工安全技术措施

①爆破安全技术措施。爆破作业必须严格遵守国家标准《爆破安全规程》（GB6722—2003）的有关规定，对爆破作业人员、设备、器材进行登记管理。所有爆破作业人员、对爆破器材管理人员等必须持证上岗。按照有关技术规范要求，严格控制和检查炮孔的方位角和倾角、深度及装药方法、装药量、堵塞长度、堵塞材料、起爆网络连接方式等。每次爆破前，必须安排专人进行安全警戒，确认人员、设备均已撤离到安全区后，方可起爆。对生产中使用的爆破器材的购买、运输、储存、领用、退回、销毁等要进行严格的登记管理。根据国家标准《爆破安全规程》（GB6722—2003）的规定，中深孔和浅孔爆破，个别飞石对人员的安全距离为 200m，大块二次爆破的安全距离为 300m，对于设备的安全距离减半。爆破时，所有人员必须撤离到该范围以外的安全地带。为避免飞石威胁周围设施和人员安全，除采取上述措施外，爆破时应在爆破区域用铁丝网、旧轮胎、砂袋进行有效覆盖防护；同时要求在明拱段周围设置安全防护墙。

②最终边坡安全技术措施。边坡安全稳定不仅影响到正常生产作业，也关系到设备与人身安全，为保证边坡的长期安全稳定，需要做好以下工作：采用稳定的最终边坡角，在施工过程中应根据实际开挖出的岩土性质，按设计要求调整边坡安全坡比，以利于保证最终边坡长期稳定。采用预裂爆破技术，减少生产爆破作业对边坡岩体的破坏作用。爆破后应对边坡进行清理，边坡上残留的松石、危石，以及边坡安全平台上堆积、散落的石块随时有滑落的可能，威胁生产作业安全，需要及时进行清理；对清理不掉的松石应采取措施进行加固处理。

6.1.5 装运渣作业

本项目明挖土石方均采用挖掘机或装载机装入大型自卸汽车进行装动碴渣作业。对于个别装运困难及设备和车辆难以到达的地形复杂地段，为确保施工安全，可先采用挖掘机将剥离的土石方运送至上一级能够安全装运的作业面，然后采用自卸汽车装运至指定地点。

使用机械铲装经过爆破的坚硬岩料时，阶段高度应不大于机械最大挖掘高度的 1.2 倍；由于施工范围内挖掘设备数量较多，因此，施工中必须严格控制挖掘设备之间的安全距离。根据有关安全规程规定，两台以上挖掘机在同一平台作业，其间距不得小于最大挖掘半径的 2.5 倍。液压反铲挖掘机挖掘作业时必须采取有效的安全防护措施，平台尺寸应保证液压反铲作业平稳，不发生倾斜或倾倒；液压反铲挖掘机应与其铲挖的台阶之间保持一定距离，且液压反铲挖掘机的作业平台与其铲挖的爆堆之间要留有防护沟，应确保挖掘作业面无悬岩或大块孤石；铲装后的台阶平台应使用推土机进行清理和平整，以方便设备的安全作业。由于进出台阶工作面的车辆较多，因此台阶应尽可能设置双出入斜道，轻重车分道行驶，减少车辆的平面交叉。安排专人对运输道路进行养护，对散落的石块等障碍物应及时清理，以确保道路安全畅通。

6.1.6　边坡防护施工

本项目在各级边坡开挖完成后，应及对基坑边坡及基底的石渣和松动岩块及时进行清理，并根据现场开挖坡面的实际情况，对坡面进行打设锚杆、挂网并喷射混凝土进行防护，喷锚支护防护施工工艺和技术要求叙述如下。

（1）施工准备

检查坡面坡度是否符合设计要求；搭设坡面防护施工脚手架和作业平台；检查锚杆及挂网用钢筋、喷射混凝土使用的水泥品种、标号及出厂日期以及储备是否满足施工要求，河砂、碎石是否符合质量要求，各种材料送检是否合格。检查空压机、钻孔设备、搅拌机、喷射机具试运行状况是否良好。

（2）坡面锚杆施工

采用人工手持凿岩机造孔。钻孔技术要求：方向偏差小于 2%；孔深比锚杆插入部分长 3～5cm。当锚杆孔成孔后，利用注浆泵往孔内注入早强水泥砂浆（或普通砂浆），然后再插入按设计切割好的设计要求规格的螺纹钢筋，经过充分转动杆体后，再往孔内注浆直至饱满为止，待水泥砂浆终凝后，安设孔口垫板。

（3）挂钢筋网

钢筋网采用 $\Phi6$ 钢筋制作，网格尺寸按设计。为了便于施工操作拟采用网片大小为 1.6 m×1.6m。网片在钢筋加工场地预制成型，现场人工安装，用电焊点焊或绑扎固定在锚杆上，网片间搭接长度要符合设计要求。

（4）喷射混凝土

①喷射参数。

·空压机输出压力应稳定在 0.4～0.65MPa，喷嘴处风压稳定在 0.15～0.18MPa。

·水压要比输料管风压高 0.1～0.15MPa，且应大于 0.4MPa。

·喷嘴与受喷面间角度应垂直或稍微向刚喷过的混凝土部位倾斜（倾角不大于 10°）。

·本项目喷射混凝土厚度为 5cm，可一次喷射至设计厚度。

②喷射顺序。喷射的原则为每完成一段坡面锚杆和钢筋绑扎后及时喷射混凝土进行封闭，如果受喷面渗水量较大可先喷混合料，并适当多掺速凝剂，待其与水流融合后，再逐渐按正常程序喷射。喷射时由下向上进行，喷头正对受喷面均匀缓慢地按顺时针方向作螺旋形移动，一圈压一圈，绕圈直径为 20～30cm。

③喷射操作过程。

·喷射混凝土机械安装调试好后，先注水后通风，清通风路及管路。

·连续上料，保持机筒内料满，料斗口设一筛网，避免过粗骨料进入机内。

·喷射前个别受喷面凹洼处先找平。

·上、下段之间搭接 3～5cm，喷射时旋转速度以两秒钟左右转动一圈为宜，一次喷厚以不坠落的临界状态为度。

·严格控制水灰比，使喷层表面平整光滑，无干斑或滑移流淌现象，喷射混凝土达到密实要求。

6.2 隧洞进出口进洞措施

本项目3号，4号隧洞洞口均为全风化花岗岩或片麻岩，属V级围岩，为了安全顺利进洞，隧洞进出口进洞遵照如下施工方案和措施执行。

6.2.1 洞口截水沟及洞口基坑内集水坑施工

首先施工洞口边仰坡外的截水沟，以避免雨水对边坡的冲刷和地表水下渗，导致边仰坡落石、土体失稳坍塌。同时在基坑内洞口附近开挖一个大型集水坑，安装抽水设备以随时抽排基坑内积水。

6.2.2 形成洞口施工便道

（1）出口端施工道路

在PX泵房前池（前池开挖完成后的设计标高为-13.2m）由其他承包商完成后，马上安排回填前池至隧洞底设计标高（-10.2m）并接通PX泵房东端道路形成3号，4号洞出口端施工道路。

（2）进口端施工道路

进口端取水建筑物围堰完成及基坑抽水工作完成后，根据现场地形填筑3号，4号洞进口端的施工便道。

（3）开挖洞口或明洞洞拱腰以上部分至明暗洞交界桩号

采用人工配合挖掘机开挖，遇个别较大孤石或少量硬质岩，采用凿岩机钻眼、弱爆破解体，风镐修凿轮廓或非电毫秒控制光面爆破，不得扰动边坡，影响边坡稳定，按设计要求作好边坡防护。

（4）施作套拱，打入Φ89大管棚超前加固支护

在洞口的明暗洞交界处用工18钢拱架配喷浆施作长200cm的C25钢筋混凝土导向墙，位置在明洞衬砌轮廓线以外，紧贴掌子面施作。再按设计长度和间距施工Φ89长管棚并注浆进行超前支护。

（5）采用破碎锤开挖法进洞

隧洞洞身开挖在洞口大管棚施工结束后，在先行施工的套拱掩护下进洞开挖，为减少对洞口围岩的扰动，进洞开挖采用破碎锤施工，先开挖隧洞拱部，开挖后及时施作初期支护，然后依次进行下部左、右边墙开挖，开挖后及时施作初期支护；洞口段每开挖3m后及时施作仰拱，使支护形成封闭环，并根据量测数据反馈的信息，确定二次衬砌施工的时间。洞口段拱部破碎锤法施工见本章第四节——洞口加强段施工方法。

（6）施工原则

严格按照“预探测、管超前，严注浆、小断面，短进尺、强（紧）支护，早封闭、勤量测”的原则组织施工。

（7）技术监控措施

在隧洞洞口上方地表安设地表下沉、地表位移量测点，洞内布设拱顶下沉、周边收敛量测点，全过程全天候实行现场监控量测，监测信息及时反馈指导施工以便调整支护参数。

6.3 V级围岩段及错车道施工方法

本项目V级围岩地段主要为全风化花岗岩和全风化片麻岩，开挖后围岩不能自稳，变形破坏严重；错车道断面较宽，开挖后自稳能力较差，因此此类地段必须严格按照“预探

测、管超前，严注浆、小断面，短进尺、强（紧）支护，早封闭、勤量测”原则组织施工。

6.3.1　开挖方案的确定

根据Ⅴ级围岩的特性及错车道断面情况，拟采用台阶孤形导坑法进行施工。将开挖断面分为上、下两个台阶，下台阶又分为侧壁导坑和核心土开挖。

为了便于施作初期支护及减少施工人员的工作量，有利于机械钻锚杆孔、装渣及运输，加快开挖进度，拟定上台阶开挖高度最大为 3.4m，下台阶开挖高度最大为 3.4m。Ⅴ级围岩及错车道弧形导坑法施工方案示意图见图 6.2。

6.3.2　施工顺序和施工方法

上台阶超前支护→拱部弧形导坑开挖和初喷混凝土、安装钢拱架、系统锚杆、钢筋网、复喷混凝土→左右侧向导坑开挖和初喷混凝土、安装钢拱架、系统锚杆、钢筋网、复喷混凝土→清底→洞底初喷混凝土、安装拱架、钢筋网、复喷混凝土→安装二次衬砌结构钢筋→灌注二次衬砌混凝土。

（1）开挖断面的划分

因隧洞Ⅴ级围岩自稳能力差和错车道断面大、开挖跨度大的特点，施工时严格按照前述原则组织施工，将开挖面划分为五个部分：

①上半断面弧形导坑；②下半断面侧导坑；③核心土；④清底；⑤二次衬砌。

（2）各分部施工方法

①上半断面弧形导坑。开挖前先施作超前 $\Phi42$ 注浆小导管注浆加固地层，预留核心土，人工开挖，对个别弧石，用微药量解体，风镐修凿轮廓。出渣采用手推车运输，把碴料直接沿斜坡卸下至隧底，机械装运，每循环进尺按 1 榀工字钢拱架距离进行控制 ，开挖后及时按设计喷混凝土 5cm 对掌子面进行封闭，架设工字钢拱架、打设锚杆、挂网、复喷混凝土至设计厚度。洞口段采用大管棚作为超前支护。

②下半断面两侧导坑开挖。侧导坑采用人工配合挖掘机开挖，对个别孤石或少量硬质岩利用钻孔微药量解体，风镐修凿轮廓。开挖后及时封闭初期支护，左、右侧导坑前后交错开挖，进尺与上断面相同，与上台阶保持长 3～5m 的距离，以保证上台阶施工作业平台不受影响为原则。

③核心土开挖。在保证拱部预留作业平台和不影响其他导坑开挖的前提下，可随时进行核心土的开挖。机械化作业，挖掘机直接开挖，自卸汽车运输。开挖时预留一定斜坡（1:0.3～1:0.5 为宜）以保证上台阶作业平台稳定。开挖长度可根据实际情况调整，但一次开挖不能大于 4.0m。开挖至隧洞底设计开挖标高以上 20～30cm 后，采取人工清理，避免超挖。

④隧洞底开挖及初期支护。当核心土开挖完成后，立即进行隧洞底开挖及初支工作，使初期支护封闭成环，确保隧洞施工安全。为了避免底部超挖及确保工程质量，仰拱开挖必须采用人工捡底，且每次落底控制在 3～4m，以不影响开挖面施工为前提，开挖后及时进行钢拱架、钢筋网及喷混凝土。

⑤二次衬砌。因为Ⅴ级围岩地质情况差，应及时施作二次衬砌。二次衬砌采用针梁式整体钢模板液压台车衬砌，混凝土采用在搅拌场集中搅拌后，用容积为 $6m^3$ 运输罐车运送混凝土至作业点，生产能力 $60m^3/h$ 混凝土输送泵泵送，插入式及附着式振捣器捣固混凝土。

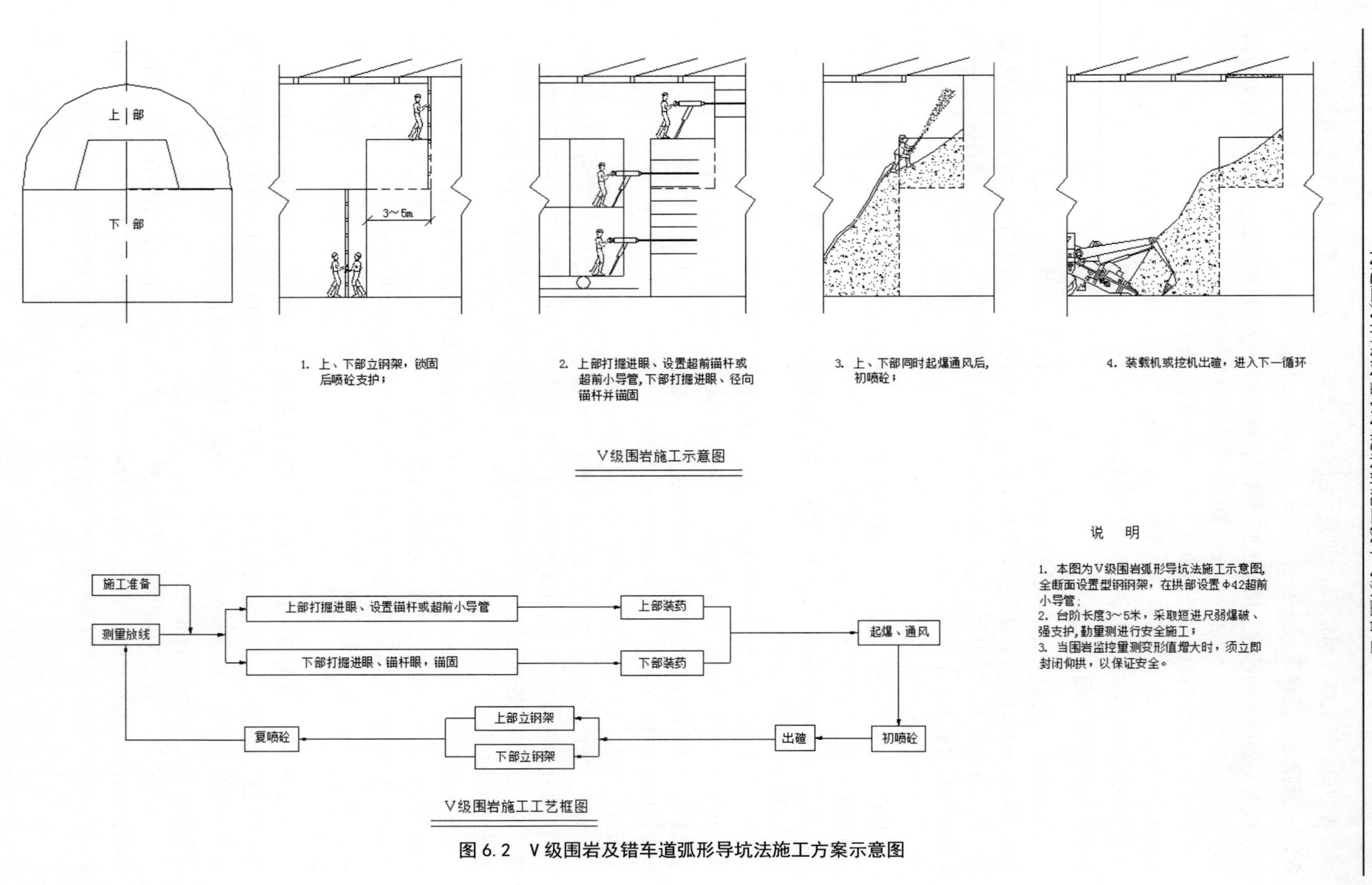

图 6.2 V级围岩及错车道弧形导坑法施工方案示意图

6.3.3　Ⅴ级围岩段确保施工安全的针对性措施

隧洞Ⅴ级围岩段地质条件差，开挖后靠自身极难自稳，为了安全顺利施工，避免因施工和支护不当造成隧洞塌方，决定充分利用公司在大亚湾核电基地高岭山隧洞工程的施工经验和施工技术，采用如下技术方案措施来确保Ⅴ级围岩段施工安全：

（1）施工安全隐患分析

隧洞开挖后，随着工作面岩土被挖除，应力场将重新调整，工作面围岩应力状态从三维过渡到二维，应力释放并产生地层变位，对浅埋、偏压隧洞，这种地层变位将波及地表，造成地表下沉或整体坍塌。

由于支护不及时，或支护结构刚度不够，造成初次支护过大变形，使隧洞上方土体产生二次位移，加大了地表下沉降值。钢拱架+钢筋网+喷射混凝土+锚杆的初期支护，由于钢筋网的自重及喷射混凝土工艺等原因，使初次支护与围岩间存在空隙，为上方土体产生二次沉降创造了条件。在含水率较大的地层中，由于工作面开挖后，泥水流失使隧洞上方产生压缩变形，导致地表下沉或整体坍塌。采用钻爆法开挖，由于爆破震动引起隧洞上方土体的震动压缩等原因，引起洞体围岩失稳。

（2）确保施工安全的针对性措施

分析了洞体坍塌的产生原因后，应有针对性地采取有效的工程技术措施，来控制洞体坍塌，根据类似工程施工经验，采取如下技术措施。

主动技术措施，是指在隧洞工作面开挖之前，通过有效的工程技术措施对地层加以改良或其他主动措施，避免产生过大的沉降。除采取常规的拱部预留核心土和进行拱部掌子面封闭技术外，最有效的方法是利用超前小导管预注浆加固支护技术：①加固地层，不仅改善围岩力学参数，还减少了工作面地层失水引起的压缩变形。计算结果表明：拱腰以上部分超前注浆加固后，地表下沉值可降低 30%左右。因此，在可注浆地层，超前注浆加固地层是首选措施。②选择小导管超前预注浆加固支护措施，使工作面开挖时，上方土体在管棚的保护下不至引起过大的地表下沉。

被动技术措施，是指在工作面开挖后采取的控制沉降措施。常见的有及时封闭仰拱成环，采取加强上半断面支护及拱脚的强度以及对初期支护背后进行充填注浆，缩短循环进尺等。

①及时封闭成环：软弱地层隧洞开挖后，隧底位置易形成较大的塑性区，不仅容易造成隧洞整体失稳，也易产生过大地表下沉。尽快施作仰拱，封闭成环，可避免洞体失稳。

②加强上半断面支护强度。对于软弱地层，往往由于支护结构强度不够，或拱脚处承载力不够，产生过大变位引起隧洞上方土体产生二次沉降，因此往往采取有效措施加固。视地层情况，建议设计可依次选择：拱脚增设锁脚注浆锚杆，加大拱脚支护（必要时加纵向托梁），上半断面增设临时仰拱等工序措施。

③缩短循环进尺，目的是及早支护。根据围岩的地质情况，宜选择每循环 0.5～0.75m 进尺。

（3）采用控制爆破开挖技术措施

尽量采用非爆方法开挖（如人工或风镐等），如需爆破则采用多打眼、少装药的弱爆破技术，尽量减小对围岩的扰动。

（4）其他措施

施工过程中配合地表下沉，结构变位、爆破震动速度等监测，及时了解地表下沉情况，以便调整施工方法，做到信息化施工，达到确保施工安全的目的。

6.4 Ⅳ级围岩段施工方法

本项目隧洞除Ⅴ级围岩段外，其余均为Ⅳ级围岩，其岩体破碎，节理裂隙发育，围岩自稳时间很短，规模较大的各种变形和破坏随时都有可能发生，施工时必须注意预防塌方、掉块。

6.4.1 开挖方案的确定

Ⅳ级围岩段施工中应严格遵循既定施工原则。岩质较差地段采用弧形导坑法施工；岩质较好地段需进行爆破的则采用上下台阶法分两部分施工。施工方案见Ⅳ级围岩段施工方案及施工示意图（见图6.3）。

6.4.2 正台阶法施工

（1）施工顺序

打设Φ42超前小导管（或超前锚杆）并注浆→上台阶开挖和初期支护→下台阶开挖和初期支护→隧底清理→施作仰拱钢架和喷射仰拱混凝土→模板台车就位→二衬钢筋制安→灌注二次衬砌混凝土→回填灌浆→固结灌浆→二衬表面防腐施工。

（2）各分部施工方法

正台阶法施工时循环进尺控制在1～2榀钢拱架距离，上下台阶相隔10m左右平行作业，并保持在上下台阶交界处留一斜坡，以方便施工车辆的通行和喷射混凝土料的运输。

上台阶：上台阶采用气腿式钻眼，非电毫秒雷管微差光面爆破技术，开挖成形后及时安装钢拱架和钢筋网，打设锁脚锚杆和系统锚杆，喷射C20混凝土，采用装载机装渣，自卸汽车运至弃渣场。

下台阶：下台阶开挖，采用气腿式风钻钻眼，非电毫秒雷管微差预裂爆破技术，开挖成形后及时安装钢架和钢筋网，打设锁脚锚杆和系统锚杆，喷射C20混凝土，采用装载机或挖掘机装渣，自卸汽车运输至弃渣场。

隧洞清底并封闭：当下台阶开挖超前15m后，及时进行隧洞清底，并按设计安装钢架、喷射C20混凝土使整个隧洞初期支护尽早形成闭合环，减小变形，确保隧洞施工安全。

二次衬砌：根据量测反馈的数据分析围岩的变形情况，合理安排二次衬砌施工。当洞内围岩变形量较大时应及时调整初期支护参数，并提前施作二次衬砌。

灌浆施工：隧洞衬砌混凝土达到设计70％设计强度后，对其顶部120º范围内进行回填灌浆。回填灌浆结束7d后，在隧洞进出口段60m，Ⅴ级围岩以及在围岩节理密集地段内进行固结灌浆。

防腐处理：为减少海水侵入对衬砌结构的腐蚀，衬砌内表面需涂刷硅烷类渗透型混凝土耐久性保护涂料。

6.5 长管棚施工方法

结合工程地质特点，本项目隧洞在进、出洞口处上半拱圈设计采用长15m、环向间距40cm的Φ89×6mm超前长管棚，并注水泥-水玻璃双液浆作为进洞加强措施，以提高拱顶位置围岩的抗剪强度，先行支护围岩，把开挖引起的松驰变形控制在最小范围内，减少对地表及周围环境的影响。长管棚设计参数：钢管规格：热轧钢管Φ89×6mm，节长有3m和6m两种。30m长管棚由3+2×6和2×6+3两种组成。

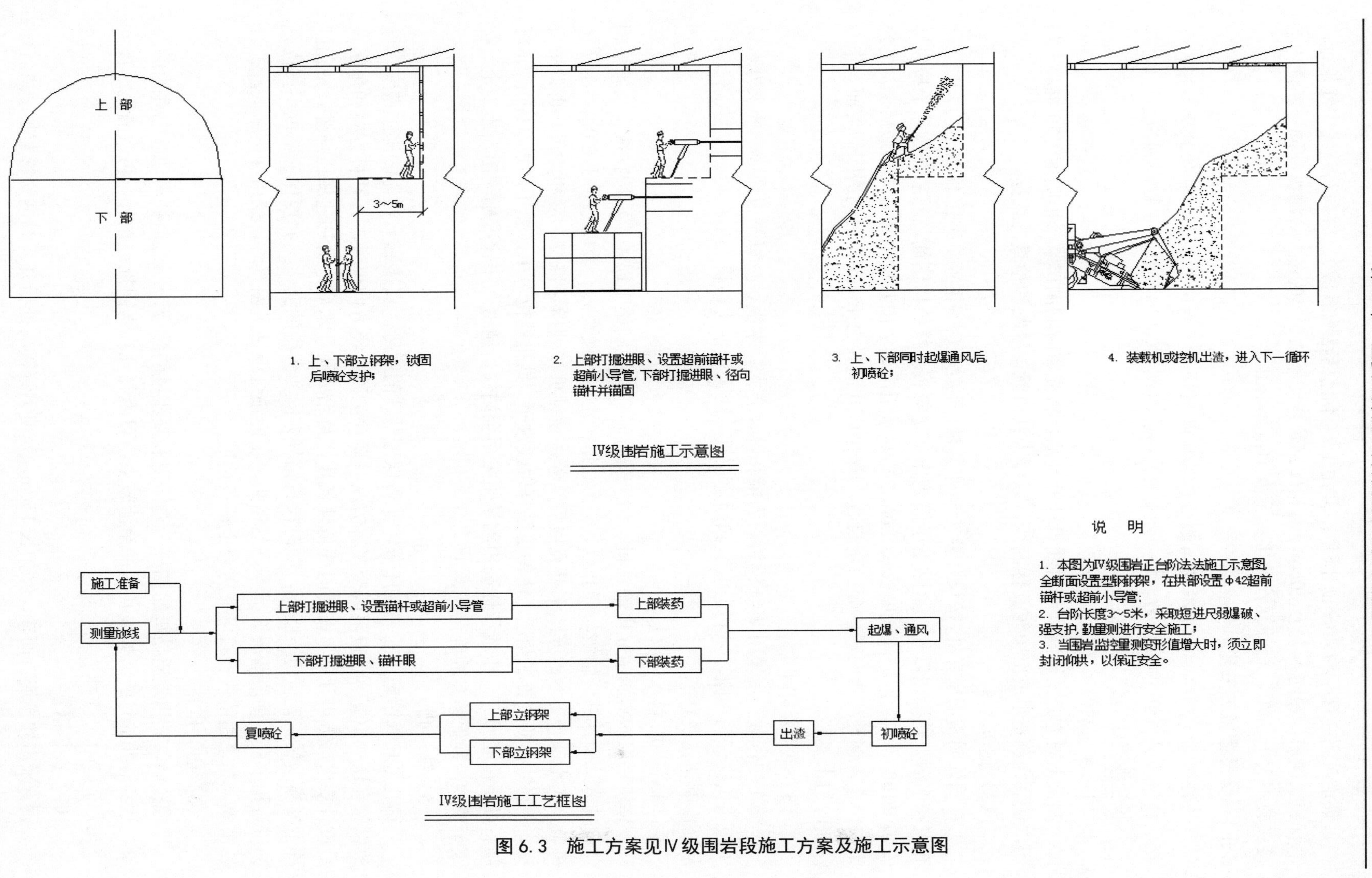

图 6.3　施工方案见Ⅳ级围岩段施工方案及施工示意图

管距：环向管距约 40cm。倾角：仰角 1°（不包括路线纵坡），方向与路线中线平行。钢管施工误差：径向不大于 20cm，沿相邻钢管方向不大于 10cm。隧洞纵向同一断面内的接头数不大于 50％，相邻钢管的接头至少须错开 1m。

6.5.1 长管棚施工工艺

长管棚施工顺序：施工准备→测量放线→喷射混凝土封闭仰坡面→施作套拱→搭设作业平台→钻机就位→钻孔→扫孔→安装钢管→注水泥-水玻璃双液浆→管内回填水泥砂浆。

长管棚施工方法如下。

（1）测量放线

洞口土石方开挖至隧洞起拱线设计标高后，首先将隧洞洞口掌子面喷射 C20 混凝土封闭，然后由测量组放出中线及标高线，以作为钻机就位控制和检查的依据。

（2）施作套拱

在洞外明暗洞交界处，按设计要求施作套拱，套拱为 C25 钢筋混凝土长 2.0m，厚 0.6m，布置在明洞外轮廓线以外，紧贴掌子面施作。先安装套拱结构钢筋，然后在钢筋上按设计安装 *Φ*108 导向管，导向管单根长 2.0m，由测量组准确放出其位置和方向，最后浇注 C25 混凝土覆盖钢筋和导向管。套拱完成后，喷射 C20 混凝土 15cm 厚封闭周围仰坡面，作为注浆时的止浆墙。

（3）搭设作业平台

施工中作业平台采用 *Φ*42 钢管、万能扣件及方木、木板、扒钉搭设而成，要求方木及木板用扒钉钉结牢固，以利于安装和固定钻机，防止施钻时钻机产生摆动、位移、倾斜，从而影响钻孔质量。

（4）钻机就位、定位

钻机采用 XY-28-300 电动钻机，钻机就位时严格控制施工误差，利用挂线、全站仪相结合的方法确保钻杆轴线与开孔位置一致。钻机距工作面距离一般以不小于 2.0m 为宜。钻机就位先用铺垫方木的方法来补充前后高差，使钻机移到指定桩位高度和位置，再调平机身，调整钻机的位置和角度，使钻机钻杆轴线水平。钻机就位对中误差不超过 2.0cm，钻杆倾斜度不超过 0.5°。中线和标高由测量组采用全站仪、精密水平仪准确测出，施工全过程跟班监控，确保钻孔准确无误。

（5）钻　孔

钻孔是长管棚施工的关键环节，能否保证钻孔的质量，直接影响钻孔的施工精度，导致钢管在这一位置下沉侵限或交叉。方法及顺序如下：经方向仪量测，钻杆方向和角度满足设计要求后方可开钻。钻孔时先低速低压，待钻成孔几米后，再加速加压钻进。钻孔过程中要根据钻机定位定下基线，随时检查钻杆方向和角度的变化，并要保证钻机不移位。钻进过程中根据地质情况选择不同的钻头，不能钻进或钻进困难时，采用冲击钻头，把岩石击碎，对普通稍软岩石可采用合金钻头钻进。

（6）扫　孔

成孔后，利用地质钻机的钻杆一进一退和高压风的配合，一边退杆一边吹出孔内的余渣，达到清孔的目的。如果孔内的余渣较多，可重复几次来回推进钻杆，再次清孔，直至成孔合格。

（7）安装钢管

钢管采用丝扣连接而成，丝扣长 15cm，为使钢管接头处错开，对钢管管节长度进行配置和编号（编号为奇数的第一节管与编号为偶数的第一节管长度相差不小于 1.0m，此后各节管长度可以相同）。钢管安装首先人工推进，当随着钢管接长人工推进困难时，可以采用钻机顶进，但应注意钻机与钢管接触处要用麻袋或木板隔开，避免损伤钢管管节丝扣；当用钻机顶进仍然困难时，则采用卡槽转动钢管，以取得较好的顶进效果。由于地质条件及水文条件的影响，要求在施钻成孔后及时安装钢管管节，以保证在钻孔稳定时将钢管管节送至孔底。

（8）注　浆

长管棚浆液采用注浆泵灌注。注浆过程中当排气孔流出浆液后，关闭排气孔，继续注浆，直至达到设计注浆量或注浆压力时，稳定 3～5min 后停止注浆。

长管棚施工过程中，为了防止注浆过程中发生串浆，每钻完一个孔，随即安设该孔的钢管并注浆，然后再进行下一孔的施工。注浆均采用 KBY-50/70 型注浆泵进行注浆作业。

本隧洞长管棚建议采用注水泥—水玻璃双液浆。其目的是通过管壁的孔眼使浆液渗入到管棚周围的地层中以起到加固地层的作用。注浆过程中技术人员认真作好记录，随时分析和改进作业。注浆施工参数：

①浆液配合比：水泥、水玻璃用量比 1:0.5，水泥浆水灰比为 1:1，水泥采用 32.5#普通硅酸盐水泥，水玻璃浓度为 35 玻美度，模数为 2.4。

②浆液扩散半径：不小于 0.5m。

③注浆速度：30～40L/min。

④注浆压力：初压 0.5～1.0MPa，终压 2.0MPa，终压持续 20min。

⑤注浆范围：管棚内及周围土体。

⑥注浆结束标准：按单孔注浆量达到设计注浆量或当注浆压力达到设计终压。

注浆工艺流程：双液注浆施工工艺流程。

（9）管棚充填水泥砂浆

注浆结束后要及时清除管口浆液，并用 M30 水泥砂浆充填密实。

6.5.2　长管棚施工技术要点及安全质量保证措施

钻机作业平台搭设必须牢固，无晃动现象，以便很好地形成支持反力。钻机就位经现场技术人员检查分析后方可开钻，钻进过程中随时检查钻杆倾斜度和中线位移，发现超限及时纠偏。钻杆对中误差不超过 2.0cm，管棚长度偏差不超过 50cm。认真作好施工记录，将钢管具体管节数、节长以及施工偏差反映到书面。管棚长度和钢管管节长度按要求施工，下管之前必须通过“三检”验收签字。根据钻孔的速度、岩土取芯、司钻压力等情况判断所钻孔地段的地质情况，并作好施工记录，根据记录数据绘制地质剖面图和展开图，为隧洞开挖施工提供参考。岩芯管长度以不小于 2.5m 为宜，长度稍长较好。钻机钻进过程中如遇较大阻力等异常情况，应及时向技术人员反映，经研究决定采取相应施工技术措施。施工过程中，为了防止坍孔，每钻完一个孔，随即安设该孔的钢管并注浆，然后才进行下一孔的施工。

6.6　初期支护施工方法

6.6.1　超前小导管施工方法

本项目隧洞 V 级围岩段和Ⅳ级围岩段均设 $\Phi 42\times 3.5$mm 小导管超前支护并注水泥—水玻璃双液浆加固围岩。

（1）施工方法

测量放样：按设计要求，在掌子面上准确划出本循环需打设的小导管孔位。

钻孔：采用凿岩机钻孔。钢管加工及施工：将前端加工成尖锥状，除尾部 1.0m 不钻孔外，管壁四周钻压浆孔，孔径为 *Φ*8mm，间距 15cm 梅花型布置，以便浆液向围岩裂隙内压注。插入及孔口密封处理：小导管尾部用 *Φ*6 钢筋焊接一加劲箍，以免插入时损伤管口，影响注浆。钢管由专用设备顶进，孔口用胶泥麻筋堵塞严密，钢管尾端外露部分与钢拱架焊接在一起。小导管注浆：采用注浆泵注浆，当达到设计注浆量或注浆压力为 0.8MPa 时，可结束注浆；注浆后，封堵管口，以防浆液倒流管外。注浆工艺参照长管棚注浆施工工艺。超前小导管注浆施工工艺。洞口段长管棚与超前小导管搭接长度不小于 2.0m。

（2）施工技术措施

小导管规格、长度、钻孔深度应符合设计及规范要求，严格按照设计要求加工注浆管、加劲箍等。小导管钻孔位置准确，孔径偏差、外插角要符合设计要求。为方便小导管插入，钻孔孔径要略大于小导管直径。小导管注浆浆液必须严格按照设计要求配制，注浆压力、注浆量必须达到设计要求。

注浆结束后，要进行钻孔检查注浆质量，不合格者需补孔重注。根据围岩破碎情况，通过地质破碎带时，建议设计可采用洞内全断面注浆加固措施。注浆采取隔孔限量注浆的方法，控制浆液的扩散范围。水泥浆必须充分拌合均匀，每次投料后拌合时间不得少于 3min，分次拌合必须连续进行，确保供浆不中断。水泥浆从搅拌桶中倒入贮浆桶前，必须经过过滤，以防出浆口堵塞，并控制贮浆桶内贮浆量。贮浆桶内的水泥浆应经常搅动以防沉淀引起的浆液不均匀。制备好的水泥浆不得停置时间过长，超过 2h 则应降低标号使用或不再使用。正确掌握注浆压力和流量，不得随意改变，并认真做好注浆记录，正确记录压力和流量。注浆过程中发现漏浆或串浆，及时采取封堵、间歇注浆等措施，保证注浆质量，防止注浆事故。坚持注浆结束标准，注浆过程中不得停水停电。注浆人员必须配备防酸碱手套及防护眼镜，防止化学浆液对人体的危害。妥善保管注浆材料和设备，防止失效和损坏。超前小导管施工购进的原材料必须经过检验，严禁使用不合格材料。

6.6.2 砂浆锚杆施工方法

本隧洞锚杆类型分为 *Φ*22 超前砂浆锚杆、*Φ*25 砂浆系统锚杆及锁脚锚杆三种类型。

（1）施工方法

采用人工手持凿岩机造孔。钻孔技术要求：方向偏差小于 2%；孔深比锚杆插入部分长 3～5cm。当锚杆孔成孔后，利用注浆泵往孔内注入早强水泥砂浆（或普通砂浆），然后再插入按设计切割好的设计要求规格的螺纹钢筋，经过充分转动杆体后，再往孔内注浆直至饱满为止，待水泥砂浆终凝后安设孔口垫板。

（2）施工技术措施

①开挖初喷后及时钻锚杆孔、安设锚杆，然后复喷。

②锚杆原材料规格、长度、直径符合设计要求，锚杆杆体须作除锈、除油处理。锚杆孔位、孔深及布置形式符合设计要求，锚杆注浆用的水泥砂浆，其强度应不低于设计值。

③钻锚杆孔。

·按设计要求定出孔口位置，孔位偏差不大于 200mm。

·钻孔圆顺，孔口岩面平整，钻孔与岩面基本垂直。

·钻孔深度及直径与杆体相匹配。

④、锚杆安装。

• 向锚杆孔内注入浆液，注浆压力为 0.5～1.0MPa，终压力为 2.5～2.5MPa，保证砂浆或水泥浆饱满密实。

·有水地段先引出孔内的水或在附近另行钻孔再安装锚杆。

·杆体插入锚杆孔时，保持位置居中，砂浆符合设计要求，杆体露出的长度不应大于喷层厚度（留作拉拔试验的除外）。

• 锚杆垫板与孔口喷混凝土密贴；随时检查锚杆头的变形情况，紧固垫板螺帽。

6.6.3　钢筋网的铺设

本项目隧洞Ⅴ级和Ⅳ级围岩初期支护钢筋网采用 $\Phi 6$ 钢筋制作，网格尺寸按设计。为了便于施工操作，隧洞拟采用网片大小为 1.6m×1.6m。网片在钢筋加工场地预制成型，现场人工安装，用电焊点焊或绑扎固定在工字钢（格栅）拱架上，网片间搭接长度不小于 25cm。钢筋质量和接头位置符合设计和施工规范要求；网片的绑扎和焊接质量符合施工规范要求；绑扎缺扣和松扣的数量不应超过绑扎总数的 10％；网片漏焊、开焊不超过焊数的 2％。

6.6.4　工字钢拱架施工方法

由于本项目隧洞地质情况较差，设计对大部分洞段采用了工字钢架作为初期支护加强措施。工字钢架采用工 18 和工 16 制作而成，工字钢间距根据围岩情况而定，其中Ⅴ级围岩段采用工字钢间距为 75cm；Ⅳ级围岩段属于花岗岩的采用间距 100cm，属于片麻岩的采用间距 1.2m，以此构成软弱围岩带的强支护体系。工字钢拱架施工工艺流程。

（1）制作安装

工字钢拱架的加工在洞外加工场地进行，将场地平整后，铺上 10cm 厚的水泥砂浆并抹平（面积约 200m²），由测量组在该场地上放出钢架的准确形状、尺寸，沿画出的尺寸线焊接 $\Phi 25$ 短钢筋桩形成固定模具，工字钢用冷弯机加工成型。工字钢拱架焊接成型后在加工场内将各分节钢架进行整体试拼，以检查连接部位是否吻合，只有加工误差符合规范要求的拱架才可运到工地使用。每榀钢架安装前，用全站仪、水平仪准确测量定出拱架安装的中线、标高及拱脚设计位置。钢架安装由人工借助机具进行架立就位，安装前先对围岩进行初喷封闭，安装时拱脚必须架立在坚固的基座上，并与锚杆焊接牢固。焊接纵向连接钢筋：用设计规格的螺纹钢筋按设计间距将各榀拱架焊接成整体。每榀钢架安装好后在其拱腰及拱脚处按设计根数的锁脚锚杆来固定，以限制钢架沉降，其端部与钢架焊接牢固。

（2）主要技术措施

初喷混凝土打设系统锚杆后，应及时安设钢架。钢材质量和接头位置焊接必须符合设计和规范要求。每榀钢架无漏焊、假焊。为保证钢架的稳定和整体受力，设置纵向连接钢筋。连接筋的规格和间距应满足设计要求，连接筋应焊接牢固。在初期支护形成“闭合”结构前，为减少初期支护下沉量。每个台阶安装钢架时，均应在其基底设一块“托板”，以增大受力面积，减少下沉量。钢架应和围岩尽量靠近，未进行初喷的应留 2～3cm 间隙作混凝土保护层。当钢架和围岩的间隙过大时，必须采用喷射混凝土充填密实，不得用木材、片石等物体填塞。喷射混凝土应由两侧拱脚向上对称喷射，并将钢架覆盖。

6.6.5　喷射复合纤维混凝土施工方法

（1）施工方案

本项目隧洞喷射混凝土拟采用湿喷法，利用已取得成功经验的 YYTE-77 改进型转子活塞式混凝土湿喷机及空气压缩机、喷射机械手等一套良好的施工设备，以确保喷射混凝土质量，并减少回弹，改善施工环境。混凝土搅拌采用强制式搅拌机在搅拌场集中搅拌，集料采用配料机自动计量，喷射混凝土的混合料采用自卸汽车运送至作业点。

（2）喷射混凝土的材料

水泥：采用32.5#普通硅酸盐水泥，水泥品牌的选择必须经过业主认可，材料进扬后及时送检，过期或受潮水泥不得使用。在软弱围岩中宜采用早强水泥。

河砂：采用硬质洁净的中砂或粗砂，细度模量不小于2.5，含泥量小于3％，含水率一般为5％～7％，以防止喷射后表面出现裂纹，使用前一律过筛。

碎石：采用坚硬耐久的卵石或碎石，最大粒径不大于20mm，为减少回弹量，石子的级配应将大于15mm直径的颗粒控制在20％以下，石子含泥量不得大于1％。当使用碱性速凝剂时，石料不得含活性二氧化硅。

水：喷射混凝土用水采用高位水池引入洞内的高压水，水质符合相关规范要求。

喷混凝土使用的复合纤维：聚丙烯腈（PAN）纤维，抗拉强度500～600MPa，弹性模量7～9GPa，断裂伸长率20％～26％，纤维长6mm，掺量0.7kg/m^3。

速凝剂：喷射时添加速凝剂，以减少灰尘和回弹量，提高早期强度。速凝剂必须采用合格的产品。应注意保管，不使其变质。使用前应做速凝效果试验。要求初凝不超过5min，终凝不超过10min。应通过水泥品种、水灰比等，通过试验确定速凝剂的最佳掺量，并在使用时准确计量。

喷射混凝土的配合比和水灰比：由实验室根据原材料计算配合比，其中含砂率为45％～50％，水灰比为0.4～0.5。

（3）施工顺序

隧洞喷射混凝土采用湿喷法，其施工顺序：施工准备→受喷面清理→喷射机调试→河砂、碎石、水泥、复合纤维搅拌站搅拌→装运喷射混凝土混合料→添加速凝剂并拌合均匀→现场施喷→综合检查。

（4）喷射混凝土的施工工艺

①喷射前检查及施工准备。喷射前应对开挖断面尺寸进行检查，清除松动危面，欠挖超标严重的应予处理。根据石质情况，用高压风或高压水清洗受喷面。受喷面有集中渗水时，应做好排水引流处理，无集中水时，应根据岩面潮湿程度，适当调整水灰比。埋设喷层厚检查标志，一般是在石缝处钉铁钉，或用快硬水泥安设钢筋头，并记录其外露长度。核实水泥的品种、标号及出厂日期以及储备是否足够，河砂、碎石是否符合质量要求，各种材料送检是否合格。检查空压机、搅拌机、喷射机具试运行状况是否良好。

②喷射作业。喷射参数：空压机输出压力应稳定在0.4～0.65MPa，喷嘴处风压稳定在0.15～0.18MPa。水压要比输料管风压高0.1～0.15MPa，且应大于0.4MPa。喷嘴与受喷面之间的角度应垂直或稍微向刚喷过的混凝土部位倾斜（倾角不大于10º）。一次喷射厚度取5～7cm为宜。

③喷射顺序。喷射的原则为每循环开挖完成后及时喷射混凝土进行封闭，如果受喷面渗水量较大，可先喷混合料，并适当多掺速凝剂，待其与涌水融合后，再逐渐按正常程序喷射。喷射时由下向上进行，喷头正对受喷面均匀缓慢地按顺时针方向作螺旋形移动，一圈压一圈，绕圈直径为20～30cm。喷射时应先将钢架背后空隙处充填密实，然后喷射至设计厚度。

④喷射操作过程。喷射混凝土机械安装调试好后，先注水后通风，清通风路及管路。连续上料，保持机筒内料满，料斗口设一筛网，避免过粗骨料进入机内。喷射前个别受喷面凹洼处先找平。上、下段之间搭接 3～5cm，喷射时旋转速度以两秒钟左右转动一圈为宜，一次喷厚以不坠落的临界状态为度。严格控制水灰比，使喷层表面平整光滑，无干斑或滑移流淌现象，喷射混凝土密实。喷射复合纤维混凝土施工工艺。

（5）主要技术措施

隧洞开挖后应及时对岩面进行初喷混凝土，以防岩体发生松弛。喷射混凝土前应设置控制喷混凝土厚度的标志。施工机具布置在无危石的安全地带。

喷射前处理危石，检查开挖断面净空尺寸。在不良地质地段，设专人随时观察围岩变化情况。当受喷面有涌水、淋水、集中出水点时，先进行引排水处理。用高压水淋湿受喷面，当受喷面遇水易软化时，用高压风吹净岩面。

加强喷射机组的日常检查和保养工作，经常检查电线路、设备和管路，使设备机况良好，不致喷射过程中造成喷射作业中断。按施工前试验所取得的方法与条件进行喷射混凝土作业，在喷射混凝土达到初凝后方可喷射下一层，每层喷射混凝土的厚度以 50mm 左右为宜。

喷射作业分段、分片，由上而下，喷头顺时针转动，从里到外顺序进行，有较大凹洼处，先喷射填平，有钢拱架的先喷满钢拱架与岩面的空隙。喷射手应使喷头与受喷面保持垂直，距离受喷面 0.6～1.0m。掌握好风压，减少回弹和粉尘，工作风压 0.4～0.5MPa。

速凝剂严格按施工配合比在喷射现场添加，并与混凝土喷射料混合均匀，严禁将速凝剂直接添加于混凝土喷射机中。施工中经常检查出料弯头、输料管和管路接头，处理故障时断电、停风，发现堵管时立即停止进料，并视故障情况立即处理。在已有混凝土面上进行喷射时，应清除剥离部分，以保证新喷混凝土与原混凝土之间具有良好的黏结强度。新喷射的混凝土应按规定进行养护，如果相对湿度大于 85%，可自然养护，否则需进行洒水养护。

6.7　灌浆工程

本工程设计灌浆分钢筋混凝土段的回填灌浆和固结灌浆。回填灌浆范围为拱顶 120º，全断面固结灌浆范围只在进出口各 60m 范围内、Ⅴ级围岩及节理裂隙密集段内进行。灌浆施工随混凝土浇注工序平行作业。灌浆施工采用洞外制浆送浆的洞内灌注的方式与钢筋混凝土施工平行作业。

6.7.1　回填灌浆

回填灌浆的目的是对隧洞混凝土衬砌段的顶部缝隙作注浆充填。回填灌浆应在隧洞衬砌达到设计强度的 70%以上后方可进行。回填灌浆施工方法为：回填灌浆孔，在钢筋混凝土衬砌段中采用预埋管的方法，注浆管采用 D57×3.5 钢管，在浇注混凝土时埋入，并定好方位保证埋管准确。钻孔孔径为 50mm，孔深宜深入围岩（或喷射混凝土）10cm，并测记混凝土厚度和尺寸。回填灌浆孔距离施工缝宜大于 500mm，并与固结灌浆孔错开布置。拱顶回填灌浆应分区段分序进行，每区段长度不宜大于 50m，区段端部必须封堵严密。

灌浆次序：分两序进行，Ⅰ序孔灌浆完成后再灌注Ⅱ序孔。

回填灌浆施工应从较低的一端开始，向较高的一端推进。同一区段内的同一次序孔可全部或部分钻出后，再进行灌浆。也可单孔分序钻进和灌浆。

灌浆前应对衬砌混凝土的施工缝和混凝土缺陷等进行全面检查，对可能漏浆的部位应先行处理。

水泥采用抗硫酸盐水泥或普通硅酸盐水泥（熟料铝酸三钙含量小于 8%，强度等级为 42.5 或以上）。

灌浆压力：根据设计技术要求（设计无规定时注浆压力一般采用 0.3MPa）。

灌浆设备：本工程采用 BW200/400 型灌浆泵。

灌浆水灰比：一序孔灌注水灰比为 0.6:1（或 0.5:1）的水泥浆；二序孔灌注 1:1 或和 0.6:1（或 0.5:1）两个比级的水泥浆。空隙大部位灌注水泥砂浆，掺砂量不易大于水泥量的 2 倍。

灌浆结束标准：在规定压力下灌浆孔停止吸浆延续灌注 10min 即可。

封孔：采用机械压浆法，先采用 0.5:1 的浓浆，后采用人工砂浆封孔。

质量检查：灌浆结束 7d 后进行，检查孔数为注浆孔的 5%，采用钻孔注浆法，即向孔内注入水灰比为 2:1 的水泥浆液，在规定的压力下，初始 10min 注入量不超过 10L，则为合格。

6.7.2 固结灌浆

固结灌浆的目的主要是对隧洞衬砌以外的一定范围内的围岩进行注浆，使注浆范围内的围岩力学指标获得改善从而达到加固围岩的作用。固结灌浆应在该部位回填灌浆结束 7 天后进行。

固结灌浆的主要工艺流程。固结灌浆钻孔采用凿岩钻机进行造孔，孔应伸入围岩 3000mm，钻孔直径 50mm，环向按 45º 角布置，每排 8 个孔，排距 1500mm，梅花形布置，灌浆孔距施工缝大于 500mm。孔位偏差不大于 20cm，开孔角度误差不大于 5º。灌浆管采用 D57×3.5 钢管。灌浆孔在钻孔结束后应进行钻孔冲洗，冲净孔内岩粉、泥渣。

灌浆孔在灌浆前应用压力水进行裂隙冲洗，直至回水清净为止。冲洗压力为灌浆压力的 80%，并不大于 1MPa。地质条件复杂或有特殊要求时，是否需要冲洗及如何冲洗，应通过现场试验确定。固结灌浆次序按环间分序、环内加密，分Ⅰ，Ⅱ序进行，地质条件差的地段可分为三个次序。水泥采用抗硫酸盐水泥或普通硅酸盐水泥（熟料铝酸三钙含量小于 8%），强度等级为 42.5 或以上。

水灰比：采用 5:1 至 0.5:1 共 7 个比级，开灌水灰比均采用 5:1。固结灌浆时，当灌浆压力保持不便，注入率持续减少时，或注入率不变而压力持续升高时，不得改变水灰比。当某一级水灰比浆液的灌入量已达 300L 以上，或灌浆时间已达 30min，而灌浆压力和注入率均无改变或改变不显著时，应改浓一级水灰比。

灌浆过程中，灌浆压力或注入率突然改变较大时，应立即查明原因，采取相应的措施处理。当注入率大于 30L/min 时，可根据具体情况越级变浓。灌浆浆液变级及结束标准严格按《水工建筑物水泥灌浆施工技术规范》（SL62—94）执行。

灌浆压力：严格按施工详图或规范规定的压力进行施工，并采取在临近孔位设置变形计量千分表，对施灌过程中的围岩位移进行观测。

灌浆结束标准：在规定压力下（高压固结灌浆段以出现抬动值时的压力为准），吸浆量小于或等于 1L/min 延续灌浆 30min 结束。

封孔：固结灌浆结束后应在隧洞表面 70mm 深处切断，用环氧砂浆将施工口封堵至隧洞表面。

灌浆检查：固结灌浆压水试验检查的时间应在该部位灌浆结束 7 天以后，检查孔的数量不宜少于灌浆孔总数的 5%。合格标准为：85%以上的试段的透水率不大于 0.01L/min，其余试段的透水率不超过 0.015L/min，且分布不集中，否则应进行补灌处理。固结灌浆压力试验通过现场试验确定，可为 0.5MPa。

6.7.3 灌浆机械设备

灌浆主要机械设备见表 6.6。

表 6.6　灌浆主要机械设备

序号	机械名称	型号规格	单位	数量
1	灌浆泵	BW200/400	台	4
2	双桶高速搅拌机	200L×2	台	4
3	风力压送泵	400L	台	4
4	低速上、下层搅拌槽	200L×2	台	4
5	高压灌浆泵	250/50	台	2
6	空压机	$12m^3$	台	2
7	灌浆自动记录仪	J31-D	台	2

6.8 防腐施工

为减少海水侵入对衬砌结构的腐蚀，衬砌内表面需涂刷硅烷类渗透型混凝土耐久性保护涂料，0.33kg/m²，涂刷遍数可按所使用产品说明书进行，具体渗透型混凝土耐久性保护涂料技术要求如下：

抗压强度比≥100%；

渗透深度≥2.0mm；

抗透水压力比≥200%；

耐热性：80℃、72h，试件表面无粉化、裂纹；

耐酸性：1％盐酸溶液浸泡 168h，试件表面无粉化、裂纹；

耐碱性：饱和氢氧化钙溶液浸泡 168h ，试件表面无粉化、裂纹；

抗盐冻性：20～-20℃，15 次，试件表面应无粉化、裂纹；单面冻融≥6 次，试件不破坏；

吸水率比：≤20%；

混凝土氯离子渗透性（环境条件：20℃，RH=45％）：6h 通过电量 100～1000 库仑。

6.8.1 施工方法

使用前清洁被处理表面，将欲处理的混凝土表面积水、污尘及其他附着物清除干净，为使防腐材料最大程度地渗透到基底，应在干燥表面施工。防腐材料使用前，应对要处理的表面进行应用测试。可用密封喷枪、滚筒或刷子等进行施工。如使用刷子或滚筒施工，应当重复涂抹，直到表面润湿；如使用密封喷枪，应持续喷涂直至基底彻底渗透为止。理论耗量约 0.33kg/m²。

6.8.2 施工注意事项

硅烷类防腐材料属易燃品，固化后会产生乙醇，应注意安全预防措施。施工现场保持通风良好，远离火花、热源、明火。当温度达到或低于 5℃或在大风天气，切勿使用本产品。施工人员施工过程中要按要求穿戴护目镜和防护手套。如不慎吸入，应立即移到有新鲜空气的地方。如接触到皮肤，立即用水清洗 15min；不慎接触到眼睛后，立即用水清洗 15min，并脱下受污染的衣服、鞋子及时就医。

使用充分的通风排气设备。防腐产品暴露于水或湿空气时，会释放出乙醇。使用时应提供通风排气设备，将乙醇控制在标准范围内或使用呼吸防护设备。避免接触皮肤及眼睛。避免吸入气雾、湿气、粉尘或烟雾，保持容器密封。不可内服。施行良好工业卫生措施，请于操作后进行清洗，尤其是在饮食或抽烟之前。静电将会累积并可能点燃气雾，应通过并联接地、惰性气体保护等防止可能的燃烧危害。保持容器密封，远离火星及火焰。保持容器密封，储存时避免水或湿气。

第 7 章　隧洞施工监测与分析方法

隧洞信息化设计施工系统的主要目标是利用通信、计算机、网络及隧洞监测、设计、施工与管理技术建立一个集地质、支护信息采集及数据分析、数据反馈为一体的局域网络，并及时与相关单位联系，实现业主方、监理方、设计方、施工方均可及时了解监测信息的系统。通过研究建立一套完整的适应我国规范要求的核电隧洞工程信息化设计施工体系，以满足信息化设计施工的要求。隧洞施工过程中要建立现场监测信息反馈系统，与通过围岩变形速度、加速度曲线，支护结构应力状态等量测信息反演围岩的物理力学参数，进行施工阶段的围岩进一步分类分级稳定性辨别和预测预报，不断地调整和优化支护结构参数。

7.1　现场监测与信息化设计

对信息数据进行分析采集，通过对隧洞的快速量测及其量测方法的研究，运用先进的监测仪器，采集监测数据，同时进行数据采集系统分析，通过网络系统进行信息化设计。对量测数据的分析处理，主要是对隧洞围岩稳定性的分析和评价，包括：隧洞开挖面的力学特性时空效应与支护稳定性分析、隧洞开挖施工信息反馈分析、位移预报、隧洞施工过程中的围岩跟踪地质调查与稳定性分析评价。

根据数据分析的结果→反馈到设计与施工中→快速得出可行的施工方案。

具体工作内容有：①通过对复杂地质情况下围岩的监测数据进行分析处理→提出合理的施工方法；②通过对密集裂隙节理带地层条件下隧洞的监测及分析处理→对开挖的围岩稳定性进行分析→研究超前支护加固措施；③复合式衬砌中二次衬砌合理施作时机与围岩压力长期荷载分布特征研究；④对量测数据建立数据库→对不同围岩支护参数及支护结构形式进行优化分析；⑤通过对量测结果的分析→在围岩情况发生变化时→调整监测项目与监测测点的布置方案。⑥通过对检测结果的分析→在初支情况发生变化时→调整检测项目与检测位置。

监测内容、仪器和目的见表 7.1。量测内容及量测间隔见表 7.2。现场量测与布置（若围岩情况有变化可适当调整）如图 7.1 所示。

表 7.1　监测内容、仪器和目的

信息类型	监测内容	监测仪器	监测目的
工程地质和水文地质	地质特征 岩体类型 渗水压力	温度计 渗压计	确证地质条件，修正预设计所用地质和水文参数； 温度、渗水对防水设计、支护结构影响
围岩稳定性量测	围岩位移量 岩体内部位移量	收敛计	检测隧洞开挖施工质量，隧洞围岩收敛稳定时间，变形稳定时收敛量，收敛随时间、开挖面向前推进时变化特征（收敛速率），围岩内部位移随深度变化关系； 确证围岩的松动范围，修正用于模拟分析所用的力学参数及计算原岩应力
支护受力状态量测	喷混凝土内力 锚杆轴力、拉拔力 钢拱架内力模筑混凝土内力 钢支撑内力	锚杆应力计 钢筋应力计 压力盒 拉拔计	锚杆黏结力、轴力大小及沿锚杆长度分布规律； 锚杆轴向应力随时间和工作面向前推进的变化曲线； 锚杆与围岩支护作用原理；优化锚杆（长度、直径及注浆密实度），了解隧洞支护后衬砌、二衬受力条件及应力重分配规律优化支护结构设计，指导现场设计与施工
施工状况评价与开挖支护优化设计	采集量测检测数据信息化设计	GIS 管理 远程会商	岩体参数、围岩破坏、衬砌形态三维摄影测量与判释； GPS、CR、D-InSAR 地表形变与海冰浮游监测； 快速量测、检测与信息化设计、GIS 管理远程会商

表 7.2　量测内容及量测间隔

项目名称	量测间隔时间			
	1～15 天	16 天～1 个月	1～3 个月	3 个月以后
地质和支护状况观察	每次开挖后进行			
周边位移	2 次/天	1 次/2 天	2 次/周	2 次/月
围岩内部变形（洞内设点）	2 次/天	1 次/2 天	2 次/周	2 次/月
围岩压力及两层支护间压力	1 次/天	1 次/2 天	2 次/周	2 次/月
钢支撑内力与外力	1 次/天	1 次/2 天	2 次/周	2 次/月
锚杆内力及拉拔力	-	-	-	-
围岩与衬砌间渗透水压力	1 次/天	1 次/2 天	2 次/周	2 次/月
围岩与衬砌间温度、应变	1 次/天	1 次/2 天	2 次/周	2 次/月

如图 7.1 所示，隧洞施工过程工程水文地质、量测信息等数据采集输入计算机 1，将隧洞施工支护与施工质量等信息采集输入计算机 2，通过快速量测、检测与信息化设计、GIS 管理远程会商系统进行数据分析处理与预警。

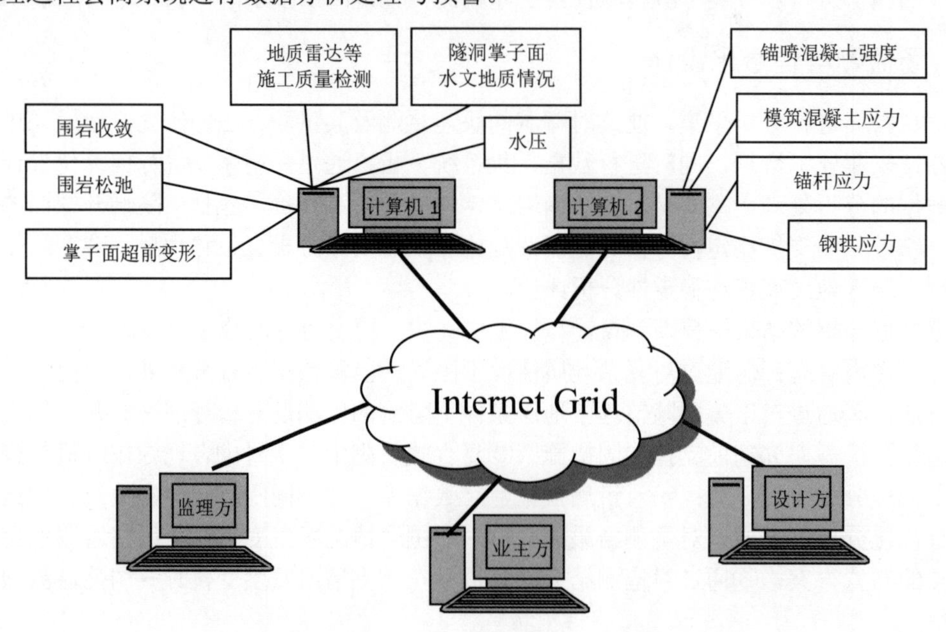

图 7.1　隧洞信息化监控与施工设计网络组成

7.2　隧洞快速量测方法

施工监控量测的目的和任务：通过监控量测了解各施工阶段地层与支护结构的动态变化，判断围岩的稳定性、支护、衬砌的可靠性；用现场实测的结果弥补理论分析过程中存在的不足，并把监测结果反馈到设计环节，指导施工，为修改施工方法、调整围岩级别、变更支护设计参数提供依据；通过监控量测对施工中可能出现的事故和险情进行预报，以便及时采取措施，防患于未然；通过监控量测，判断初期支护稳定性，确定二次衬砌合理的施作时间；通过监控量测了解该工程条件下所表现、反映出来的一些地下工程规律和特点，为今后类似工程或该施工方法本身的发展提供借鉴，依据和指导作用。

制定各类围岩地段隧洞项目测量方案，选择仪器；制定合理的量测方案及数据采集方案；现场量测，数据采集。

监测项目与量测方法：本项目的量测项的量测数据与结果，需结合应力应变测试、围岩二次应力的测试、超前物探、多点温度、位移计测试、岩石力学试验结果包括弹性模量及泊松比试验数据、围岩类别的划分及变形破裂，围岩级别调整情况等。自行监测项目分必测 A 和选测 B 项目。必测 A 项目为：隧洞周边收敛量测、锚杆拉拔力量测、钢支撑内力、初期支护内力、二衬内力等。选测 B 项目为：锚杆轴力、围岩与初期支护、初期支护与二衬间作用力及渗透水压力、温度与冰冻深度。隧洞代表性监测主断面应设在洞口、围岩破碎、变化等部位。

①隧洞周边收敛位移量测。

目的：为判断隧洞空间稳定提供可靠信息；根据变位速度判断围岩稳定程度，为二次衬砌提供合理支护时机；指导现场设计与施工。

仪器：收敛计。

监测量：隧洞周边收敛量；收敛稳定时间。

②锚杆拉拔力量测。

目的：测定锚固力是否达到设计要求，锚杆长度是否适宜；检测锚杆安装质量是否符合设计要求。

仪器：拉拔计。

监测量：锚杆轴向抗拔力大小；锚杆变形大小；锚杆的黏结力大小。

③锚杆轴向力测定

目的：了解锚杆受力状态；判断围岩变形的发展趋势；评价锚杆支护效果。

仪器：应力计。

监测量：锚杆轴向力。

④围岩与初期支护、初期支护与二衬间作用力。

目的：了解隧洞支护后衬砌受力条件及应力重分布规律；优化支护结构设计。

仪器：压力盒。

监测量：应力。

⑤围岩与初期支护、初期支护与二衬间温度、渗透水压力。

目的：了解温度、渗水对支护结构的影响；支护结构长期使用的可靠性以及安全程度；指导防渗、防冻现场设计。

仪器：温度、渗压计。

监测量：温度、水压力。

⑥钢支撑、初期支护、二衬内力。

目的：监测钢支撑，初期支护，二衬的内力状态。

仪器：应力计。

监测量：钢支撑内力；初期支护内力；二衬内力。

⑦新技术应用。

岩体参数、围岩破坏、衬砌形态三维摄影测量与判释；GPS、CR、D-InSAR 地表形变与海冰浮游监测；快速量测、检测与信息化设计、GIS 管理远程会商体系

7.3　监测点布置原则与数据采集分析

监测断面应根据工程需要、地质条件以及施工的可能选择具有代表性的部位。主断面应布置在横跨、平行、交叉的隧洞的较复杂的地段，辅助断面应在施工过程中随机布置；主断面可以布置收敛计、多点位移计等多种仪器，进行系统观测，解决关键性问题，在有支护的地方可布置锚杆应力计、应变计，利用锚杆孔进行围岩松动范围、温度、应力应变

梯度场监测等，辅助断面以收敛观测为主；由于隧洞较长，可以广泛使用收敛线和探索三维摄影测量进行监测，并节约费用；围岩内部多点位移计应主要在洞口地表预埋布置，洞内布置难度大，量测时间短，前期释放位移多，可少埋。对量测信息建立数据库（工程地质、水文地质数据库，围岩稳定性量测数据库，支护受力状态数据库），可引入解析与数值模拟方法，包括位移、应力反分析和温度、应变分析方法，荷载—结构模式解析方法，三维有限元正反分析。

现场围岩监控量测是新奥法复合式衬砌设计、施工的核心技术之一，也是本次衬砌结构采用信息化设计的重要组成内容。只有通过对围岩进行监控量测，才能正确地掌握围岩与支护之间的收敛动态、力学动态及稳定程度，客观地评价围岩的稳定性，进一步了解围岩的弹塑性区域，裂隙发育程度等，从而达到调整初期支护参数及指导设计和施工的目的。

根据各具体条件，施工中应进行以下量测项目。

①围岩变形量测：通过洞内变形收敛量测来监控洞室稳定状态和评价变形特征。该项属主要量测项目，包括净空收敛量测、拱顶下沉量测和地表下沉（浅埋段）。

②应力—应变量测：采用应变计、应力盒、测力计等监测钢拱架、锚杆和衬砌受力变形情况，进而检验和评价支护效果。

③围岩稳定性和支护效果分析：通过对量测数据的整理与回归分析，找出其内在的规律，对围岩稳定性和支护效果进行评价，然后采用位移反分析法，反求围岩初始应力场及围岩综合物理力学参数，并与实际结果对比、验证。

7.4 隧洞开挖施工信息反馈分析、位移预警

对监测数据进行分析处理，研究围岩稳定性，进行数据回归分析，以推算最终位移值和掌握位移变化规律。完成的分析内容有：绘制不同时间、不同类型支护系统内力（应力）曲线图；判别支护系统稳定性和可靠性，对支护的参数及支护体系进行优化设计；根据反馈信息，进行各类隧洞开挖面的时间效应和空间效应分析；预测施工围岩和支护结构的变形，评判隧洞围岩稳定性围岩等效力学性质参数反演研究，专用反分析模块开发；分析不同地质及施工方法下的施工期间围岩应力、应变状态；对下阶段施工围岩和支护结构的变形进行预测。

隧洞开挖与支护施工过程模拟分析采用三维有限元单元法，分析主要内容：围岩位移、应力重分布范围等，隧洞开挖施工信息反馈分析内容。

①隧洞周边在初期支护条件下收敛量测：收敛稳定时间；隧洞围岩变形稳定时收敛量，收敛随时间、开挖面向前推进时变化特征（收敛速率）。

②拱顶围岩内变形量测：围岩内距隧洞开挖面不同点处位移随时间、开挖面推进的变化特征；隧洞围岩变形稳定时各点处的位移量；对比有限单元法模拟分析的结果，修正用于模拟分析所用的力学参数及计算原岩应力；根据监测结果确定开挖后的围岩的松动区、强度下降的塑性区以及弹性区范围。

③初期支护锚杆轴力及抗拔力量测：应变量沿锚杆长度分布曲线；轴向应力沿锚杆长度分布曲线；锚杆轴向应力随时间和工作面向前推进的变化曲线；锚杆抗拔力大小；黏结力沿锚杆长度的分布曲线；锚杆长度及直径的优化。隧洞断面量测：对比设计断面形状及大小，修正施工爆破设计。围岩与初期支护、初期支护与二衬间作用力量测；初期支护与二衬间应力重分布规律；二衬最优支护时机；初期支护、二衬应力随时间、工作面向前推

进的变化规律；初期支护、二衬优化设计（厚度及配筋）。

根据量测信息对围岩的后续变形进行预报通常是对围岩进行稳定性分析的前提，并是在可能遭遇险情时制定对策措施的基础。在这一领域，采用位移反分析计算确定初始地应力和岩体参数后进行正分析计算是可供采用的技术途径。由于岩体介质的不确定性，对这类技术和方法仍有改进的必要。结合工程实践，建立根据量测信息确定围岩安全性的方法，以及对位移量的控制提出预警建议值，及在必要时提出通过调整施工步骤或支护参数减小位移量的途径与方法。

位移预报预警拟采用两种途径：①利用隧洞周边收敛监测结果、时空效应曲线来预报位移；②将监测结果输入反分析软件确定等效弹性模量、泊松比、内聚力、内摩擦角等参数。将这些等效参数再应用于有限单元程序计算来预报位移。节理裂隙密集带的渗水压力、高应力处支护结构间接触压力、隧洞周边收敛应作为重点监测、分析对象。

监控量测基准控制值见表 7.3 所列，监控量测与反馈流程见图 7.2 所示。

表 7.3　监控量测基准控制值

控制标准	正常值	允许值	警戒值	危险值
v（变形速率）/（mm/d）	1<	1～5	5～10	≥10
δ（累计变形量）/mm	30<	30～70	70～100	≥100

注：①v 值为同类工程类比采用值；②δ 值取值依据为：30mm 为强支护标准；70mm 为支护 60%ΔH 值（设计预留变形量 ΔH=120mm）；100mm 为支护 80%ΔH 值。

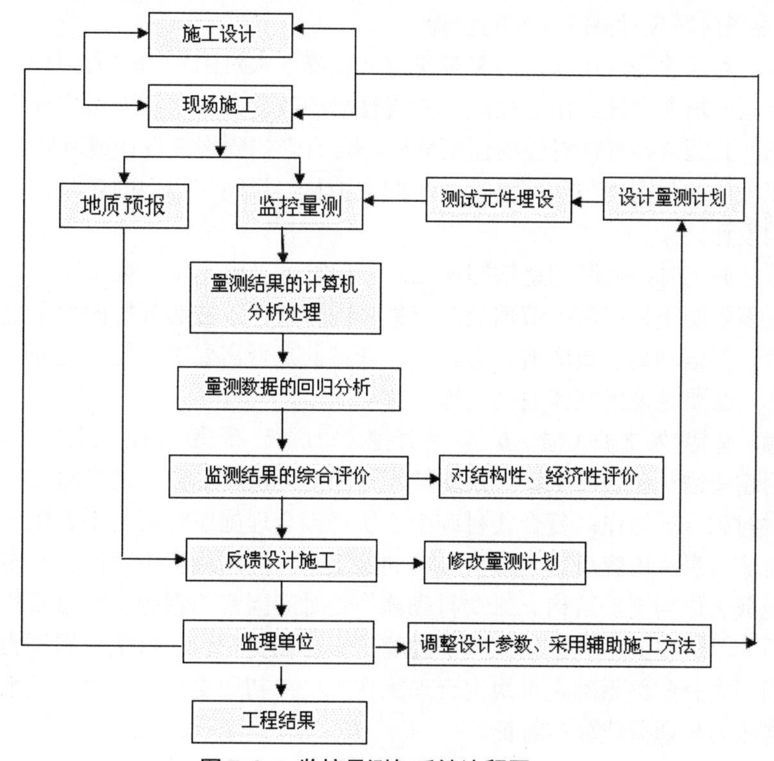

图 7.2　监控量测与反馈流程图

7.5　隧洞开挖面的时空效应与支护稳定性分析

建立围岩变形速率与稳定性关系、开挖时间与稳定时间关系、变形速率与开挖面距离关系。

隧洞周边收敛随时间、开挖面向前推进时变化特征反映隧洞开挖面的时空效应。时空效应即通过适当布置监测断面与测点获取仪表安装前地层位移的损失量，结合施工步骤建立可更新循环的动态预报过程，及对围岩长期变形进行研究。隧洞施工采用信息化设计方法，根据监测数据，分析支护稳定性，同时根据围岩参数，了解隧洞支护结构体系在施工阶段不同工况下的受力状态和应力分布特征，验证、评价设计方案中支护结构型式、支护结构参数的安全性和合理性。

（1）隧洞施工过程中的围岩跟踪地质调查与稳定性分析评价

隧洞施工过程中围岩跟踪地质调查，对地质雷达及室内试验数据进行分析处理。将地质雷达和钻孔相结合，根据围岩跟踪地质调查的结果进行稳定性分析评价，结合工程实践建立根据量测信息确定围岩安全性的方法，以及对位移量的控制提出建议值，并在必要时提出通过调整施工步骤或支护参数减小位移量的途径与方法。将分析结果反馈到施工过程中，确定各类围岩复合式衬砌的二次衬砌合理施作时机，调整下阶段相同围岩支护设计，提出合理的施工方案。

（2）复杂地质条件下隧洞的合理施工方法

通过对复杂地质条件下复杂结构受力状态，进行模拟开挖的相似模拟模型试验和围岩稳定性的应力场与位移场进行监测，利用监测数据，进行分析处理，调整在复杂地质条件下的隧洞支护结构形式及施工方法，研究合理施工方案，使工程安全性、经济性得到保障。

（3）现场问题应对措施处理的步骤

①涌水：对涌水为承压水，应尽量排放，以降低水对围岩的压力到一定数值，完全排放情况要注浆来填充空区。由于处理后围岩性质的改变，同时还要考虑到水压力对围岩稳定性的影响，必须进行有针对性的监测分析，若有影响要修改设计或者降低水位。

②高应力：加强围岩与初期支护、初期支护与二衬间作用力的量测，修改参数，加强衬砌的结构设计。

③岩爆：施工时在隧洞侧壁钻卸压孔，支护时可采用优化计算设计。

④节理裂隙密集带剪切：节理裂隙密集带围岩条件下隧洞开挖的稳定性分析与超前支护加固措施，其运动是否造成剪应力较大，开挖前是否需要对其注浆处理，支护时加强支护构件设计，必要时采用整体型钢支撑。

⑤坍塌：坚持“先支护（强支护）、后开挖（短进尺、弱爆破）、快封闭、勤测量”的施工原则，采用超前锚杆和超前小钢管预支护、管棚钢架超前支护、压浆垂直锚杆方法施工。

⑥二次衬砌合理施作：复合式衬砌中二次衬砌合理施作时机与围岩压力长期荷载分布特征。将监测信息化内容反馈到二次衬砌的施工中。隧洞施工中二次衬砌多采用现浇混凝土或钢筋混凝土作为支护结构。二次衬砌施作受时间因素的影响，过早施作会使二次衬砌承受较大压力，过晚又不利于初期支护的稳定。初期支护、二衬上作用压力量测及初期支护、二衬间压力分配关系确定可决定合理施作时机；初期支护、二衬上受力时空效应可用来研究围岩压力长期荷载分布特征。

⑦二次衬砌冻裂：在进行冻胀分析的基础上，研究隔温材料及结构布置设计。

（4）不同围岩支护参数及支护结构形式优化分析

支护参数优化内容：锚杆长度、直径优化；喷射混凝土层厚度；初期支护钢筋钢拱架层厚度及经济配筋率；二衬厚度及经济配筋率；钢支撑最优厚度。同时，可依据监测数据分析，部分修改经验法或工程类比法采用的最优支护结构形式。

第 8 章　隧洞施工钻爆设计

8.1　钻爆设计原则

采取有效的控制爆破技术，减少震动与降低噪音，同时达到成形效果好，本隧洞拟采用光面、微震爆破技术，根据地质条件，开挖断面、开挖进尺、爆破器材、振速要求等条件编制爆破设计。

①在出口端 150m 范围内，选用减震爆破技术，采用萨氏公式及对泵房混凝土要求震动控制标准，反算出单段最大装药量，同时根据监测单位结果及时对钻爆参数进行调整，确保爆破震动不对泵房混凝土产生破坏。150m 后可采用光爆控制技术，确保对洞体围岩扰动降到最小。

②根据围岩特点合理选择周边眼间距 E 和周边眼的最小抵抗线 W，辅助炮眼交错均匀布置，周边炮眼与辅助炮眼眼底在同一垂直面上。

③严格控制周边眼的装药量，借助导爆索进行间隔装药，使药量沿炮眼全长均匀分布。以确保隧洞周边成形良好，并减少对围岩的扰动。

④根据爆破效果，调整掏槽眼形式，并适当加深掏槽眼深度（比其他眼深约 20cm），以保证掏槽效果。

⑤合理分布掘进眼，以达到炮眼数量最少、材料最省，同时渣块又不致过大，便于装卸。

⑥合理选择循环进尺：根据工期要求及机械作业能力等因素来综合考虑每个循环的进尺。

⑦合理选择爆破材料：采用安全性能好的非电毫秒雷管和导爆管，乳胶炸药，非电微差爆破，专用起爆器起爆。

8.2　钻爆参数的选择

本项目隧洞采用气腿式钻机钻孔，钻孔直径为 Φ42。根据本项目地质情况，计划采用乳胶炸药进行爆破。按以往类似项目施工经验，Ⅳ级围岩炸药单耗暂定为 0.86kg/m^3，Ⅴ级围岩炸药单耗暂定为 0.62kg/m^3，施工过程中再根据爆破效果进行调整。

为保证爆破效果，掏槽、掘进、二圈、底板眼采用乳胶炸药，直径为 Φ32，周边眼采用 Φ25 乳胶炸药。本项目采用上下台阶法施工，先施工拱部，再施工下部，上下台阶长度 4m。Ⅳ、Ⅴ级围岩采用同一布眼方式。

拱部掏槽采用斜眼掏槽，布置掏槽眼 6 个，每排 3 个，每排掏槽眼中孔间距 30cm，排距 1.2m 斜眼与轴线方向夹角为 15°；为保证光爆效果，周边眼间距为 0.5m；二圈眼间距 0.8m，与周边眼排距 0.7m；掘进眼间距 0.8m，排距 0.75m，在二圈眼与掏槽眼之间均匀布置；底板眼间距 0.6m，为实现翻渣效果，可适当增加装药。下台阶爆破时，以拱部作为临空面，自上而下进行爆破，掘进眼孔距 0.8m，排距 0.75m；周边孔间距 0.5m；底板眼间距 0.6m，为实现翻渣效果，可适当增加装药。本项目计划根据不同围岩类别按三种掘进进尺类型进行爆破施工，如表 8.1 至 8.6 所列。

（1）Ⅴ级围岩拱部按每次掘进进尺1.5m进行爆破施工（工字钢间距0.75m）。

表8.1 拱部孔网参数及装药量计算

序号	孔眼类型	孔深/m	孔数/个	每孔装药/kg	本段用药量/kg	装药结构	段别
1	掏槽眼	1.8	6	0.7	4.3	连续装药	1
2	掘进眼	1.5	6	0.6	3.6	连续装药	3
3	二圈眼	1.5	9	0.6	5.4	连续装药	5
4	周边眼	1.6	19	0.4	7.6	间隔装药	7
5	底板眼	1.6	11	0.5	5.8	连续装药	9
	合计		51		26.6		

表8.2 下台阶孔网参数及装药量计算

序号	孔眼类型	孔深/m	孔数/个	每孔装药/kg	本段用药量/kg	装药结构	段别
1	掘进眼	1.5	3	0.6	1.8	连续装药	1
		1.5	5	0.6	3.0	连续装药	3
		1.5	7	0.6	4.2		5
		1.5	4	0.6	2.4		7
		1.5	2	0.6	1.2		9
2	周边眼	1.6	12	0.4	4.8	间隔装药	11
3	底板眼	1.6	11	0.6	6.6	连续装药	13
	合计		44		23.9		

（2）Ⅳ级围岩拱部按每次掘进进尺1.0m进行爆破施工（工字钢间距1m）。

表8.3 孔网参数及装药量计算

序号	孔眼类型	孔深/m	孔数/个	每孔装药/kg	本段用药量/kg	装药结构	段别
1	掏槽眼	1.3	6	0.7	4.3	连续装药	1
2	掘进眼	1.0	6	0.6	3.3	连续装药	3
3	二圈眼	1.0	9	0.6	5.0	连续装药	5
4	周边眼	1.1	19	0.3	6.3	间隔装药	7
5	底板眼	1.1	11	0.5	5.5	连续装药	9
	合计		51		24.3		

表8.4 下台阶孔网参数及装药量计算

序号	孔眼类型	孔深/m	孔数/个	每孔装药/kg	本段用药量/kg	装药结构	段别
1	掘进眼	1.0	3	0.6	1.7	连续装药	1
		1.0	5	0.6	2.8	连续装药	3
		1.0	7	0.6	3.9		5
		1.0	4	0.6	2.2		7
		1.0	2	0.6	1.1		9
2	周边眼	1.1	12	0.3	4.0	间隔装药	11
3	底板眼	1.1	11	0.6	6.6	连续装药	13
	合计		44		22.1		

（3）Ⅳ级围岩拱部按每次掘进进尺1.2m进行爆破施工（工字钢间距1.2m）。

表8.5 孔网参数及装药量计算

序号	孔眼类型	孔深/m	孔数/个	每孔装药/kg	本段用药量/kg	装药结构	段别
1	掏槽眼	1.5	6	0.8	5.0	连续装药	1
2	掘进眼	1.2	6	0.7	4.0	连续装药	3
3	二圈眼	1.2	9	0.7	5.9	连续装药	5
4	周边眼	1.3	19	0.4	7.4	间隔装药	7
5	底板眼	1.3	11	0.6	6.5	连续装药	9
	合计		51		28.8		

表8.6 下台阶孔网参数及装药量计算

序号	孔眼类型	孔深/m	孔数/个	每孔装药/kg	本段用药量/kg	装药结构	段别
1	掘进眼	1.2	3	0.7	2.0	连续装药	1
		1.2	5	0.7	3.3	连续装药	3
		1.2	7	0.7	4.6		5
		1.2	4	0.7	2.6		7
		1.2	2	0.7	1.3		9
2	周边眼	1.3	12	0.4	4.7	间隔装药	11
3	底板眼	1.3	11	0.7	7.7	连续装药	13
	合计		44		26.3		

（4）掏槽方式：为了节约钻孔数量，隧洞爆破采用斜眼掏槽的方式。

（5）装药结构及堵塞方式。

①装药结构。

掏槽眼：采用 Φ32mm 直径药卷连续装药，非电毫秒雷管起爆。

周边眼：采用 Φ32mm 直径药卷间隔装药，导爆索联接。

②堵塞方式。

所有装药炮眼用炮泥堵塞，周边眼堵塞长度不小于 26cm，其他炮眼按装药长度余孔全部堵塞。

（6）爆破效果检查及爆破设计优化。

①地震波安全距离

$$R = \sqrt[\alpha]{\frac{K}{V}} Q^m \tag{8.1}$$

式中：*R*—爆破地震安全距离，m；*Q*—炸药量，kg；齐发爆破取总炸药量；微差爆破或秒差爆破取最大一段药量；*V*—地震安全速度，cm/s；*m*—药量指数，取 1/3；*K*、*α*—与爆破点地形、地质等条件有关的系数和衰减指数，可按表 8.7 选取或由试验确定。

表 8.7　爆区不同岩性的 *K*，*α* 值

岩性	*K*	*α*
坚硬岩石	50～150	1.3～1.5
中硬岩石	150～250	1.5～1.8
软岩石	250～350	1.8～2.0

本项目围岩为Ⅳ、Ⅴ级围岩，属软岩，*K* 取 250，*a* 取 1.8。当震动速度 *V* 取 1.5m/S，PX 泵房最近处距离洞掌子面爆破点为 27m 处，经计算，最大段装药 *Q*=15.98kg＞本项目实际最大段装药量。因此，本项目爆破震动不会对 PX 泵房新浇混凝土造成破坏。

②爆破效果检查。每次爆破后，对爆破效果进行仔细检查，分析爆破参数的合理性，以确定出适合本隧洞岩层的最佳爆破参数。

一般从以下几方面进行检查、核定及分析：超欠挖情况。开挖轮廓是否圆顺，开挖面是否平整。爆破进尺是否达到爆破设计要求。爆破后的石碴块尺寸是否适合装碴要求。炮眼痕迹保存率，Ⅳ级围岩≥70％，并在开挖轮廓面上均匀分布。

（7）爆破设计优化。

根据每次爆破后检查情况，分析原因及时修正爆破参数，提高爆破效果，改善技术经济指标。

根据岩层节理裂隙发育、岩性软硬情况，修正眼距、装药量，特别是周边眼的有关参数。根据爆破后石碴的块度修正参数：石碴块度小，说明辅助眼布置偏密；石碴块度大，说明辅助眼布置偏疏，用药量过大。

根据爆破振速监测，调整同段起爆最大药量及雷管段数。根据开挖掌子面凹凸情况修正钻眼深度，使爆破眼钻眼眼底基本上落在同一断面上。

8.3　Ⅳ级、Ⅴ级围岩开挖爆破设计图

Ⅳ级、Ⅴ级围岩爆破设计如图 8.1 和图 8.2 所示。

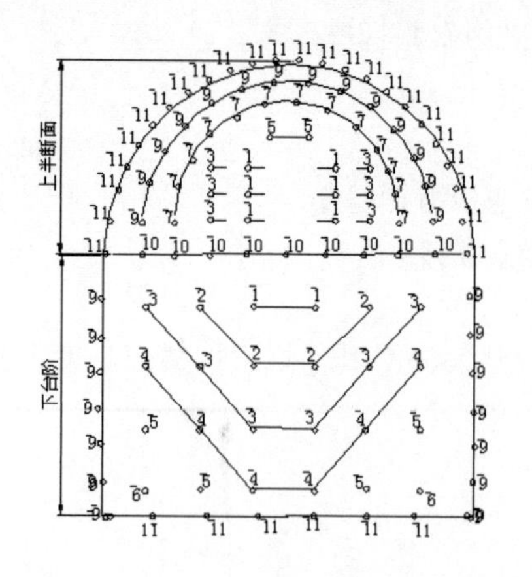

Ⅳ级围岩上、下半断面开挖爆破设计图

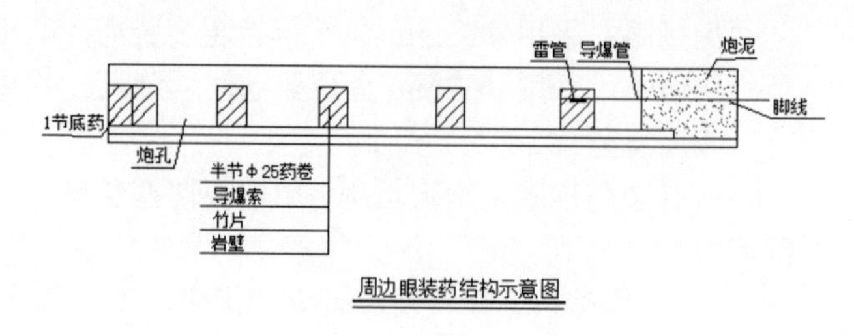

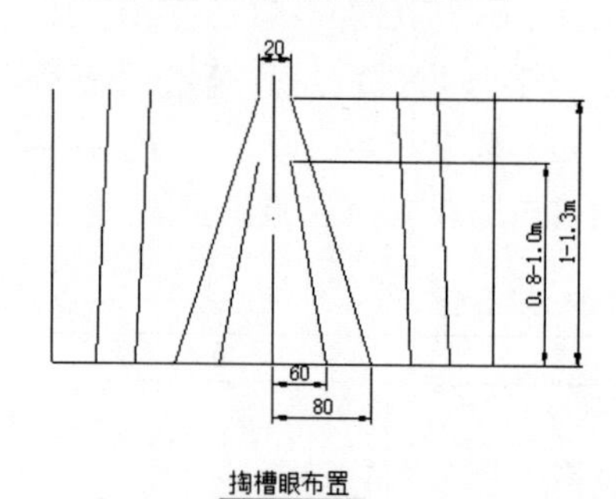

说明：

1. 本图尺寸以 厘米计.
2. 采用非电毫秒雷管及乳化炸药.
3. 人工钻孔，孔径φ42，周边眼采用φ25药卷，间隔装药，传爆线传爆，各孔相联，确保传爆效果。
4. 炮眼深度1-1.2m，计划每循环进尺1-1.25m.
5. 加强监测，地质描述与预测，准确分析评价围岩稳定性，根据围岩情况及爆破效果适当调整钻爆参数。

图 8.1 隧洞Ⅳ级围岩台阶法施工钻爆设计图

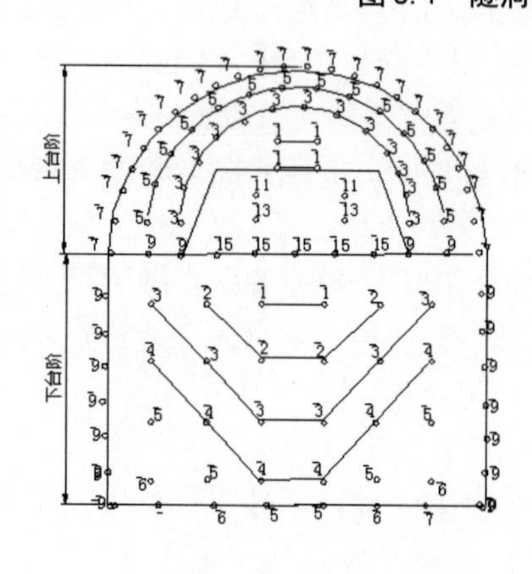

Ⅴ级围岩弧型导坑法开挖爆破设计图

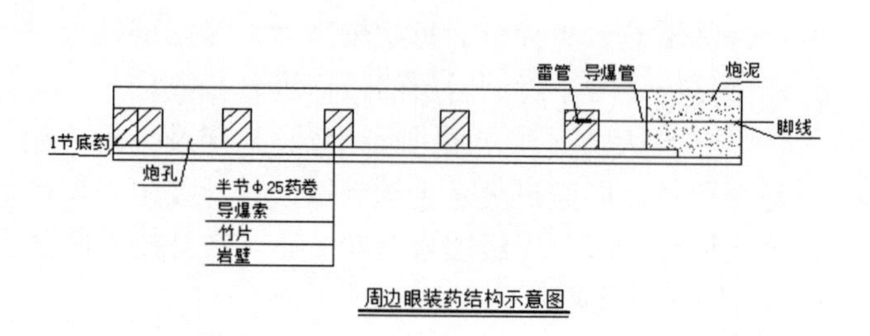

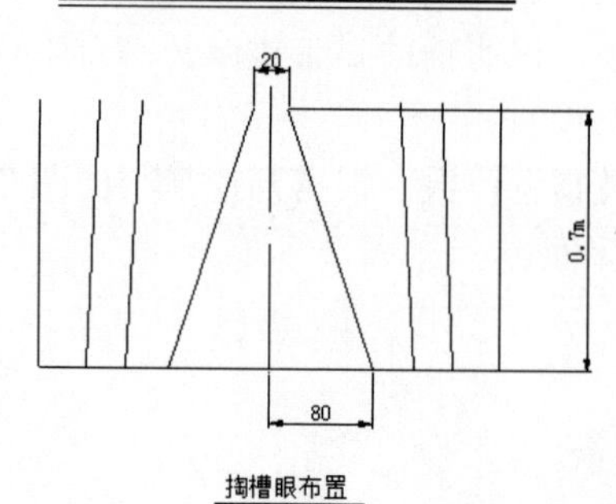

说明：

1. 本图尺寸以 厘米计.
2. 采用非电毫秒雷管及乳化炸药.
3. 人工钻孔，孔径φ42，周边眼采用φ25药卷，间隔装药，传爆线传爆，各孔相联，确保传爆效果。
4. 炮眼深度0.7-0.8m，计划每循环进尺0.75m.
5. 加强监测，地质描述与预测，准确分析评价围岩稳定性，根据围岩情况及爆破效果适当调整钻爆参数。

图 8.2 隧洞Ⅴ级围岩弧形导坑法施工钻爆设计图

8.4　施工技术措施

①合理选定钻爆参数，不断优化爆破设计，实现光面爆破的最佳效果，使开挖轮廓圆顺，线性超挖及炮眼痕迹保存率合乎光面爆破技术和施工规范的要求。

②控制超欠挖：用先进的测量手段，准确放出开挖轮廓线，标出炮眼位置；严格控制周边眼外插角，控制装药量。

③每一作业班次均安排一名施工员跟班指导施工，工程技术人员负责监督施工方案和爆破设计的落实和执行；地质复杂地段要求主管生产的副经理现场蹲点指挥。

④工程技术人员每天到施工现场巡查，要善于发现问题，发现问题后要分析原因，一般的问题及时解决，较复杂的或自己没有能力解决的问题要报告项目总工程师。

⑤对每一爆破循环的装药联线均应认真、仔细地检查，核对无误后方可起爆，避免盲炮或哑炮事故的发生。

⑥特别注意施工过程的安全管理工作，专职安全员必须坚持每作业班次的巡查和检查，发现不按章操作或有安全隐患的行为要及时纠正。

⑦加强隧洞地质的超前预报工作，探明前方的地质情况，地质变化较大的要及时修改施工方案，并采取相应的应对措施。

⑧为防止洞口段飞石，在洞口设置了安全防飞石洞门，爆破时，关闭洞门以防止飞石。

⑨当隧洞掘进在 300m 以内时，起爆时所有洞内作业人员均要撤出至洞外安全位置。

8.5　爆破施工工艺及施工技术措施

（1）爆破施工工艺

爆破设计、钻孔、爆破按工艺流程组织施工，每道工序经检查合格后转入下道工序。

根据爆破工艺流程各工序的控制要点如下。

①爆破设计。会审施工图纸，编制施工方案和钻爆设计。工程技术部主管爆破工程师必须向施工人员进行技术交底。提前 24h 向业主呈交“爆破审批通知单”，并记录该炮次炸药、雷管使用数量并做风险分析。爆破后须做爆破效果与质量评价表，按业主对爆破后石块的尺寸要求，必要时调整爆破参数。

②钻孔。测量人员施工放出隧洞断面后，钻孔前按设计孔位用红油漆将炮孔标注在清除干净浮土或浮石的岩石上。炮孔标注完后，应用钢尺对所标注的炮孔进行校验，发现问题及时与设计人员一起调整，确保孔位准确无误。开孔时钻头要按设计角度对准孔位。先轻轻钻凿，待形成一定孔位时，可加压钻进。钻进过程中要保持钻机平稳，并注意观察钻进过程中的地质变化，做好记录。炮孔钻好后要吹净孔内岩渣，慢慢将钻头提出，修复好炮孔口，按设计要求堵好炮孔口。做好标记，以备装药前验孔。钻孔与标注的孔位误差大于 15cm 时，应重新钻孔，以确保孔位正确。钻孔验收：钻孔验收应由设计、施工和测量人员共同进行。验收时要对不符合要求的钻孔进行处理，确保达到设计要求。

具体检查项目是：孔位和角度是否符合设计。孔深是否与设计相符：对浅孔用炮棍检测，深孔用重锤测尺。发现有卡孔时，浅孔用炮棍清理，深孔用重锤测尺反复冲击障碍物清理炮孔，无效时用钻机清理钻孔。过深的孔应回填到位。浅孔应用高压风吹到设计孔深，吹不到设计孔深的应当用钻机加深或重新钻孔。炮孔内有积水的要尽可能排净，排不净时底部必须使用抗水炸药，确保抗水炸药超过孔内积水高度后，才能使用铵油炸药。

③制作起爆药包。按设计的起爆药包重量和雷管段别加工制作起爆药包。

制作起爆药包应在爆破作业面附近安全地点进行，加工数量应与当班爆破作业需要数量一致。加工起爆药包时，应用木质或竹质锥子在炸药卷中心扎一个雷管大小的孔，孔深应能将雷管全部插入，不得露出药卷。

雷管插入药卷后应用胶带或非电雷管导爆管将雷管与炸药绑紧，禁止雷管露在药包外面。加工好的起爆体要做好编号并标明起爆段别，并及时将其装入炮孔中。

④装药。采用炮棍和炮药锤装药，炮棍用木棍、竹竿或塑料竿制作。

装起爆药包过程中严禁投掷冲击。装药必须是每一节炸药装到位后才能开始装下一节药，严禁几节炸药同时装入炮孔。装药临近堵塞位置时，应停止装药，由技术人员测量其位置，并按设计要求装入起爆体。检查导线合格后再装入剩余炸药。装药出现堵塞时，在未装入雷管及起爆体时，可采用竹竿或木质长杆处理。

禁止在装药时使用手机及对讲机等电子设备。装药时严禁烟火。

⑤堵塞。在检查装药质量和起爆线路合格后，可进行堵塞。堵塞材料为黏土或岩屑，严禁使用石块或易燃材料。堵塞过程要十分小心，不得破坏起爆线路。禁止直接捣击接触药包的堵塞材料或用堵塞材料冲击起爆药包。要切实保证堵塞质量和堵塞长度，严禁堵塞中出现空洞或接触不紧密的现象。

⑥起爆网络的联接。网络施工最重要的是线路保护，线头搭接，为保证不接错，必须一人接线，一人检查监督，所有接头必须采用规定接法进行，由技术熟练的爆破工操作。特别要防止损伤导爆管造成断爆。接头要用黑胶布粘好，并达到规定的长度。遇到有水或潮湿地段，要用防水胶布包一层或几层，以防接头受潮影响网络质量。

⑦爆破防护。为避免飞石威胁周围人员及设施安全，洞口段爆破时应在爆破区域用铁丝网、旧轮胎、砂袋进行有效的覆盖防护。

⑧起爆。根据核电站要求，本项目采用非电起爆器进行起爆。起爆器必须由有爆破经验的爆破员操作。连好起爆网络，并派专人检查。清理施工现场，一切机械设备和人员撤到 300m 以外。没有爆破队长的点火指令，不得起爆。炮响后 5min 爆破检查人员方可进入爆区。

⑨爆破警戒与信号。爆破工作开始前必须确定危险区边界，并设置明显的标志。

爆破前必须同时发出音响和视觉信号，使危险区内人员都能清楚地听到和看到。

应使全体职工和其他单位的人员事先知道警戒范围、警戒标志和音响信号的意义，以及发出信号的方法和时间。

第一次信号——预告信号。所有与爆破无关的人员应立即撤出危险区，或撤到指定的安全地点。向危险区边界派出警戒人员。

第二次信号——起爆信号。确认人员、设备全部撤出危险区，具备安全起爆条件时，方可准许发出起爆信号，根据这个信号准许爆破员起爆。

第三次信号——解除警戒信号。未发出警戒信号前，岗哨应坚守岗位，除爆破工作负责人批准的检查人员以外，严禁任何人进入危险区。经检查确认安全后方可发出解除警戒信号。

⑩爆破后安全检查和处理。爆破后，爆破人员必须按规定的等待时间进入爆破地点，检查有无危石或盲炮等现象，发现问题应及时处理，未处理前应到现场设立危险警戒标志。只有确认爆破地点安全后，经当班爆破负责人同意方可准许其他施工人员进入爆破地点。

派专人检查各部位是否有飞石等，发现问题要及时处理，并和相关部门取得联系，采取相应的安全措施。每次爆破后，应认真填写爆破记录。

盲炮的处理方法：盲炮是安全隐患，对其应十分关注，以预防为主，减少或避免盲炮的发生，其措施是：施工前和施工中，应该对储存的爆破器材作定期检验，应选用合格的炸药和雷管以及其他爆破材料；装药前应检查孔内是否有积水，如有积水，应清除积水采用防水的乳胶炸药；装药时，中间不能脱节；连线时，要注意防止导爆管或者导爆索折断，四通要连接牢固，雨天时注意防水，确保起爆网路的畅通。一旦发现盲炮，应严格按《爆破安全规程》（GB6722—2003）中的规定执行。处理盲炮的工艺流程：确定类型→分析现状→确定处理方法→处理盲炮→检查效果→结束。

正常爆破后，在进入现场检查时，不得发出解除警戒信号，警戒人员必须坚守岗位，发现盲炮应及时处理，如当班无法处理时，要注意保护现场，无关人员不得进入，并与下一班进行认真交接，由下一班进行处理。爆破过程中，炮孔装药未能被引爆，称为拒爆，拒爆的炮孔（眼）称为盲炮（或瞎炮）。爆破后，爆破员和安全员应进入现场检查有无盲炮，如果有，首先应确定盲炮的类型。

盲炮有如下三种类型。全拒爆：雷管未爆，因而炸药也未爆；半爆：雷管爆炸了，但炸药未被引爆；残爆：雷管爆炸后，只引爆了部分炸药，剩余部分炸药未被引爆。

分析现状：检查爆破网路是否破坏。如果网路未破坏，深孔爆破要搞清最小抵抗线有无变化。

确定处理方法：若爆破网路未破坏，且深孔爆破最小抵抗线无变化，可确定采用重新连线起爆的方法；若爆破网路未破坏，但最小抵抗线有变化，应验算安全距离，确定采用加大警戒范围后再连线起爆的方法；若爆破网路破坏，采取打平行孔装药爆破的方法处理。浅孔时，平行孔距盲炮不小于 0.3m；深孔时距盲炮不小于 10 倍炮孔直径（本工程采用 Φ42mm 的炮孔直径，其距离为 420mm）。爆破参数由爆破工作负责人确定。浅孔爆破可用木、竹工具，轻轻地将炮孔内填塞物掏出，用药包诱爆；也可在安全地点用远距离操纵的风水喷管吹出盲炮填塞物及炸药，但应回收雷管。处理铵油炸药时，若孔壁完好，可取出部分填塞物向孔内灌水使之失效，然后作进一步处理。

处理盲炮注意事项：按照确定的处理方法精心组织，精心施工。将砸断的导爆管部分切除，重新连接好。若最小抵抗线有变化，一定要加大警戒范围。若是网路被破坏，打平行孔引爆时，平行孔的距离决不能小于 600mm（深孔）和 300mm（浅孔）。现场处理完毕，按正常爆破一样进行清场，派出警戒、发出各种信号和点火起爆。

检查效果：重新起爆后，要回到现场检查处理效果，直到全部盲炮处理完后，才能进行下一循环炮次的施工。

爆破时间：按业主要求的执行。整个施工过程中确保除爆破时间以外的期间保持道路通畅。

8.6　爆破施工安全保证措施

①合理选定钻爆参数，不断优化爆破设计，实现爆破的最佳效果。

②测量：准确放出开挖轮廓线，标出炮眼位置；严格控制孔眼外插角，控制装药量。

③每一作业班次均安排一名施工员跟班指导施工，工程技术人员负责监督施工方案和爆破设计执行；地质复杂地段要求主管生产的副经理现场蹲点指挥。

④工程技术人员每天要到施工现场的巡查，发现问题后要分析原因，一般的问题及时解决，较复杂的或自己没有能力解决的问题要报告项目总工程师。

⑤对每一次爆破循环的装药联线均应认真、仔细地检查，核对无误方可起爆，避免盲炮或哑炮事故的发生。

⑥特别注意施工过程的安全管理工作，专职安全员必须坚持每作业班次的巡查和检查，发现不按章操作或有安全隐患的行为要及时纠正。

⑦本项目火工品直接从建在核电内的由化轻公司管理的炸药库直接领用，未能用完的炸药及时退回炸药库。领用、退库账物每天清理，星期结算。

8.7 PX泵房混凝土保护专项对策

（1）爆破点受保护对象及其震动控制标准

本工程隧洞出口端掘进施工150m范围内，业主委托其他承包商进行本工程隧洞开挖爆破震动监测，在施工过程中将对靠近PX泵房端的隧洞掘进施工采取控制爆破措施，保证PX泵房混凝土浇注（其他承包商施工，2008年6月15日浇注混凝土）不受影响，配合监测承包商进行爆破震动监测工作，并根据监测结果调整爆破参数。

隧洞爆破要求按如下监测控制参数控制。

①对距离爆区边缘最近的龄期1～3d的混凝土，质点震动峰值速度不大于1.5cm/s。

②对距离爆区边缘最近的龄期3～7d的混凝土，质点震动峰值速度不大于2.5cm/s。

③对距离爆区边缘最近的龄期7～28d的混凝土，质点震动峰值速度不大于5cm/s。

距离爆源边缘30m处基岩面质点震动峰值不大于2.5cm/s。

（2）最大装药量的确定

根据公式 $V_{max}=K(\sqrt[3]{Q}/R)^2$ 以及项目附近受保护对象安全阈值和爆源距离，计算出最大（段）装药量。为保证满足安全控制要求。取最小值为允许最大段装药量。施工时，装药量按自小至大的顺序进行，并根据爆破监测单位监测数据及时进行调整单段最大装药量及爆破参数。

（3）隧洞控制爆破设计

①循环进尺：根据地质条件，严格控制每一循环爆破进尺。

②爆破器材选择。掏槽眼、掘进眼选用乳化炸药。周边眼选用低爆速、低密度、高爆力、小直径、传爆性好的光爆炸药。起爆雷管选用分段微差非电毫秒雷管。分段微差爆破中，各相邻段间的爆破间隔时间选择十分重要，间隔越长，震动信号越不易叠加，但爆破效果差，不利于洞挖质量控制；反之，信号叠加范围越大，越不利于降低震动速度，借鉴以往经验，采用相邻两段间爆破间隔时间大于50ms的非电毫秒雷管，以大大减少震动波的叠加而不产生较大的震动。

③接力式起爆破网络设计。通常的隧洞开挖起爆网络均采用中心对称法，每圈炮眼同时起爆单段用药量大，不利于减震，拟在本隧洞开挖采用中心轴不对称起爆法，相当于将爆破网络中的用药量较大的一圈掘进眼分成了两次起爆，减少了每段的用药量。

④单段允许药量的限制。根据萨氏公式，爆破震动量值与起爆方式、装药参数尤其主药包药量、地质情况、爆破点与测量点的距离及介质情况有关，当边界条件相同时，爆破开挖的最大震动速度值不取决于一次起爆的总药量，而决定于某单段的最大用药量。

⑤掏槽方式选择。隧洞分部开挖时采用直眼掏槽。

⑥周边眼布置形式。周边眼采用不耦合间隔装药，为实现间隔装药，使药卷居中在孔内，采取预先加工周边眼药串的办法，按设计将药卷用传爆线串联在竹片上，让药串架空居中于钻孔中心。

开挖断面的周边炮眼间均设空眼，以作减震和光爆导向眼之用。

⑦起爆顺序：掏槽眼→掘进眼→内圈眼→周边眼→底板眼。

（4）爆破飞石控制措施

飞石是爆炸气体沿弱面或孔口冲出时带出的石块。为防止飞石危害，应采取下列措施。

①洞口开挖尽量采用非爆破开挖；遇个别较大孤石或少量硬质岩，采用风钻钻眼、微药量解体，风镐修凿轮廓。

②洞口明挖石方按松动爆破进行设计，减小产生飞石的可能性。

③炮孔堵塞高度不小于最小抵抗线，采用良好的堵塞材料，合理布孔，合理的起爆顺序，以避免因夹制而冲孔，为防止冲孔携带大量飞石，应将台阶顶面浮石清走。

④找出软弱带和空隙，采取间隔堵塞或弱装药的方法，尤其是对第一排，不许装散炸药。以免在孔隙中形成聚集。

⑤在爆破点设置飞石防护墙。

⑥覆盖防护。它是直接覆盖在爆破对象上的防护。用作防护材料有草袋、荆笆等；

⑦保护性防护。当在爆破危险区内有不能搬走或迁走的重要设施和设备时。可在其上面遮挡或覆盖草袋、荆笆、木板、方木和圆木等防护材料。

⑧为防止隧洞洞口段爆破时产生的飞石扩散，利用隧洞洞口施工管棚用的套拱加上橡胶帘门作为防飞石的防护屏障。

爆破冲击波控制措施：空气冲击波是裸露爆破和爆炸气体突出造成的。另外，一些气象条件会造成地表远区空气冲击波的加强。

（5）为防止空气冲击波危害，应采取下列措施：

①不使用导爆索起爆和裸露药包爆破。

②防止爆生气体从孔口和弱面突出。

③延迟时间不要太长，以防因“带炮”将个别炮孔抵抗线变小。

④避免在容易产生温度逆转的天气放炮。

8.8　爆破作业事故应急预案

爆破施工发生人身伤害和发生爆破和爆炸事故可能表现为：钻孔机械伤害、高处坠落、装药过程的意外早爆事故，爆破飞石事故和盲炮事故。

（1）钻孔机械事故

事故特点：根据国内同类事故的案例特点，主要表现为换杆时旋转发动机和钻杆滑落砸伤、换杆时机械卡伤手指和高压风管接头断开狂甩伤人等事故。

预防对策：检查设备的完好状况，包括旋转马达固定滑板螺栓紧固状况、滑架磨损情况、链条完好状况等。换杆时人员不能直接正对站立在旋转马达下方，应侧立在滑架旁。操作人员要穿劳保服，戴劳保手套，上卡和下卡时机手和辅助人员配合默契。风管接头要经常检查，防止松脱，钻机接头挂安全网，风管接头间用铁丝捆绑连接。

（2）早爆事故

事故特点：主要表现为爆破器材受碰撞、摩擦、暴晒和明火燃烧等造成早爆事故；直接雷击引起非电网路早爆。

预防对策：爆破现场严禁烟火，禁止无关人员进入现场。防止阳光直接暴晒雷管。

爆破操作人员必须按照爆破安全规程操作，按操作规程加工起爆药包，轻拿轻放爆破器材。装药使用木质或塑料长棍，起爆药包装进孔后不要用炮棍捣动孔内药包。雷雨天气不得进行爆破作业，装药过程中遇雷雨天气突然来临，要撤离所有人员到安全地点，并设警戒。

（3）爆破飞石事故

事故特点：设计警戒区内清场不彻底或冲击警戒线发生的爆破飞石事故；爆破参数不合理或改变产生过远飞石引起的事故。

预防对策：认真组织清场警戒工作，警戒人员布置合理，并坚守岗位，严防无关人员和车辆进入爆破危险区。

警戒时依次发出预告信号、起爆信号和解除警戒信号，以口哨、红旗和对讲机进行联络，联络信号清楚明白。清场工作干净彻底，人员未全部撤离不放炮，移动设备未全部撤离不放炮。发生事故后，应及时报告单位领导和有关部门，保护好现场，并进行抢救。

第9章　隧洞二次衬砌施工方法

隧洞采用C35钢筋混凝土衬砌，混凝土抗渗标号为W10，抗冻等级为F350。受小断面隧洞的制约，二次衬砌与隧洞开挖初支不能平行作业，必须等待隧洞开挖初支全部结束后才能进行二次衬砌。

9.1　施工准备

取水洞钢筋混凝土二次衬砌采用全圆针梁式钢模台车衬砌，混凝土输送罐车运送混凝土到洞内，再用HB-60混凝土输送泵泵送混凝土入模。在地质条件明显变化处设置伸缩缝。施工方法详见图9.1隧洞混凝土衬砌施工方法示意图。

（1）清　底

由于在开挖过程中底板有20cm左右的浮渣未清理，所以首先清除底部虚渣，然后用高压风水冲洗干净，同时排除底部积水。

（2）冲　洗

底板冲洗干净，经监理验收合格后既可进行底部结构钢筋的绑扎。

（3）拱墙基面的处理

拱墙钢筋绑扎前应对初期支护和围岩的中线、水平、断面尺寸净空进行检查，对于局部欠挖进行处理，直至监理验收合格，方可进行下道工序，即定位筋的安设和钢筋的绑扎。

（4）试运转

混凝土浇注前所需要的所有机具、设备均应进行试运转。

9.2　钢筋绑扎

隧洞衬砌内的所有钢筋均由项目部专设的钢筋加工场制作，现场的钢筋绑扎由各施工队钢筋班施作。洞内全圆钢筋由两部分组成，洞内安装采用焊接。

9.2.1　钢筋制作

①所用钢筋的各项技术指标除符合规范规定外，还应保证其表面洁净，对于表面有油渍、漆污、锈皮的应清除干净。钢筋应平直、无局部弯折、钢筋中心线与直线的偏差不应超过其长度的10%。

②钢筋的切割、弯曲除监理工程师另有规定外，应严格按水利电力部颁布的《SDJ207—82》规范的规定执行。

③钢筋的长度严格按技术交底的尺寸下料，然后通过弯筋机弯制成型。

④钢筋成型后对局部存在翘曲的应在平整的场地内找平。

9.2.2　钢筋绑扎

①钢筋绑扎前由测量人员按照中线、水平及钢筋位置进行定点，并由现场人员依据定点设置定位筋。定位筋的设置位置严格按技术交底的位置安设。

②钢筋的安装位置、间距、保护层及部分钢筋大小尺寸均应符合施工图纸的规定，其偏差不得超过表9.1的规定。

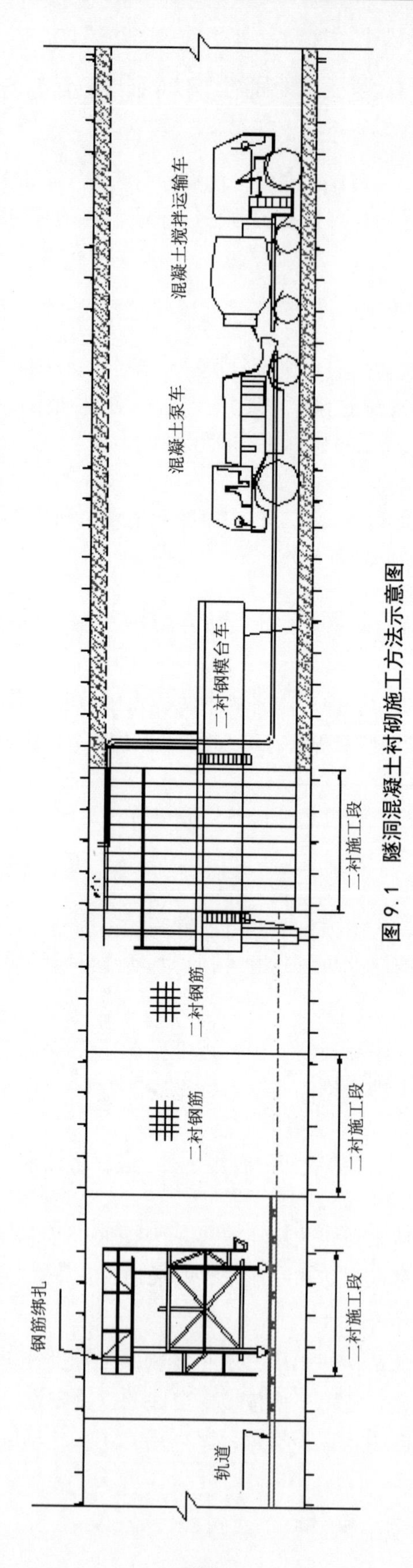

图 9.1　隧洞混凝土衬砌施工方法示意图

表 9.1　钢筋安装的允许偏差

序号	偏差名称	允许偏差
1	钢筋长度方向的偏差	±1/2 净保证层厚度
2	同一排受力钢筋间距的局部偏差	±0.5 钢筋直径
3	同一排分布钢筋间距的偏差	±0.1 间距
4	对排钢筋的排与排间距的偏差	±0.1 排距
5	保护层厚度的局部偏差	±1/4 净保护层厚度

③钢筋接头采用焊接，焊接长度应满足规范要求。焊缝要求饱满，内无夹渣气泡。

④为保证混凝土保护层厚度，应在钢筋与模板间设置强度不低于结构物设计强度的混凝土垫块。

⑤钢筋架设完毕，经监理验收合格后方可进行下道工序模板的施工。

9.3　钢模台车

混凝土衬砌采用针梁式全圆模板台车衬砌，台车的尺寸严格按设计要求定作，模板表面的平整度严格按规范要求制作。

本项目隧洞衬砌后为内径 5.5m 的圆形断面尺寸，衬砌厚度 0.5m。所采用的针梁式钢模整体台车由模板、行走门架、外部支撑及液压系统、电气系统组成。钢模台车全长 10.5m，由 7 个节段组成，每段长 1.5m，相互之间以螺栓联接，总重约 55t。

每段模板环向由 4 块模板组成。模板间采用铰接，以便于模板收缩。钢模台车伸展后直径为 6.0m。在底模内侧设有台车行走轨道。最长件针梁 25m，最重件针梁 5t。

9.3.1　模板台车的构造

全圆针梁式整体钢模台车主要由模板总成、导梁系统及前后支撑腿、前后支承、液压系统、电气系统等辅助构件组成。全圆针梁式整体钢模台车设计简图如图 9.2 和图 9.3 所示，1～8 为模板总成部件，9～14 为导梁部件。

（1）模板总成

模板总成由顶模板、左边模板、右边模板、底模板、楔形模板、堵头模板、加长模板及窗口、外支撑、千斤顶等组成。圆筒形钢模板长 10.5m，分成 7 个节段，每段长 1.5m，相互间以螺栓连接，各节模板前后可以互换；顶模板、左右边模板、底模板之间以铰连接。顶模板与左边模板之间、左右边模板与底模板之间，可以在油缸作用下相对摆动，实现立、拆模；底模与帽梁之间以螺栓连接，针梁与底模之间及针梁与帽梁之间装有承重小车和梁侧小车，在液压马达驱动下，针梁能相对底模移动。

（2）导　梁

导梁由针梁、帽梁、液压马达、主动链轮组、从动链轮组、链条、承重小车、梁侧小车和千斤顶等组成。针梁和帽梁为桁架结构，针梁分成 5 节，每节长 5.0m，总长 25.0m，节与节以高强度螺栓连接；帽梁套在针梁上，通过承重小车和梁侧小车由液压马达驱动链条，拖动帽梁在针梁上滑行，针梁与帽梁间由千斤顶锁定。

（3）前后支腿

针梁两端分别设有支腿，支腿由套筒（分内、外套筒），支腿油缸、滑靴、横移油缸等组成。支腿油缸安装在套筒内，套筒上装有滑枕，滑靴上装有滑道，横移油缸可使滑枕在滑道上左右滑动，从而实现横向调整。

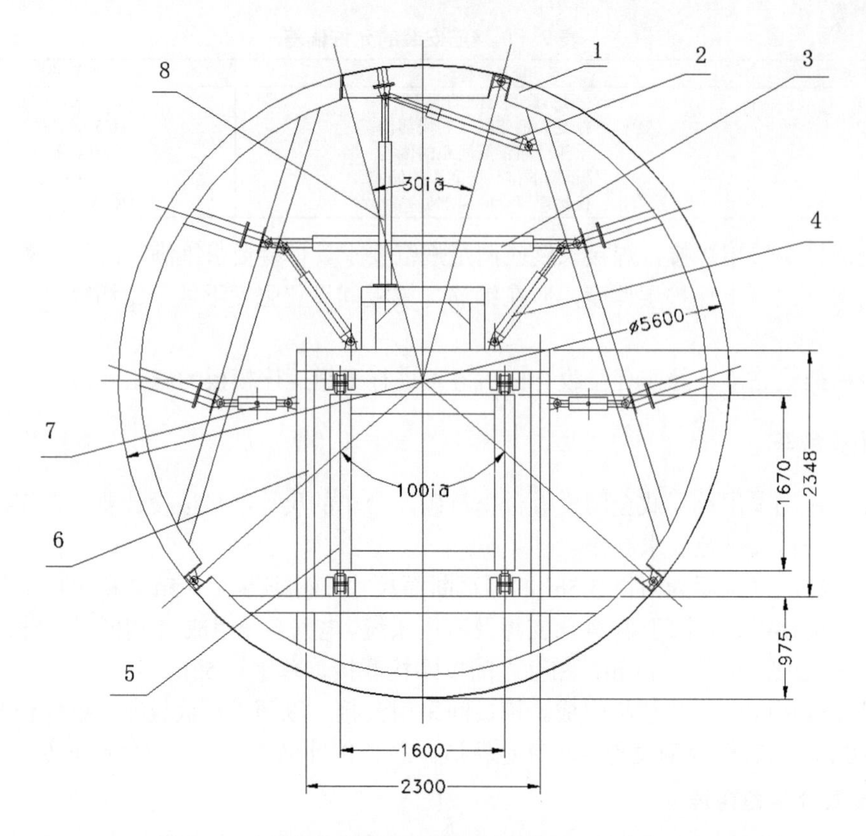

图 9.2　全圆针梁式整体钢模台车主视图（单位：mm）

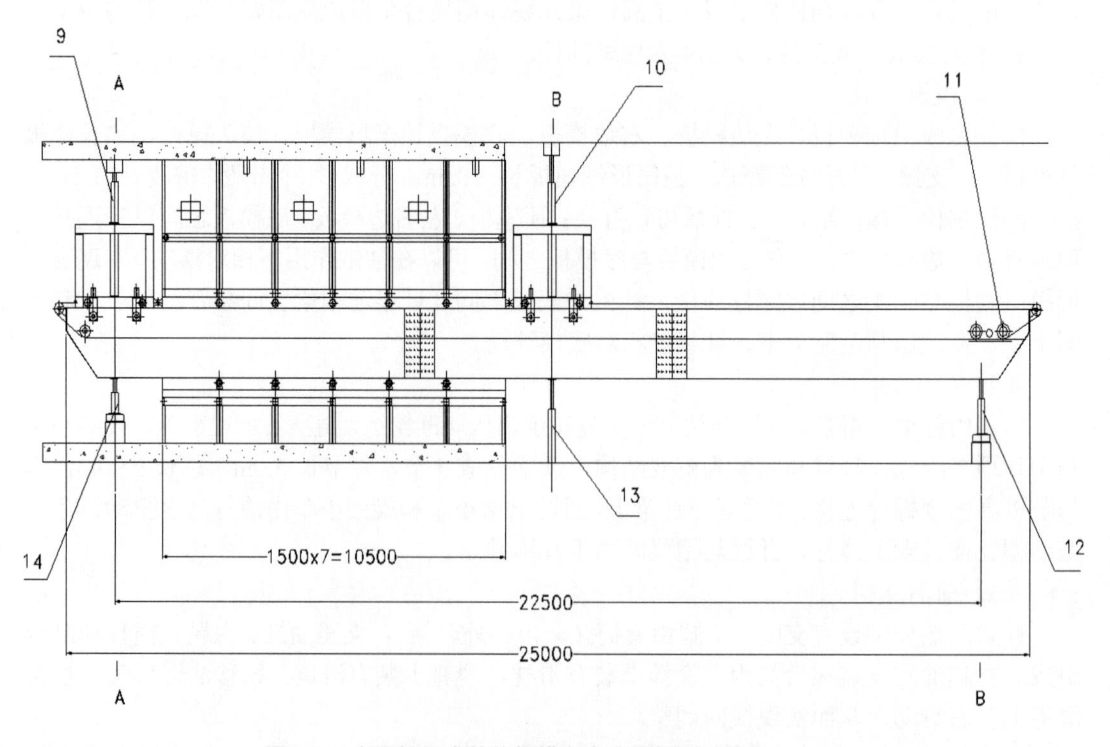

图 9.3　全圆针梁式整体钢模台车主侧视图（单位：mm）

（4）前后支撑与前后撑杆

由于隧洞为全断面一次衬砌成型，在浇注混凝土的过程中会产生很大的上浮力，因此必须设置前后支撑，以保证浇注混凝土的过程中模板位置不会发生变化，从而保证衬砌混凝土达到设计要求。前后支撑都安装在帽梁上，分别支撑在开挖隧洞和已衬混凝土隧洞的顶部；同样，在水平方向帽梁与隧洞间设有前后撑杆，前后支撑和前后撑杆由丝杆锁顶，支撑上设有工作平台以满足施工要求。

（5）液压系统

液压系统由油泵电机组、执行元件及控制元件等组成，为方便操纵控制，台车操纵台分设 3 处，即模板操作台、前后腿操作台和后支腿操作台，分别控制模板的收拢、打开、升降、左右对位以及台车的行走。

台车行走为步履式，即支腿着地液压马达拖动模板向前移动，反之，则模板着地液压马达拖动针梁、支腿向前移动，反复循环，形成台车的向前移动。钢模台车每次行走 10.0m。

（6）电气系统

由油泵电机及其控制回路和照明回路组成。

9.3.2　钢模台车组装与做业

根据施工进度，钢模台车在 2009 年 6 月中旬进场开始安装，2009 年 6 月 30 日出口端场地移交前就位。

①钢模台车按使用说明书在厂家指导下进行安装和使用，组织专业班组按操作规程将台车就位，并固定牢固。安装偏差应符合 GB50204—92 的规定。

②模板在使用之前应清理干净，并涂刷符合监理人要求的脱模剂。

③模板与已浇混凝土面的接触必须平整严密，以保证混凝土表面的平整度和混凝土的密实性，避免产生错台、挂帘等缺陷。

④两端侧模模板安装 安装两端侧模模板是钢模台车施工方法的关键工序之一。为了使两端侧模模板安装牢靠，在钢模板周边设计一些安装两端侧模模板专用的工件、卡具和支撑传力梁等。

针梁式钢模台车作业程序如下。

收支腿，针梁前移→打支腿，收缩钢模→移动钢模到下一施工段→立模，调试测量定位检查、仓号验收合格后→浇注混凝土。

台车就位、检查。

①衬砌模板台车采用穿行式，台车的拱模、侧模、底模均采用液压油缸伸缩，模板可上、下、左、右移动。

②沿台车轨道移动台车就位，清除表面残留混凝土，涂刷脱模剂。伸缩油缸微调台车的中线、水平，直至净空满足设计要求。

③安排专职技术人员进行台车检查，严格检查台车的中线、标高及净空是否满足设计断面尺寸，各尺寸精度指标为：

·模板中心线与隧洞中心线：±5mm；

·模板直径：+10mm，0；

·模板接头错台：5mm。

每次检查后，应认真填写台车检查记录表。

9.4 混凝土灌筑

在混凝土浇注前，应经监理工程师检查合格同意浇注后方可开盘浇注。

（1）混凝土全部采用输送泵输送，施工中应注意

输送泵在使用前进行检修、保养，确保设备工况良好。输送管应顺直，转弯易缓，接头应严密。泵送前应润滑管道，润滑时可采用按设计配合比拌制的水泥砂浆进行。

（2）混凝土灌筑

混凝土应由下向上依次灌注，浇注层厚度根据拌合能力、运输距离、浇注速度、气温及振捣器性能等因素确定。浇注仓的混凝土应随浇随平仓，不得堆积。仓内若有粗骨料堆迭时，应均匀分布于砂浆较多处，但不得用水泥砂浆覆盖，以免造成内部蜂窝。

不合格的混凝土严禁入仓，凡已初凝而不能保证正常浇注作业的混凝土必须废弃。浇注混凝土时，严禁在仓内加水。混凝土浇注应保持连续性，如因故中断且超过允许间歇时间，则应按施工缝处理。浇注混凝土用振捣器捣实到可能的最大密实度。每一位置的振捣时间以混凝土不再显著下沉、不出现气泡、并开始泛浆时为准，且应避免振捣过度。振捣操作严格按规定执行。振捣器采用附壁式和插入式两种，插入式捣固器振捣时常距模板的垂直距离不应小于振捣器有效半径的1/2，并不得触动钢筋及预埋件。

混凝土拆模时间依据规范规定，在掺有外加剂的情况下可适当提前，具体时间通过试验并经监理工程师同意而定。

（3）洒水养护

混凝土浇注完毕后，应及时洒水养护，经常使混凝土保持湿润状态。

9.5 混凝土质量保证措施

9.5.1 模板制安

①引水隧洞衬砌采用全圆式模板台车。利用台车衬砌可减少施工缝，且衬砌整体性好。由于模板台车本身整体性好、刚度大、不易变形，能够保证衬砌后混凝土的尺寸。

②模板组装前进行各类部件的规格，数量核对、并检查其质量，合格后才能进行组装。

③组装完毕的台车经总体检查验收合格后才允许投入使用。

④衬砌立模完成后，仔细检查其稳定性，构件尺寸及表面平整度。是否符合要求，检查合格后才能进入下步工序施工。

9.5.2 混凝土拌合措施

（1）混凝土材料仓储标准

提高混凝土材料的现场仓储标准，加强材料的管理和检验，确保入仓前混凝土拌合材料的质量符合标准。

①为防止水泥受潮，袋装水泥使用防潮仓库，采用砖木结构，地面做防潮层，按进货顺序使用，分类存放。

②粗、细骨料分别贮存。采用雨布遮盖，且存放处地坪做成高于地表30cm，防止雨水、冰雪混入。

③外加材料仓库设置同水泥库，防潮贮存。施工中，编制详细的用料计划和入场时间，尽可能使用新出厂的外加剂，缩短现场保管时间。

（2）混凝土配合比控制措施

调配具有丰富工作经验的试验工程师负责本工程工地试验室，建立严格的混凝土配合试验检验制度，并根据工程需要及材料情况，及时准确确定工程施工配合比。

（3）混凝土拌合自动化

提高混凝土拌合的自动化、机械化程序，混凝土拌合设备采用自动计量，能够有效控制人为因素对混凝土拌合质量的影响，确保混凝土拌合质量的均衡性。

9.5.3　混凝土输送措施

①混凝土采用轨行式混凝土罐车输送，为防止运输过程中混凝土的离析，到浇注点后可进行二次搅拌。

②混凝土采用泵送入仓的方式，泵送混凝土时应采取以下措施。

• 混凝土输送前检查、维修和试运行混凝土输送泵以确保机械的正常运转，防止中途故障而出现停机的现象。

• 在输送泵进料处设置网罩，控制入料斗中碎石最大粒径，以防止因粒径过大堵塞混凝土输送管。

9.5.4　混凝土振捣措施

①混凝土振捣采用插入式捣固器和附着式捣固器共同施工。附着式振捣器的使用，能够有效提高衬砌混凝土的密实度及混凝土表面的光洁度。

②混凝土振捣是一项重要作业，施工前对作业人员进行充分的培训，作业人员持证上岗，建立岗位责任制，定班定点进行管理。插入式振捣器振捣时按照规定层高和间距进行。采用快插慢拔方式，抽出后不能留有孔洞，注意施工时避免碰到钢筋。

9.5.5　雨季混凝土施工措施

①掌握天气预报，避免在大雨、暴雨时浇注混凝土。

②保持砂石堆料场排水通畅并防止泥污。

③对水泥库加强检查，做好防漏、防潮工作。

④加强骨料含水量检验工作，适时调整混凝土配合比。

⑤无防雨棚浇注仓面，在浇注混凝土过程中，如遇大雨或暴雨，则立即停止浇注，将仓内混凝土振捣好，规整后遮盖，浇注时间过长超过规定，则按施工缝处理。

9.5.6　冬季混凝土施工措施

当室外平均温度连续五天低于 5℃时，混凝土施工需采取相应措施。

①低温天气施工需密切注意天气预报，防止遭受寒流、风雪和霜冻的袭击。混凝土浇注尽量安排在寒流前后气温较高时进行。

②混凝土骨料尽量在进入冬期施工前筛洗完毕，贮存充足。

③选用普通硅酸盐水泥及外加剂，减少单位体积用水量。

为提高混凝土出机温度，首先考虑用蒸汽锅炉浇热水拌制。不能满足要求时再考虑。加热骨料，但水泥不得直接加热。

9.6　施工缝与沉降缝的处理

结构分段施工不可避免留有施工缝，施工缝除必须进行充分凿毛，凿毛面积及深度严格按规范规定外，设计要求在施工缝位置设置 400mm 氯丁橡胶止水带。止水带用钢筋固定，并与衬砌中的钢筋绑扎牢固。在下一循环混凝土浇注前，用高压风水冲洗凿毛面，以确新老混凝土结合紧密。

（1）施工工艺及技术要求

①施工缝处的止水带采用钢筋与二衬钢筋焊接固定牢靠，防止振捣混凝土时发生移位。

②施工缝必须垂直设置，严禁留斜缝。

③安装挡头模板时，特别注意按设计位置设止水带预埋槽，并要求位置准确。

④施工缝处理以后，质检人员进行自检合格后填写“隐蔽工程检查记录”，报请业主现场工程师验收签证后方可浇注混凝土隐蔽。

（2）沉降缝的设置

隧洞结构混凝土施工过程中间隔一定的距离及两种不同衬砌形式的交界面，均设置一道沉降缝，沉降缝的止水亦采用400mm氯丁橡胶止水带止水，并用聚硫密封胶和聚丙烯闭孔泡沫板嵌缝，其结构形式见设计图。

变形缝设置在以下部位：隧洞进、出口明洞段与隧洞洞口段衬砌衔接部位。在隧洞进、出口明洞段与隧洞洞口加强段衬砌衔接部位的变形缝两侧混凝土结构之间设置宽度为400mm的中埋式橡胶止水带，采用钢筋固定，钢筋夹固定在衬砌结构钢筋上。变形缝的宽度为20mm，内填聚硫密封胶和聚丙烯闭孔泡沫板。变形缝防水施工工艺及技术要求如下。

①钢筋绑扎完毕以后，首先进行止水带的安设。止水带安设位置准确，其中的空心圆环与变形缝中心重合并安设到设计位置。

②橡胶止水带安设要求牢固、直顺，转角处做成圆弧形，转角半径不应小于 300mm。

③橡胶止水带采用钢筋夹固定，以确保止水带位置准确居中，钢筋夹环向间距150mm，使其固定牢靠，在捣固混凝土时不会移位。

④在变形缝一侧浇注完成另一侧浇注混凝土之前，在变形缝的内外侧填设聚硫密封胶和聚丙烯闭孔泡沫板，要求填缝紧密、平直。

⑤柔性止水带变形缝的施工要保证止水带与混凝土牢固黏结，接触止水带处的混凝土不应出现粗骨料集中或漏振等现象。

⑥嵌缝密封膏与接缝处两侧壁须黏结牢固，密封严密，无渗漏水现象，嵌缝应密实，表面不得有开裂、脱落、滑移、下沉以及空鼓、塌陷等缺陷存在。

第 10 章　明洞段二次衬砌施工方案

取水隧洞 1 号洞全长 966m，其中明洞段 25m；2 号隧洞全长 979m，明洞段长 35m。明洞衬砌后内径为 5.5m，拱墙衬砌厚度 1m，板厚 1.5m，结构高度达 8m。明洞采用 C35 钢筋混凝土衬砌，混凝土抗渗标号为 W10，抗冻等级为 F300。

10.1　明洞段二衬施工需解决的问题

①本项目采用针梁式全圆模板台车作为内模，混凝土浇筑高度达 8m，针梁是模板台车行走和承重构件，而针梁是靠两端的支腿承重，如在混凝土浇注过程中一旦发生重心偏移，则很容易造成模板台车侧向倾覆。因此方案中应考虑防台车侧向倾覆的措施。

②明洞采用模板台车作为内模，混凝土浇注到板后，混凝土会对模板台车产生浮力，造成内模整体上浮，因此方案中还要考虑台车被上浮的措施。

③本项目明洞混凝土浇注高度达 8m，端头模和外模侧向压力比较大，方案中应考虑端头模和外模防跑模措施。

10.2　明洞衬砌施工方案

为防止施工中模板台车侧向倾覆和防止端头模、外模跑模，取水洞钢筋混凝土二次衬砌每段拟分三次浇注，第一次浇注底板下 1m 厚混凝土；第二次浇至起拱线位置，待下部混凝土达到一定强度，形成一稳定结构后，再浇注拱部混凝土。下部混凝土与拱部混凝土之间纵向施工缝设止水带。

绑扎明洞底板钢筋后先浇注底板下部 1m 厚的混凝土，并按 1m 间距在已浇底板纵向两侧中部预埋工 18 钢，底板混凝土达到一定强度后，绑扎明洞下部钢筋，并将全圆针梁式钢模台车就位作为明洞内模，采用加工成型的工钢架配木模板作为外模，先浇注边墙混凝土，待边墙混凝土达到一定强度后，再浇注拱部混凝土。混凝土在混凝土搅拌站搅拌，输送罐车运送作业点，再用 HB-60 混凝土输送泵泵送混凝土入模。施工中要注意均衡浇注并加强捣固质量。横向施工缝和纵向施工缝位置要设置橡胶止水带，施工中工注意止水带的施工质量，防止止水带在混凝土浇注过程中发生移位和偏差。明洞衬砌施工方法详见图 10.1。

10.3　人员及设备配备

10.3.1　人员组织及职责

①二衬作业队长 1 名：负责搅拌场、钢筋加工、钢筋安装、二衬混凝土浇注等工序作业的全面工作，督促和检查施工计划、过程、措施及各项管理制度的落实和执行，做好部门、班组之间的协调工作，及时解决出现的问题，满足现场需要，确保二衬混凝土施工的实施。

②主管工程师 1 名：主管钢筋加工、二衬混凝土施工技术工作，协助作业队长进行各项技术指导和计划工作，编写作业指导书、技术交底资料。

③钢筋加工班长 1 名：负责安排二衬钢筋加工，合理安排劳动力，保证计划的完成及质量要求。

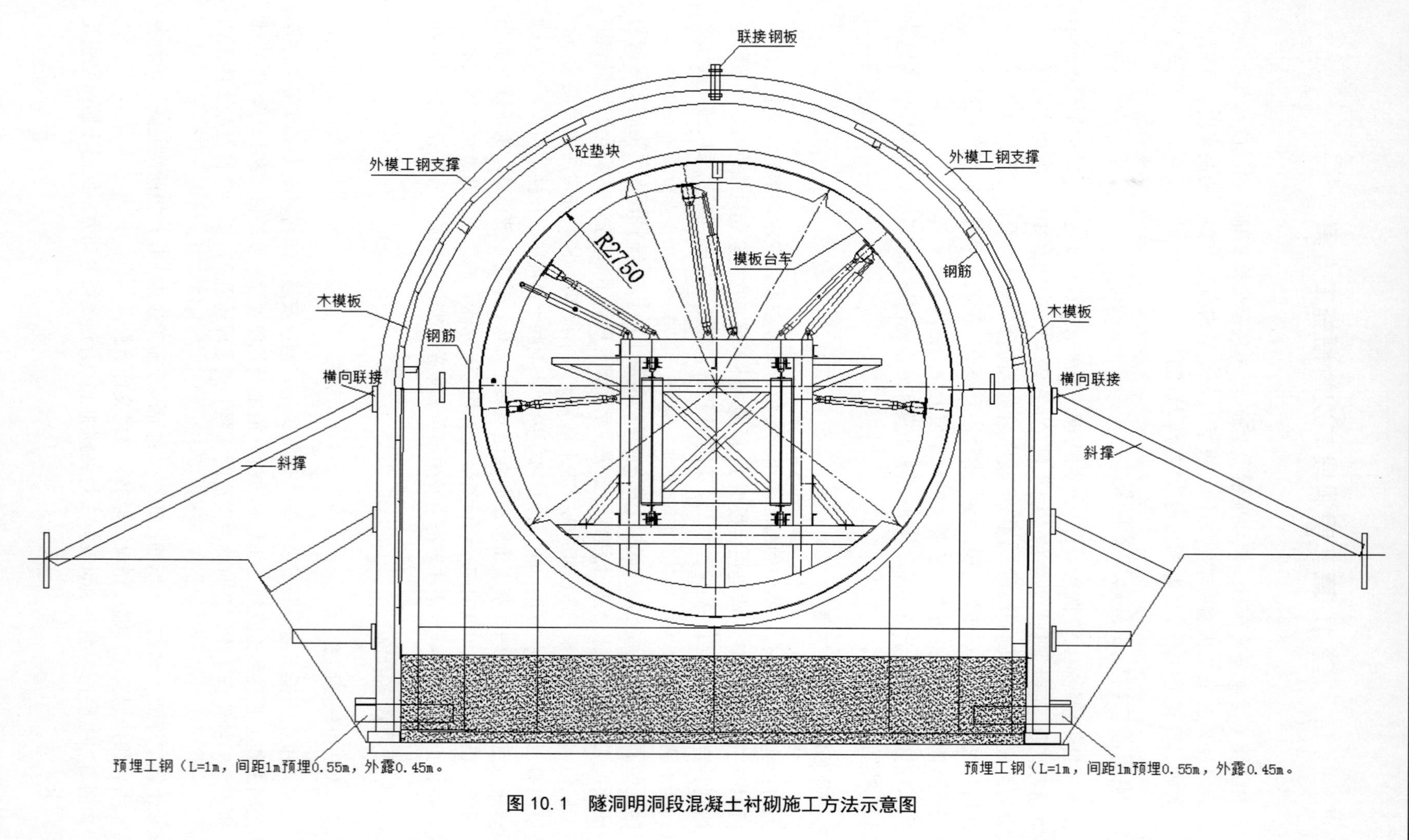

图 10.1　隧洞明洞段混凝土衬砌施工方法示意图

④1 号洞钢筋安装班长 1 人：负责安排 1 号洞二衬钢筋安装，合理安排劳动力，保证进度计划的完成及质量要求。

⑤2 号洞钢筋安装班长 1 人：负责安排 2 号洞二衬钢筋安装，合理安排劳动力，保证进度计划的完成及质量要求。

⑥二衬混凝土作业班长 1 人：负责安排 1 号，2 号洞二衬模板台车就位、装拆外模、挡头板、混凝土浇注等工作，合理安排劳动力，保证进度计划的完成及质量要求。

⑦资料员 1 名：由隧洞工程师兼任，负责图纸、技术文件等施工技术资料的接收、管理、发放及状态标识及工程量统计工作。

⑧质检员 1 人：负责进行质量监督及验收。

⑨安全员 1 人：负责二衬混凝土施工的现场安全管理。

⑩钢筋加工班配备作业人员 18 人；1 号、2 号洞钢筋安装各配备安装人员 18 人，分二班作业；1 号、2 号隧洞二衬混凝土工班 20 人，另配备值班电工 2 人，合计配备作业人员 76 人。

10.3.2　设备配备

①钢筋加工场 400m^2，分为原材料区、加工区、堆放区等部分，设备配备 4 台滚丝机、2 台弯弧机、4 台钢筋切割机。

②1000L 混凝土搅拌站，分为配料搅拌设备、称量设备、砂石料堆施工场、水泥罐、粉煤灰罐、外加剂罐、水池等。

③9m^3 混凝土运输罐车 4 台。

④混凝土输送泵 2 台及配套管路。

⑤每条隧洞配备电焊机 2 台。

⑥针梁式全圆模板台车 2 台，每台模班台车配备 4 台插入式捣固器进行捣固。

⑦每条隧洞配备污水泵、潜水泵各 3 台。

⑧每条隧洞另配备电钻 2 台、小型空压机 1 台。

⑨每条隧洞配备 1 台 ϕ300 木工园锯进行木材加工。

10.4　施工工艺及施工技术措施

（1）施工准备

清底：由于在明洞开挖过程中底板有 20cm 左右的浮碴未清理，所以首先清除底部虚渣，然后用高压风水冲洗干净，同时排除底部积水。对于局部欠挖进行处理直至监理验收合格。

冲洗及垫层施工：底板冲洗干净，经监理验收合格后即可进行底部 10cm 厚垫层施工。

测量定位：底板钢筋绑扎前应对中线、水平、断面尺寸净空进行检查，方可进行下道工序，即定位筋的安设和钢筋的绑扎。混凝土浇注前所需要的所有机具、设备均应进行试运转。

（2）钢筋制作

明洞衬砌的所有钢筋均由项目部专设的钢筋加工场制作。待加工成型并验收合格后运至现场绑扎。所用钢筋的各项技术指标除符合规范规定外，还应保证其表面洁净，对于表面有油渍、漆污、锈皮的应清除干净。钢筋应平直、无局部弯折、钢筋中心线与直线的偏差不应超过其长度的 10%。钢筋的切割、弯曲除监理工程师另有规定外，应严格按照《水工混凝土施工规范》（DL/T5144—2001）的规定执行。钢筋的长度严格按技术交底的尺寸下料，然后通过弯筋机弯制成型。钢筋成型后对局部存在翘曲的应在平整的场地内找平。

（3）底板 1m 厚钢筋混凝土施工

底板钢筋绑扎：钢筋绑扎前由测量人员按照中线、水平及钢筋位置进行定点，并由现场人员依据定点设置定位筋。定位筋的设置位置严格按技术交底的位置安设。

钢筋接头采用机械联接，套筒联接质量应满足规范要求。为保证混凝土保护层厚度，应在钢筋与模板间设置强度不低于结构物设计强度的混凝土垫块。钢筋架设完毕，经监理验收合格后方可进行下道工序模板的施工。钢筋的安装位置、间距、保护层及部分钢筋大小尺寸均应符合施工图纸的规定，其偏差不得超过表 10.1 中的规定。

表 10.1　钢筋安装的允许偏差

序号	偏差名称	允许偏差
1	钢筋长度方向的偏差	±1/2 净保证层厚度
2	同一排受力钢筋间距的局部偏差	±0.5 钢筋直径
3	同一排分布钢筋间距的偏差	±0.1 间距
4	对排钢筋的排与排间距的偏差	±0.1 排距
5	保护层厚度的局部偏差	±1/4 净保护层厚度

立底板模并浇注混凝土：底板钢筋绑扎完成后，对底板前后两端及左右两侧立模，立模时应在左右两侧边中部预埋工字钢，工字钢采用工 18 钢，长度 1m，间距 1m，预埋深度 55cm，外露 45cm，要求预埋件要在同一水平面上，并在外缘焊接一条纵向工字钢，形成一个锁定构件。底板模板立好后并经监理工程师验收合格后，浇注混凝土，初凝后可立即对表面进行凿毛处理。

（4）明洞剩余底板及边墙钢筋混凝土施工

已浇底板混凝土经凿毛处理并验收合格后，可进行下部钢筋绑扎施工。钢筋验收合格后可将模板台车就位作为明洞内模。就位时测量组要准确定位并检查就位情况是否满足设计要求。台车就位完成后，可进行上部钢筋绑扎。

外模安装：明洞外模采用加工工字钢配木模板进行安装。外模安装前，应在加工场将所用工字钢架加工成型。安装时，先在底部垫一方木作为控制水平高度的垫块，再将加工好的工字钢架按 1.5m 间距进行拼装，拼装时应将工字钢下端插入底板预埋工字钢锁定构件内，并用 Φ28 钢筋锁定，以防止模板台车在混凝土浇注时整体上浮。上端用联接螺栓联接。

安装纵向联接工字钢，纵向联接工字钢应与钢架锁定。再安装斜撑。斜撑要求模板结构有足够抗侧压力能力，避免跑模。支撑结构安装完成后，可在外圈钢筋与支撑结构之间安装木模板至起拱线位置，木模板要求拼缝紧密，防止漏浆。

浇注剩余底板及边墙混凝土：浇注时注意左右边墙平衡浇注，注意将混凝土捣固密实。

（5）拱部混凝土施工

下部混凝土达到一定强度后，可开始拱部模板的安装，拱顶 60° 范围内可不安装模板。拱部模板除支撑结构外，还要用铁丝将模板固定在结构钢筋上，以防止跑模。

模板验收合格后可安排浇注上部混凝土，浇注时可直接从顶部进料，沿台车顶模流入仓内，浇注时要安排专人负责捣固。

浇注完成后应对顶面进行收面。

（6）钢模台车的拼装、就位

钢模台车按使用说明书在厂家指导下进行安装和使用，组织专业班组按操作规程将台车就位，并固定牢固。安装偏差应符合《混凝土结构工程施工质量验收规范》（GB50204—

2002）的规定。模板在使用之前应清理干净，并涂刷符合监理人要求的脱模剂。模板与已浇混凝土面的接触必须平整严密，以保证混凝土表面的平整度和混凝土的密实性，避免产生错台、挂帘等缺陷。

安装两端侧模模板是钢模台车施工方法的关键工序之一。为了使两端侧模模板安装牢靠，在钢模板周边设计一些安装两端侧模模板专用的工件、卡具和支撑传力梁等。模板台车安装应满足以下要求：①模板中心线与隧洞中心线：±5mm；②模板直径：+10mm，0；③模板接头错台：5mm。

每次检查后，应认真填写台车检查记录表。

（7）混凝土灌筑

在混凝土浇注前，应经监理工程师检查合格并同意。混凝土全部采用输送泵输送，施工中应注意：输送泵在使用前进行检修、保养，确保设备工况良好。输送管应顺直，转弯易缓，接头应严密。泵送前应润滑管道，润滑时可采用按设计配合比拌制的水泥砂浆进行。混凝土灌筑：混凝土应由下向上依次灌注，浇注层厚度根据拌合能力、运输距离、浇注速度、气温及振捣器性能等因素确定。浇注仓的混凝土应随浇随平仓，不得堆积。仓内若有粗骨料堆迭时，应均匀分布于砂浆较多处，但不得用水泥砂浆覆盖，以免造成内部蜂窝。

不合格的混凝土严禁入仓，凡已初凝而不能保证正常浇注作业的混凝土必须废弃。浇注混凝土时，严禁在仓内加水。混凝土浇注应保持连续性，如因故中断且超过允许间歇时间，则应按施工缝处理。浇注混凝土应使用振捣器捣实到可能的最大密实度。每一位置的振捣时间以混凝土不再显著下沉、不出现气泡并开始泛浆时为准，但也应避免振捣过度。振捣操作严格按规定执行。振捣器采用附壁式和插入式两种，插入式捣固器振捣时常距模板的垂直距离不应小于振捣器有效半径的 1/2，并不得触动钢筋及预埋件。混凝土拆模时间依据规范规定，在掺有外加剂的情况下可适当提前，具体时间通过试验并经监理工程师同意而定。

混凝土浇注完毕后，应及时洒水养护，经常使混凝土保持湿润状态。

（8）施工缝的处理

结构分段施工不可避免留有施工缝，施工缝除必须进行充分凿毛，凿毛面积及深度严格按规范规定外，设计要求在施工缝位置设置 400mm 氯丁橡胶止水带。止水带用钢筋固定，并与衬砌中的钢筋绑扎牢固。在下一循环混凝土浇注前，用高压风水冲洗凿毛面，以确新老混凝土结合紧密。施工工艺及技术要求：

①施工缝处的止水带采用钢筋与二衬钢筋焊接固定牢靠，防止振捣混凝土时发生移位。

②施工缝必须水平或垂直设置，严禁留斜缝。

③安装挡头模板时，特别注意按设计位置设止水带预埋槽，并要求位置准确。

④施工缝处理以后，质检人员进行自检合格后填写“隐蔽工程检查记录”报请业主现场工程师验收签证后方可浇注混凝土隐蔽。

（9）沉降缝的处理

经与设计者沟通，设计要求隧洞所有环向施工缝均按沉降缝进行施工，沉降缝的止水采用 400mm 氯丁橡胶止水带止水并用聚硫密封胶和聚丙烯闭孔泡沫板嵌缝。

在隧洞环向施工缝两侧混凝土结构之间设置宽度为 400mm 的中埋式橡胶止水带，采用钢筋固定，钢筋夹固定在衬砌结构钢筋上。变形缝的宽度为 20mm，内填聚硫密封胶和聚丙烯闭孔泡沫板。变形缝防水施工工艺及技术要求。

①钢筋绑扎完毕以后，首先进行止水带的安设。止水带安设位置准确，其中的空心圆环与变形缝中心重合并安设到设计位置。

②橡胶止水带安设要求牢固、直顺，转角处做成圆弧形，转角半径不应小于300mm。

③橡胶止水带采用钢筋夹固定，以确保止水带位置准确居中，钢筋夹环向间距150mm，使其固定牢靠，在捣固混凝土时不会移位。

④在变形缝一侧浇注完成另一侧浇注混凝土之前，在变形缝的内外侧填设聚硫密封胶和聚丙烯闭孔泡沫板，要求填缝紧密、平直。

⑤柔性止水带变形缝的施工要保证止水带与混凝土牢固黏结，接触止水带处的混凝土不应出现粗骨料集中或漏振等现象。

⑥嵌缝密封膏与接缝处两侧壁须黏结牢固，密封严密，无渗漏水现象，嵌缝应密实，表面不得有开裂、脱落、滑移、下沉以及空鼓、塌陷等缺陷存在。

10.5　混凝土质量保证措施

10.5.1　模板制安

①引水隧洞衬砌采用全圆式模板台车。利用台车衬砌可减少施工缝，且衬砌整体性好。由于模板台车本身整体性好、刚度大、不易变形，能够保证衬砌后混凝土的尺寸。

②模板组装前进行各类部件的规格，数量的核对，并检查其质量，合格后才能进行组装。

③组装完毕的台车经总体检查验收合格后才允许投入使用。

④衬砌立模完成后，仔细检查其稳定性，构件尺寸及表面平整度。是否符合要求，检查合格后才能进入下步工序施工。

10.5.2　混凝土拌合措施

（1）现场仓储标准

提高混凝土材料的现场仓储标准，加强材料的管理和检验，确保入仓前混凝土拌合材料的质量符合标准。

①为防止水泥受潮，袋装水泥使用防潮仓库，采用砖木结构，地面做防潮层，按进货顺序使用，分类存放。

②粗、细骨料分别贮存。采用雨布遮盖，且存放处地坪做成高于地表30cm，防止雨水、冰雪混入。

③外加材料仓库设置同水泥库，防潮贮存。施工中，编制详细的用料计划和入场时间，尽可能使用新出厂的外加剂，缩短现场保管时间。

（2）混凝土配合比控制措施

调配具有丰富工作经验的试验工程师负责本工程的工地试验室，建立严格的混凝土配合试验检验制度，并根据工程需要及材料情况，及时准确地确定工程施工配合比。

（3）混凝土拌合自动化

提高混凝土拌合的自动化、机械化程序，混凝土拌合设备采用自动计量，能够有效控制人为因素对混凝土拌合质量的影响，确保混凝土拌合质量的均衡性。

10.5.3　混凝土输送措施

①混凝土采用轨行式混凝土罐车输送，为防止运输过程中混凝土的离析，到浇注点后

可进行二次搅拌。

②混凝土采用泵送入仓的方式，泵送混凝土时应采取以下措施：

• 混凝土输送前检查、维修和试运行混凝土输送泵以确保机械的正常运转，防止中途故障而出现停机的现象。

• 在输送泵进料处设置网罩，控制入料斗中碎石最大粒径，以防止因粒径过大堵塞混凝土输送管。

10.5.4　混凝土振捣措施

①混凝土振捣采用插入式捣固器和附着式捣固器共同施工。附着式振捣器的使用，能够有效提高衬砌混凝土的密实度及混凝土表面的光洁度。

②混凝土振捣是一项重要作业，施工前对作业人员进行充分的培训，作业人员持证上岗，建立岗位责任制，定班定点进行管理。插入式振捣器振捣时按照规定层高和间距进行。采用快插慢拔方式，抽出后不能留有孔洞，注意施工时避免碰到钢筋。

10.5.5　雨季混凝土施工措施

①掌握天气预报，避免在大雨、暴雨时浇注混凝土。

②保持砂石堆料场排水通畅并防止泥污。

③对水泥库加强检查，做好防漏、防潮工作。

④加强骨料含水量的检验工作，适时调整混凝土配合比。

⑤无防雨棚浇注仓面，在浇注混凝土过程中，如遇大雨或暴雨，则应立即停止浇注，将仓内混凝土振捣好，规整后遮盖，浇注时间过长超过规定的，则按施工缝处理。

10.6　安全保证措施及文明施工

10.6.1　安全保证措施

所有进入施工现场的作业人员，必须配戴好安全帽、穿着统一的工作服，遵章守纪，听从指挥。工作台、踏板、脚手架的承重量、不得超过设计要求，并应在现场挂牌标明，脚手架与工作台的木板应铺设严密，木板的端头必须搭在支点上。

吊装模板时，工作地段应有专人监护。在隧洞内作业地段装卸衬砌材料时，人员与车辆不得穿行。作业平台上存放的物品不得临边堆放，避免高处落物伤人。

专职电工经常检查施工作业面的配电箱、电线、电缆及用电器的完好情况，电线、电缆不得私拉乱接，发现存在安全问题必须及时处理，避免发生安全事故。

在 2m 以上高处作业时，应符合高空作业的有关规定。检查修理压浆机械及管路时，应停止并切断风源和电源。拆除混凝土输送软管或管道，必须停止混凝土泵的运行。

所有作业工人每天上班前由技术人员或者班组长进行技术交底后，方可进行工作。

二次衬砌材料场地进行装卸材料时，设置警戒区，禁止人员、车辆的通行，保证施工安全。

10.6.2　文明施工规定

所有进入施工现场的作业人员，不得流动吸烟，不得赤膊进入施工作业面。每一作业班组产生的废弃物必须清除干净，要求做到人走场清，不给下一作业班组留下脏乱的施工作业现场。现场物品堆放安全、整齐，安全标志醒目，废物垃圾分类入箱、收集及时、道路畅通，场地整洁美观。

严禁将材料及其他物品从高处抛掷至低处，人员上下作业平台必须走专用梯子。配合业主的检查和监督，对其提出的合理意见和建议坚决采纳，对检查不合格项及时整改。建立健全员工培训制度，使员工素质逐步提高，施工管理技术能力不断加强，群策群力搞好本工程的施工管理。

第 11 章　取水隧洞二衬混凝土质量合理施工方案

11.1　混凝土裂缝

11.1.1　裂缝的类型

隧洞衬砌混凝土裂缝类型主要有：干缩裂缝、温度裂缝、外荷载作用产生的变形裂缝、施工缝处理不当引起的接茬缝等。

干缩裂缝：混凝土在硬化过程中水分逐渐蒸发散失，使水泥石中的凝结胶体干燥收缩产生变形，由于受到围岩和模板的约束，变形产生应力，当应力值超过混凝土的抗拉强度时，就会出现干缩裂缝。干缩裂缝多是表面性的，走向没有规律。影响混凝土干缩裂缝的因素主要有：水泥品种、用量及水灰比，骨料的大小和级配，外加剂品种和掺量。

温度裂缝：水泥水化过程中会产生大量的热量，在混凝土内部和表面间形成温度梯度而产生应力，当温度应力超过混凝土内外的约束力时，就会产生温度裂缝。裂缝宽度冬季较宽，夏季较窄。温度裂缝的产生与二次衬砌混凝土的厚度及水泥的品种、用量有关。

荷载变形裂缝仰拱和边墙基础的虚碴未清理干净，混凝土浇注后，基底产生不均匀沉降；模板台车或堵头板没有固定牢固，以及过早脱模，或脱模时混凝土受到较大的外力撞击等都容易产生变形裂缝。

施工冷缝：施工过程中由于停电、机械故障等原因迫使混凝土浇注中断时间超过混凝土的初凝时间，继续浇注混凝土时，原有的混凝土基础表面没有进行凿毛处理，或者凿毛后没有用水冲洗干净，也没有铺水泥砂浆垫层，就在原混凝土表面浇注混凝土，致使新旧混凝土接茬间出现裂缝。

11.1.2　裂缝形成的原因分析

混凝土裂缝形成的原因非常复杂，往往是多种不利因素综合作用的结果。据有关统计，施工不规范造成的混凝土裂缝占 80%左右，材料质量差或配合比不合理产生的裂缝占 15%左右，设计不当引起的裂缝可能占 5%。

施工工艺或现场操作不规范： 隧洞开挖成型差，衬砌混凝土厚度严重不均匀；欠挖或初期支护侵入衬砌限界，造成衬砌混凝土厚度不足。个别隧洞衬砌混凝土背后存在脱空现象。 未开展监控量测工作，仅凭经验来确定二次衬砌的施作时间，安全可靠性差，造成二次衬砌超设计荷载承受围岩压力。混凝土生产时原材料计量误差大，尤其外加剂的掺加随意性大，没有根据砂、石料的实际含水率及时调整施工用水量，造成混凝土水灰比增大。在混凝土运输及泵送过程中加水的现象也比较普遍。采用整体式钢模板台车施工，混凝土浇注时不振捣或漏振，混凝土均质性差。盲目追求施工进度，随意提前脱模时间，使低强度混凝土过量承受荷载，破坏了混凝土结构。脱模后没有进行混凝土的潮湿养护。夏季施工时砂、石料露天堆放，无切实有效的降温措施，混凝土入模温度高。冬期施工时采取的防寒保温措施不力。

原材料质量差、配合比设计不合理：水泥品种选择不当，安定性不良，不同批次的水泥混用。碎石、砂级配差，含泥量超标，碎石中石粉含量大，针、片状物过多，影响了水泥与骨料的胶结。进行配合比设计时，忽视水泥用量增多对混凝土品质的影响，错误地认为水泥用量越多，混凝土强度越高。对掺合料和外加剂的选用缺乏专业技术人员的指导，往往达不到预期效果。

11.1.3 混凝土裂缝的治理

混凝土作为多组材料组成的脆性材料，裂缝的存在是客观的。作为施工单位应加强衬砌混凝土的施工管理，避免或减少混凝土裂缝的产生。对于出现的裂缝，应认真分析原因，分清是有害裂缝还是无害裂缝，并对有害裂缝进行处理，防止裂缝继续发展，影响衬砌结构的稳定。

细微裂缝：隧洞衬砌混凝土表面常出现一些没有扩展性的细微裂缝，这种裂缝是稳定的，一般可自愈，不会影响结构的使用和耐久性。从美观考虑，可先清洗干净裂缝表面，然后涂刷环氧树脂浆液二至三遍，最后用刮抹料、调色料处理混凝土表面，使其颜色与周围衬砌混凝土颜色一致。环氧树脂浆液配比，环氧树脂:501 稀释剂:二甲苯:乙二胺=1:0.2:0.35:0.08。刮抹料配比，水泥:细砂:水=1:2:0.35。调色料配比，水泥:白水泥:107 胶=5:3:1。施工时应经试验确定。

贯通性裂缝：贯通性裂缝的危害较大，必须采取有效的治理方法。沿裂缝方向凿成宽5cm、深 3cm 的 V 形槽，在槽内骑缝每隔 0.5m 钻一孔，孔深为衬砌厚度的 1/2 或 2/3，一般不少于 15cm，并不得穿透衬砌以防跑浆。用清水冲洗干净槽内的杂物及粉尘，在孔内插入 ⌀10 的压浆管，利用环氧树脂水泥砂浆锚固，用灰刀将砂浆压实抹光。环氧树脂砂浆配比，环氧树脂:水泥:细砂:乙二胺:二丁酯=1:1.6:3.2:0.1:0.12，其中乙二胺是固化剂，二丁酯是稀释剂。待环氧树脂砂浆有一定的强度后，以 0.15～0.2MPa 压力压入水泥-水玻璃浆液或环氧树脂浆液。压浆结束后,在 0.2MPa 压力下压水检查压浆效果。裂缝表面用刮抹料和调色料处理。

密集裂缝：衬砌背后有空洞或衬砌厚度不足引起的密集裂缝，必须进行防水和地层加固处理。沿裂缝两侧每隔 1.2～1.5m 交错布点，凿成 10cm×10cm 大小深 5cm 的方槽，用风动凿岩机钻孔，孔深 3m，安装 WDT25 中空注浆锚杆，注入水泥砂浆，灰砂比 1:（3～5），水灰比 1:1，施工时由下往上逐级注浆，注浆压力以 0.4～0.6MPa 为宜。注浆结束后，另凿新孔在0.6～1.0MPa压力下压入纯水泥浆检查注浆效果，当达到规定压力而砂浆压不进时，即认为已经注满。注浆 24h 后安装锚杆垫板，用环氧树脂砂浆抹平方槽，表面用刮抹料和调色料处理。

11.1.4 预防或缓解混凝土裂缝的措施

把好材料进场关，严格控制原材料的质量和技术标准。

水泥：施工现场多使用普通硅酸盐水泥，但应尽量减少单位水泥用量。不同品牌、不同规格、不同批次的水泥不能混用。

碎石：根据泵送管路的内径，尽可能选用较大粒径的碎石。严格控制含泥量不大于 1%，针、片状物含量≤15%，粒径以 5～31.5mm 为宜，最大不超过 40mm。

砂：采用级配良好的中砂，细度模数应为 2.3～3.0，粒径小于 0.315mm 的颗粒含量所占比例宜为 15%～20%，严格控制含泥量在 3%以内。为方便混凝土的运输、泵送和浇注，砂率取 35%～45%。

水：最好选用饮用水。当采用其他水源时，应按国家现行《混凝土拌合用水标准》（JGJ63）的规定进行检验，pH 值应大于 4。水灰比越大，混凝土的干燥收缩越大。严格控制泵送混凝土的用水量是减少裂缝的根本措施。施工中水灰比在 0.45～0.55 之间，混凝土入泵坍落度控制在（12±2）cm。

掺合料：采用掺加粉煤灰技术，等量替代水泥，以减少水泥用量。对强度等级 C35 以下的混凝土，粉煤灰掺量一般为水泥用量的 10%～15%，具体掺量需经试验确定。粉煤灰比表面积小，需水量低，不仅能有效降低混凝土的干燥收缩值，还可以改善混凝土的流动性、粘聚性和保水性。在水泥中掺入原状或磨细粉煤灰后，可以降低混凝土中水泥的水化热，推迟水化热峰值的出现，减少绝热条件下的温升，有利于控制温度裂缝的产生。粉煤灰的掺加在水工大体积混凝土施工中应用比较广泛，由于认识、技术上的原因，目前在山岭隧洞施工中应用较少。

外加剂：高效减水剂能够有效减少拌合用水，降低水化热，延缓水化热释放速度，从而减少温度裂缝，但掺量过多，会引起混凝土的肿胀和开裂。施工时必须慎重选择外加剂的品种和掺量。

严格混凝土施工工艺：提高钻眼技术水平，优化钻爆参数，提高光面爆破效果，加强对隧洞开挖断面检测，严格控制超欠挖，为衬砌施工创造良好的条件。二次衬砌施作时间，应在围岩和初期支护变形基本稳定时进行。当围岩变形较大、流变特性明显，需提前进行二次衬砌时，必须对初期支护或衬砌结构进行加强。

混凝土的拌合：严格按施工配料单计量，定期检查校正计量装置。加强砂石料含水率检测，及时调整拌合用水量。控制混凝土的入模温度。夏季施工时，当气温高于 32℃时，砂石料、搅拌机应搭设遮阳棚，用冷水冲洗碎石降温。尽量安排在夜间浇注混凝土。冬季施工时必须按冬季施工方案进行，保证冬季混凝土施工措施。

混凝土的灌注：混凝土在运输和泵送过程中严禁加水。适当放慢灌注速度，两侧边墙对称分层灌注，到墙、拱交界处停 1～1.5h，待边墙混凝土下沉稳定后，再灌注拱部混凝土。混凝土灌注过程中必须振捣，提高混凝土的密实度和均质性，减少内部微裂缝和气孔，提高抗裂性。

混凝土的脱模、养护：混凝土拆模时的强度必须符合设计或规范要求，严禁未经试验人员同意提前脱模，脱模时不得损伤混凝土。传统的混凝土洒水养护方法，增加了隧洞内的文明施工难度，洒水也不均匀，使混凝土早期强度得不到保证。本项目采用喷涂混凝土养护液的方法进行养护。

11.2　蜂　窝（含麻面）

混凝土拆模之后，表面局部漏浆、粗糙、存在许多小凹坑的现象，称之为麻面；若麻面现象严重，混凝土局部酥松、砂浆少、大小石子分层堆积，石子之间出现状如蜜蜂窝的窟窿，称之为蜂窝缺陷。

从工程实践中总结出麻面蜂窝与混凝土强度的下降级别如下。

A 级，混凝土表面有轻微麻面，浇注层间存在少量间断空隙，敲击时粗骨料不下落，此时相当于强度比率为 80%。

B 级，混凝土表面有粗骨料，凸凹不平，粗骨料之间存在空隙，但内部没有大的空隙，粗骨料之间相互结合较牢，敲击时没有连续下落的现象，此时相当于强度比率为 60%～80%。

C 级，混凝土内部有很多空隙，粗骨料多外露，粗骨料周围及粗骨之间灰浆黏结很少，敲击时卵石连续下落，存在空洞，有少量钢筋直接与大气接触，此时相当于强度比率在 30%以下。

（1）原因分析

模板安装不密实，局部漏浆严重，或模板表现不光滑、漏刷隔离剂、未浇水湿润而引起模板吸水、黏结砂浆等。混凝土拌合物配合比设计不当，水泥、水、砂、石子等计量不准，造成砂浆少，石子多。实际中，许多工地均以在手推车上画线来计量砂、石，殊不知干砂和湿砂的容重相差可达20%以上。

新拌混凝土和易性差，严重离析，砂浆石子分离，或新拌混凝土流动度太小，粗骨料太大，配筋间距过密，加之又漏振、振捣不实、振捣时间不够等。混凝土下料不当（未分层下料、分层振捣）或下料过高，未设串筒、溜槽而使石子集中，造成石子砂浆离析。若输送到施工点的混凝土料偏干时，工人直接向混凝土料随意冲水。

（2）预防措施

加强挡头模板验收，防止漏浆。每次二衬拆模后须仔细将模板台车表面清理干净，并均匀涂刷隔离剂，不得漏刷。台车工作窗口应保证密闭，防止从窗口处漏浆。严格控制混凝土配合比，精确计量，充分搅拌，保证混凝土拌合物的和易性。禁止在施工现场任意加水。选择合适的混凝土坍落度和粗骨料粒径，加强振捣，振捣时间（15～30s）以混凝土不再明显沉落表面出现浮浆为限。不允许直接从台车上部窗口直接浇注混凝土，而应从下部窗口一路往上浇注。当混凝土自由倾落高度大于3m时，须采用串筒和溜槽等工具，以此缩短倾落高度，浇灌时应分层下料，分层振捣，防止漏振。

混凝土和易性不符合要求的不进行浇注。泵送混凝土时，一般是两支震动棒同时插入混凝土中，一支震动棒留在上面加速下料，边浇边振边提，一气呵成。此时混凝土明显欠振，容易出现蜂窝麻面。正确的做法是，“打五泵停十秒”，即混凝土泵运行五个活塞行程后，暂停一会儿，待上面振捣密实后，再继续泵送浇注。同时在浇注位置开动15s左右的平板震动器。

（3）修补措施

面积较小且数量不多的麻面与蜂窝的混凝土表面，可用1:2～1:2.5水泥砂浆抹平，在抹砂浆之前，必须用钢丝刷或加压水洗刷基层。较大面积或较严重的麻面蜂窝，应按其全部深度凿去薄弱的混凝土层和个别突出的骨料颗料，然后用钢丝刷或加压水洗刷表面，再用比原混凝土强度等级提高一级的细石混凝土填塞，并仔细捣实。

11.3 露　筋

露筋是指钢筋混凝土结构内部的主筋、架立筋、分布筋、箍筋等没有被混凝土包裹而外露的缺陷。

（1）原因分析

钢筋骨架放偏，没有钢筋垫块或垫块数量放置不够，位置不正确，致使钢筋紧贴模板而外露。粗骨料粒径大于钢筋间距，或者杂物在钢筋骨架中被搁住，同时混凝土又漏振，形成严重蜂窝和孔洞而使钢筋外露。因钢筋自重造成架立筋变形或弯曲，引起钢筋下移而外露。

（2）预防措施

严格按照设计图纸和标准规范进行钢筋安装，确保钢筋安装位置准确。加强现场检查，发现钢筋绑扎松动时立即加固、偏位时立即调整。推广使用塑胶垫块，严格控制钢筋保护层。目前部分工地仍在使用小石子垫块、砂浆垫块或大理石下脚料垫块，因其易裂易碎易滑动，很难准确固定钢筋的位置，而塑胶垫块价格便宜、使用方便、品种较多，可适用于不同结构，具有良好的稳固性能。清除混凝土中的杂物和控制粗骨料粒径，加强振捣作业，防止露振，避免出现严重蜂窝和孔洞。

（3）修补措施

拆模后发现部位较浅的露筋缺陷，须尽快进行修补。先用钢丝刷洗刷基层，再用聚氨脂在混凝土表面涂刷两遍，以防止海水锈蚀钢筋。如果是严重蜂窝、孔洞等原因形成的露筋，按其修补措施进行。

11.4　孔洞与夹渣

11.4.1　孔　洞

混凝土结构的孔洞，是指结构构件表面和内部有空腔，局部没有混凝土或者是蜂窝缺陷过多过于严重。一般工程上常见的孔洞，是指超过钢筋保护层厚度，但不超过构件截面尺寸三分之一的缺陷。

（1）孔洞原因分析

在钢筋较密的部位或预留孔洞和预埋件处，混凝土下料被搁住，未振捣就继续浇注上层混凝土。混凝土离析，砂浆分离，石子成堆，严重跑浆，又未进行振捣，或者竖向结构干硬性混凝土一次下料过多、过厚，下料过高，振捣器震动不到，形成松散孔洞。钢筋密集部位的混凝土内掉入工具、模板、木方等杂物，混凝土被搁住。

（2）孔洞预防措施

漏振是孔洞形成的重要原因，只要振捣到位，引起孔洞缺陷的其他因素就能减弱或消除。在钢筋密集处及复杂部位，有条件时采用细石混凝土浇灌，并认真分层振捣密实。混凝土浇注时应分层连续对称浇注，每层厚度 500～1000mm，浇注时应从底部往上部窗口进行浇注，以保证振捣到位。注意清理卡在钢筋中的杂物，浇注振捣成型后，可在模板外侧敲击检查是否存在孔洞。

（3）孔洞修补措施

将孔洞周围的松散混凝土和软弱浆膜凿除，用钢丝刷和压力水冲刷，湿润后用高一个强度等级的细石混凝土仔细浇灌、捣实。

11.4.2　夹　渣

混凝土内部夹有杂物且深度超过保护层厚度，称之为夹渣。杂物的来源有两种情况，一个是原材料中的杂物，另一个是施工现场遗留下来的泥浆和杂物。面积较大的夹渣相当于削弱钢筋保护层厚度，深度较深的夹渣与孔洞无异。施工缝部位更易出现夹渣。

（1）夹渣原因分析

砂、石等原材料中局部含有较多的泥团泥块、砖头、塑料、木块、树根、棉纱、小动物尸体等杂物，未及时清除。钢筋绑扎后立模前未将隧洞下部泥浆清除干净；模板安装完毕后，现场遗留大量的垃圾杂物，如锯末、木屑、小木方木块等，工人用水冲洗时不仔细，大量的垃圾杂物在隧洞底部，最后未及时清理。现场工人掉落工具、打火机、烟盒、水杯和矿泉水瓶等杂物及丢弃的小模板等卡在钢筋中未作处理。

（2）夹渣预防措施

混凝土泵机的受料斗上有一个钢栅栏网格，混凝土料较干及卸料过快时混凝土溢出泵机而洒落在地上，有的工人图方便而将此钢栅栏网格取下，致使混凝土中的杂物直接泵送到结构中，此种行为应严格禁止。现场搅拌工地应加强砂、石等原材料的收货管理，发现砂、石中杂物过多应坚决退货。平时遇到砂石中带有杂物应及时拣除。模板安装前应对隧洞下部泥浆清理干净。模板安装完毕后，质检人员应及时检查，发现有杂物应及时派专人一一清理干净。

（3）夹渣修补措施

如果夹渣面积较大而深度较浅，可将夹渣部位表面全部凿除，刷洗干净后，在表面抹1:2～1:2.5 水泥砂浆。

如果夹渣部位较深，超过构件截面尺寸的三分之一，应将该部位夹渣全部凿除，安装好模板，用钢丝刷刷洗或压力水冲刷，湿润后用高一个强度等级的细石混凝土仔细浇灌、捣实。

11.5 疏松与连接部位缺陷

11.5.1 疏 松

前述的蜂窝麻面、孔洞、夹渣等质量缺陷都同时不同程度地存在疏松现象，而单独存在的疏松现象，混凝土外观颜色、光泽度、黏结性能甚至凝结时间等均与正常混凝土差异明显，混凝土结构内部不密实，强度很低，危害性极大。

（1）混凝土漏振

计量仪器出现故障造成计量不准，矿物掺合料掺量达到 65%以上，此时混凝土砂浆黏结性能极差，强度很低。在严寒天气，新浇混凝土未做保温措施，造成混凝土早期冻害，出现松散，强度极低。实际工作中，在泵送混凝土时，不预拌润泵砂浆，现场工人图省事，直接向泵机料斗内铲两斗车砂子和一包水泥，加水后未充分搅拌就开启泵机。有的工地在浇注面上未将润泵砂浆分散铲开而是堆积在一处，拆模后构件表面起皮掉落，内部疏松。

（2）疏松预防措施

严格操作规程，加强振捣，避免漏振。严格砂石等原材料进场验收，经常检查计量设备，严格控制水灰比，防止将矿物掺合料注入水泥储罐内。防止严寒天气混凝土早期冻害，加强保温保湿养护。严格润泵砂浆配合比，润泵砂浆应用模板接住，然后铲开铺平。

（3）疏松修补措施

因胶凝材料和冻害原因而引起的大面积混凝土疏松，强度较大幅度降低，必须完全撤除，重新施工。与蜂窝、孔洞等缺陷同时存在的疏松现象，按其修补措施。局部混凝土疏松，可采用水泥净浆或环氧树脂及其他混凝土补强固化剂进行压力注浆，实行补强加固。

11.5.2 连接部位缺陷

二衬混凝土施工中，在混凝土连接部位发生局部混凝土断裂现场。

（1）连接部位缺陷原因分析

为抢工期，混凝土在未达到要求强度情况下就脱模，脱模时间过早，造成后期台车就位顶升时，液压顶力大于混凝土强度而将混凝土挤压断裂。模板台车就位时偏差较大，接触面受力不均匀，造成部分受力较大部位压断。

（2）连接部位缺陷预防措施

用混凝土强度控制脱模时间，防止随意过早脱模。台车就位前，测量组应放准中线和高程控制线，同时检查上一次浇注混凝土断面尺寸情况，以保证台车准确就位。

11.6 混凝土表面掉皮、起砂与混凝土表面气泡

11.6.1 混凝土表面掉皮、起砂

（1）混凝土表面掉皮、起砂原因分析

掉皮的原因，一个是水灰比偏大，混凝土料过稀，泌水严重，另一个是混凝土料过振，产生大量浮浆。下层混凝土振捣成型后继续浇注上一层，此时若混凝土料过稀而又过振，浮浆往上浮并往外挤，然后再顺着模板慢慢往下流，此一层浮浆的水灰比很大，强度很低，与前一层成型好了的混凝土黏结性很差，拆模后容易掉落，出现掉皮现象。

起砂是由于混凝土浇注时模板没有充分湿润，模板吸水，黏结砂浆，或者模板漏浆严重、漏刷隔离剂等，其特征是构件表面无浆，细砂堆积，黏结不牢与麻面同时出现。

（2）混凝土表面掉皮、起砂预防措施

浇注混凝土必须保持相同的原材料、相同的配合比，新拌混凝土的坍落度与和易性必须一致，混凝土工人在振捣时做到均匀一致，不过振，不漏振。正确选择脱模剂品种，不能用废机油直接作脱模剂，施工时涂抹量要适中。常用的皂化混合油，其主要成分质量分数（）是皂角（15.5%）、10 号机油（61.9%）、松香（9.7%）、酒精（4.3%）、石油磺酸（4.8%）、火碱（1.9%）、水（1.9%）。每当二次浇注混凝土，必须仔细清除台车模板面上的混凝土残渣。

（3）混凝土表面掉皮、起砂修补措施

出现麻面、掉皮和起砂现象，在修饰前应将表面清洗干净，让其表面湿透。再将上述颜色一致的砂浆拌和均匀，按漆工刮腻子的方法，将砂浆用刮刀大力压向清水混凝土外表缺陷内，即压即刮平，然后用干净的干布擦去表面污渍，养护 24h 后，用细砂纸打磨至表面颜色一致。

11.6.2 混凝土表面气泡

采用整体式全圆模板台车进行二次衬砌，下半部尤其是仰拱部位混凝土表面存在大量气泡。

（1）混凝土表面气泡原因分析

粗骨料中针片状颗粒含量过多，导致细骨料不能填充空隙，形成自由空隙，为气泡的产生提供了条件。在浇注仰拱部位混凝土时，采用双侧投料，造成混凝土在投料和振捣过程中形成大量气泡附着在台车底板部位无法排出。

作业工人对控制混凝土的振捣时间、层高度控制方面没有引起重视，振捣过程中往往只是按照个人主观意识进行时间上的控制，这就导致振捣时间过长（超振）或过短（欠振）以及存在未振捣到的部位（漏振），混凝土的表面气泡缺陷就会越来越多。超振会使混凝土内部的微小气泡在机械作用下出现破灭重组，由小变大。欠振和漏振都会使混凝土不密实从而导致混凝土自然空洞或空气型的不规则大气泡。

作业工人在浇注混凝土过程中，由于钢筋及钢绞线密集，常规的插入式内部振捣器不能插入其中进行振捣，这就导致反拱部位混凝土存在漏振现象，形成自然空洞或空气型的不规则大气泡。

（2）混凝土表面气泡预防措施

严格收料程序，发现粗骨料中针片状骨料过多时，应拒收。浇注仰拱部位混凝土时改双侧投料为单侧投料，将产生气泡通过一侧浇注挤压排出。在每浇注一车混凝土之后必须

进行插入式振捣器振捣，决不允许漏振现象发生。振捣时间以混凝土粗骨料不在显著下沉，并开始泛浆为准，应避免欠振或过振。振捣上层混凝土时，振捣棒头应插入下层混凝土的5～10cm。振捣作业时，振捣棒头离模板的距离不应小于振捣有效半径的1/2。振捣器插入混凝土的距离，应不超过振捣器的有效半径的1.5倍。对振捣器插入的速度缓，要求“快插慢拔”，即插入速度要快，使上下部混凝土几乎同时受到振捣，拔出时则要慢，否则振捣棒的位置不易被混凝土填实，形成空隙。

第 12 章　隧洞工程勘察、检测与评价技术

本章主要介绍用于地质勘察和隧洞质量检测的几种方法，包括高密度电阻率法、声波法和雷达波法的基本原理、仪器的选取、测线或仪器的布置、数据的采集和处理方法以及注意事项。针对实际工程的特点和场地条件，选取最为有效合理的检测方法，为工程实际应用提供理论依据。

12.1　高密度电阻率法

12.1.1　高密度电阻率法的基本原理及特点

高密度电阻率法仍然是以岩土体导电性差异为基础的一类电探方法，与常规电法一样，通过 AB 电极间向地下供电，建立地下人工电场，而后在地面由 MN 电极测量电位差。并求得各记录点的视电阻率值，根据野外实测视电阻率值经计算机处理分析、解释，最终获得地层划分和异常圈定等地质信息。但高密度电法与常规电法不同，它是一种阵列勘探方法，且是在二维空间内研究地下稳定电流场的分布，具有以下优点。

①电极布设一次性完成，减少了因电极设置引起的干扰和由此带来的测量误差；

②能有效地进行多种电极排列方式的测量，从而可以获得较丰富的关于地电结构状态的地质信息；

③数据的采集和收录全部实现了自动化（或半自动化），不仅采集速度快，而且避免了由于人工操作所出现的误差和错误；

④可以对资料进行预处理并显示剖面曲线形态，脱机处理后还可以自动绘制和打印各种成果图件。

由此可见，高密度电阻率法是一种成本低、效率高、信息丰富、解释方便且勘探能力δ求解简单地电条件的电流分布时，通常采用解析法，其基本原理是根据边界条件解以下微分方程。

$$\nabla^2 U = \frac{-I}{\sigma\delta\ (x-x_0)\ \delta\ (y-y_0)\ \delta\ (z-z_0)} \tag{12.1}$$

式中：x_0，y_0，z_0—源点坐标，x，y，z—场点坐标，当 $x \neq x_0$，$y \neq y_0$，$z \neq z_0$ 时，即当只考虑无源空间时，上式（12.1）即变为拉氏方程：

$$\nabla^2 U = 0 \tag{12.2}$$

求解式（12.2），实际上就是要寻找一个和该方程所描述的物理过程诸因素有关的场函数。由于坐标的限制，解析法能够计算的地电模型是非常有限的。因此，在研究复杂模型的地电模型的电场分布时，主要还是采用了各种数值模拟方法。对于二维地电模型，一般采用点源二维有限方法；对于三维模型，则采用面积分方程法。

12.1.2　高密度数据处理方法

首先假设地层的层数和测深曲线上的点数一样多。在初始的模型里，第一层的电阻率就采用曲线上第一个点的视电阻率，第二层就采用第二个点的视电阻率，整个曲线依次类推:每一层的平均深度采用测量时相应电阻率的电极距乘以某一常数。

用初始模型得到一条理论测深曲线，将该曲线与野外实测曲线进行比较，如果所用地

电模型参数适当，则两条曲线“同相”，但幅值一般不会相同。然后进行迭代处理以调整模型各层的电阻率，直至实测曲线和模型曲线的均方根误差减至预先规定的范围之内或迭代次数达到预先设置的次数（见图 12.1）。

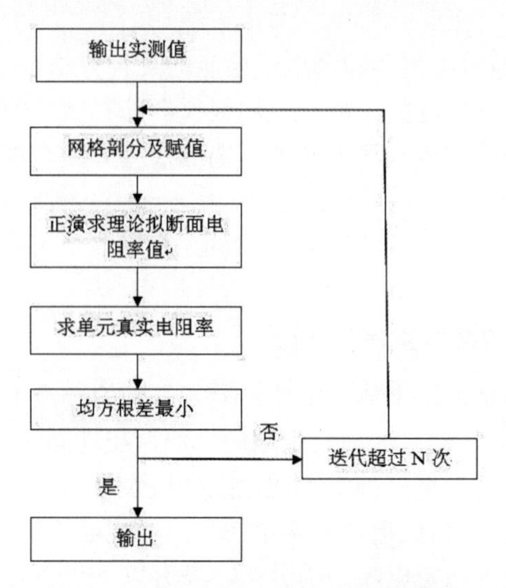

图 12.1　高密度电阻率法反演流程图

先经过 2.5 维有限元法正演计算后，便可以得到理论拟断面，将其与野外实测数据比较。然后调整该模型每个网格单元的电阻率，整个过程交替重复直至均方根误差降至预定水平。为了提高数据质量，在实测值与计算值进行拟合时，两者均取对数，即均方根差。

$$均方根差=\sqrt{\frac{1}{N}\sum_{i=1}^{N}\{ln[\rho_0(j)]-ln[\rho_i(j)]^2\}} \qquad (12.3)$$

式中：N—测点总数；ρ_0—第 j 点实测电阻率值；ρ_i—i 次迭后第 j 点视电阻率值。

12.1.3　相关技术及工作流程

（1）测线布置方法

野外采集是高密度电阻率法非常关键的一个环节，其中装置选择又是采集的关键环节，选择哪种装置取决于场地大小、地形起伏、探测任务以及探测精度等因素。一般来说，采集时常采用温纳装置以及施伦贝谢装置，若要求勘探深度较浅常采用施伦贝谢装置，其他情况则一般选用温纳装置。在地形起伏较大或者存在不利于电法勘探的地质结构的测区中进行高密度电法勘探时，消除或压制干扰对于实际生产中的意义是不言自明的，也是困难的。根据国内外的资料，结合实际生产经验，通常采用且比较有效的方法有。

①同一测线采用两种以上的装置：装置选择的原则要考虑分辨率、受地形影响大小等等因素。

②正演：有些地质构造对高密度电法勘探如局部不均匀体、透镜体、特殊隐伏构造等，单纯依靠软件反演会造成很大的误差。此时应根据已知情况进行正演，在正演取得好的效果的基础上进行反演解释。

③地形校正：起伏较大的地形引起的电性异常足可以掩盖真异常，从而大大在增加了分析难度甚至失去探测的意义。经地形校正后会使反演后的地质模型更接近实际。

（2）勘探装置的选择

高密度电法勘探的装置选择是个关键环节。排列装置选择得合适与否，直接关系到是否测试出探测目的所反映出的异常。选择哪种装置取决于场地大小、地形起伏、探测任务以及探测精度等因素。根据野外工作的实践经验，得出这样的认识和结论。

①极装置是公认的最稳妥的装置，所以在工作中一般应予以选用。如果探测精度要求高，则采用 α_2 装置，否则，只宜采用 α 装置。β 装置的灵敏度略高于四极装置，但假象增多，电阻率剖面形态复杂，一般不提倡使用。

②不等距偶极装置灵敏度最高，但引起假象的可能性也同时增大了，并且此装置信号衰减最快，信噪比会随探测深度的加大迅速降低，以有效信号限制在间隔系数小于 8 来计算，其勘探深度偏小。

③对于剖面测量任务，应采用多种装置，但不主张采用过多装置。一则避免扩大工作成本和采集耗时，二则避免解释复杂，引起混乱。

12.1.4　工作流程

高密度电阻率法属直流电阻率法，测量结果为二维视电阻率断面。高密度电阻率法具有点距小、数据密度大、工作效率高的特点，能较直观、准确地反映地下电性异常体的形态。其仪器设备、工作流程见图 12.2 和图 12.3。

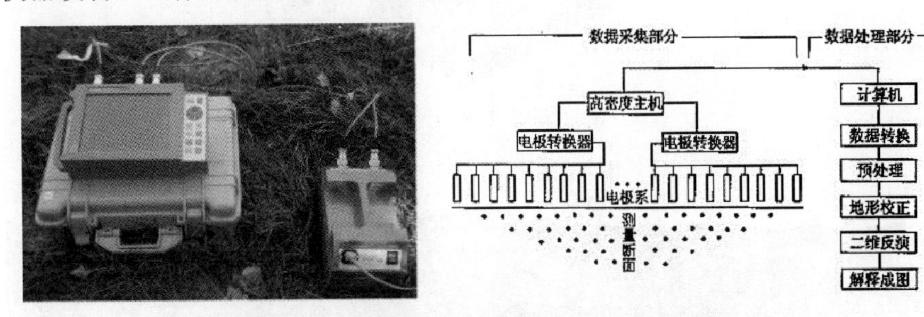

图 12.2　高密度电法仪器设备及工作流程图

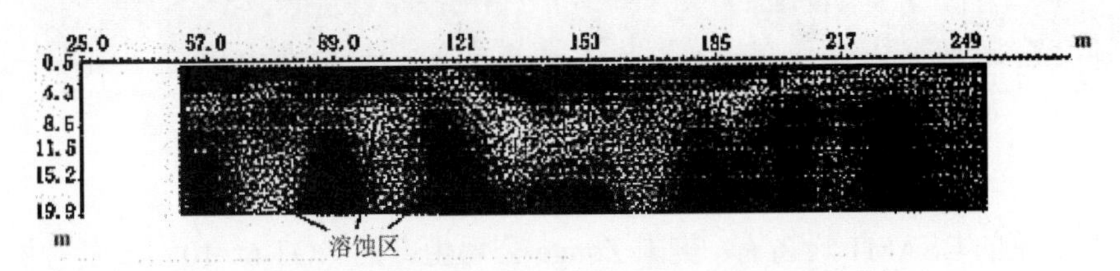

图 12.3　高密度电阻率法两线探测反演结果图

12.2　可控源大地音频电磁法

12.2.1　可控源大地音频电磁法的基本原理

可控源大地音频电磁法简称 CSAMT 法，是在大地电磁法（MT）和音频大地电磁法（AMT）的基础上发展起来的人工源频率域测深方法。

可控源音频大地电磁法具有如下的一些特点:

①可控制的人工场源，信号强度比天然场大，因此抗干扰能力强。

②卡尼亚电阻率用电场与磁场之比直接得出，计算卡尼亚电阻率过程简单。

③基于电磁波的趋肤深度原理，利用改变频率进行不同深度的电测深，大大提高了工作效率，减轻了劳动强度。一次发射，最多可同时完成七个点的电磁测深。

④勘探深度大，一般可达 1～2km。

⑤横向分辨率高，可灵敏地发现断层。

⑥高阻屏蔽作用小，可穿透高阻层。该方法是20世纪80年代末兴起的一种地球物理新技术，它基于电磁波传播理论和麦克斯韦方程组导出水平电偶极源在地面上电场及磁场。

随着电阻率的减小或频率增大，探测深度变浅；反之，随着电阻率的增大或频率减小，探测深度加深。因此，当大地电阻率一定时，通过对不同频率电磁场强度的测量就可以得到该频率对应深度的地电参数，从而达到测深的目的。

12.2.2 设备组成

CSAMT仪器包括发射装置和接收装置两部分，发射设备为大功率发电机及发射机，接收系统包括数字化多功能接收机和磁探头，发射机与接收机之间，通过电台或其他通讯工具进行联系，保证频率改变准确无误，见图12.4所示。

（a）CSAMT野外工作方法图

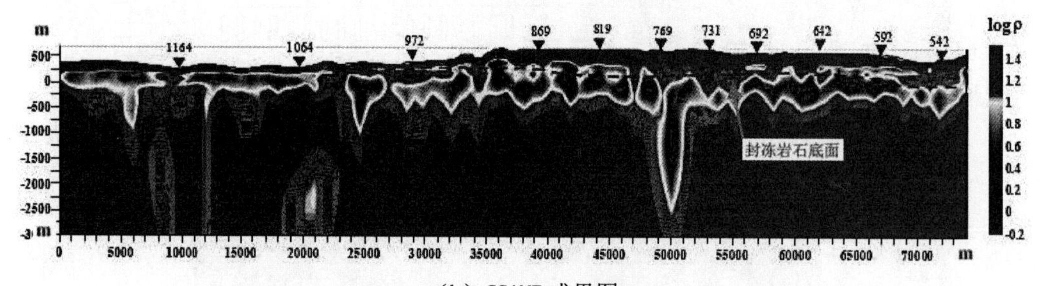

（b）CSAMT成果图

图12.4 CSAMT野外工作及成果图

目前，常见的CSAMT设备有：美国Zonge公司生产的GGT-6、10、25发射机与GDP-12、16、32接收机，加拿大凤凰公司生产的IPT系列发射机与V-4、5、6、8接收机；此外还有美国Geot ronics公司生产的EMT-5000系列发射机与EMR-1系列接收机、加拿大Terra-Geotervex公司生产的607B系列发射机与607A系列接收机等。

12.2.3 设备布设

采用赤道偶极装置、标量观测方式；发射机与接收机之间的距离的选择与探测深度有关。原则上讲，越大越好，但如果过大，接收信号减小，测量误差也会增大，因此要根据目的任务、探测深度和发射机的功率来选择距离。既要保证隧洞洞深高程范围内的资料精度，又要使接受信号足够强，一般来说，只要保证探测距离 $r>6H$（隧洞高度 H）即可。

12.2.4 数据采集

为保证采集到较高精度的资料，数据采集工作中应注意以下问题。

①保证接收机在有效观测区内工作。

②严格布设发射站，采取多种措施减小发射电极接地电阻，尽可能加大发射电流；为

了提高信噪比，使观测数据可靠，接收电极全部采用不极化电极并浇灌盐水。

③做好接收机的校验、系统检查以及与发射机的同步工作，同时亦做好接收机的参数设置工作。

④认真检查接收站的布设情况，保证接地良好，线路畅通稳定。

⑤观测数据时为了保证观测曲线光滑和采集数据质量及提高垂向分辨率及资料解释精度，观测时应采用两套频率工作，数据记录不少于 2 次。

12.2.5　数据处理

CSAMT 法首先对原始数据进行编辑，剔除明显的干扰点，对存在静态影响的数据进行空间滤波，形成频率—视电阻率等值线图，再通过二维反演，绘出二维反演断面图；分析以上图件，划分出异常段；把异常和其他辅助物探方法取得的资料作以对照，结合地质资料做出初步地质推断（断层带和岩性分界的位置）。

对上述初步物探成果进行现场地质调查和异常核对，并结合已知的地质资料进行综合推断，形成最后地质检测结果，绘制物性地质断面图，并得出各地质构造（本次物探主要为断层和岩性分界）的特征和性质，填绘综合成果平面图。

12.3　声波法对隧洞质量进行检测

12.3.1　声波法简介

岩体等介质中往往包括有各种层面、节理和裂隙等结构面，这些结构面在动载荷作用下产生变形，对岩体中的波动过程产生了一系列的影响，如反射、折射、绕射和散射等，即结构面起着消耗能量和改变波的传播途径的作用，并导致岩体波的非均质性及方向性。因此，岩体结构影响着岩体中弹性波的传播过程，也就是说岩体弹性波的波动特征反映了岩体的结构特征。岩体在动应力的作用下产生三种弹性波，即纵波（P 波）、横波（S 波）和面波（M 波）。他们的传播可以用波速、振幅、频率和波形来描述。目前采用的弹性波测试主要是纵波波速，其次是横波波速。由现场和试验室研究表明，弹性波在岩体中的传播速度与岩体中的种类、弹性参数、结构面、物理力学参数、压力状态、风化程度和含水量等有关，具有如下规律。

（1）弹性模量降低时

弹性模量降低时，岩体声波速度也相应的下降，与波速理论相符合。

（2）岩石越致密，岩体声速越高

在波速理论中，波速与密度成反比，但密度增高，弹性模量将有大幅度的增高，因而波速也将越高。

（3）岩石结构面的存在，使声波在岩体中传播时存在各向异性

当声波传播方向平行于结构面方向时，结构面起到导向作用，使声波速度提高；当声波传播方向垂直于结构面方向时，声波会产生反射、折射和绕射而声速降低；同理，岩体风化程度高则声速低；压应力方向上声波速度高；空隙率大，则声波速低；密度高、单轴抗压强度大的岩体波速高。

用人工的方法在岩土介质和结构中激发一定频率的弹性波，这种弹性波以各种波形在材料和结构内部传播并由接收仪器接收，通过分析研究接收和记录下来的波动信号，来确定岩土介质和结构的力学特性，了解它们的内部缺陷；通过对岩体的声波探测，可了解测试区域岩体的节理裂隙发育状况以及岩体纵波波速等相关参量。

12.3.2 检测方法

声波法检测混凝土内部缺陷分为穿透波法和发射波法。穿透波法是根据超声波穿过混凝土时在缺陷区的声时、波形、波幅和频率等参数所发生的变化来判断缺陷的，这种方法要求被测物体有一对相互平行的测试面体；声波反射法则是根据超声脉冲在缺陷处产生反射现象来判断缺陷，这种检测方法较适用于只有一个测试面的洞室或隧洞衬砌体质量检测，测试原理和布置图如图 12.5 和图 12.6 所示。

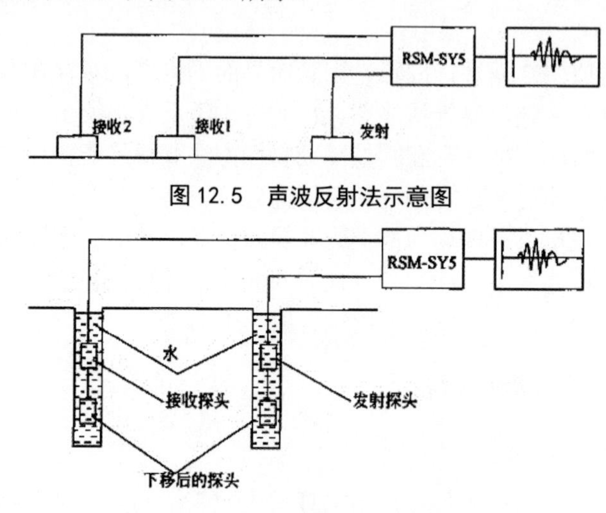

图 12.5　声波反射法示意图

图 12.6　声波穿透法示意图

（1）隧洞断面检测

隧洞净空断面检测主要是检测隧洞实际轮廓几何尺寸，通过分析比较为设计、施工及验收部门提供依据。三种有代表性的波形，见表 12.1。

表 12.1　几种代表性波形图

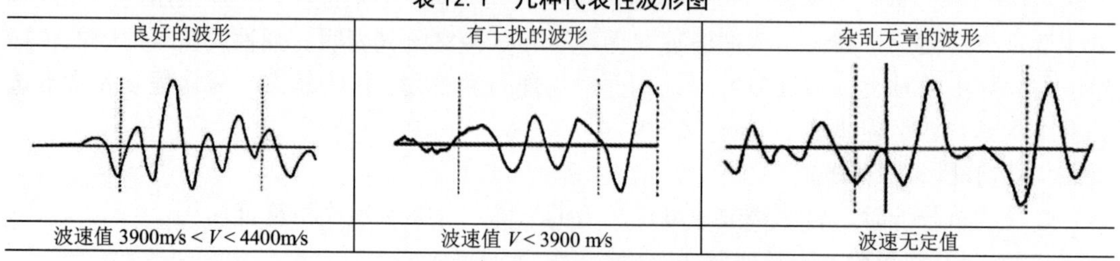

良好的波形	有干扰的波形	杂乱无章的波形
波速值 3900m/s < V < 4400m/s	波速值 V < 3900 m/s	波速无定值

①对开挖内轮廓的检测：施工单位可以通过隧洞净空断面检测，了解隧洞开挖是否超出或侵入设计的开挖轮廓，超欠挖的部位及超欠量，可以检查出掘进方向是否偏移；如果是钻爆法开挖，可以确认爆破方案是否需要调整。

②对支护内轮廓的检测：在支护施作后进行净空断面检测，可以及时发现隧洞内是否有足够的衬砌空间。

③对衬砌内轮廓的检测：在衬砌施作后进行净空断面检测，可以检测到衬砌是否侵入相应的设计轮廓、立模方向是否正确、模板是否变形或混凝土浇注时是否跑模。

④在竣工验收中的检测：可以看出隧洞内是否有侵入建筑限界的情况，为隧洞质量验收提供评判质量的重要依据。隧洞净空断面检测在铁路隧洞、公路隧洞、水电隧洞、地铁隧洞的施工和质量验收中都有重要的地位，并在上述各行业的隧洞质量验收标准中都有相应的规定。

12.4　探地雷达隧洞质量检测

12.4.1　探地雷达的基本理论

探地雷达工作时，在雷达主机控制下，脉冲源产生周期性的毫微秒信号，并直接回馈给发射机，发射机产生足够的电磁能量，经过收发转换开关传送给发射天线。

由发射天线将这些电磁能量辐射至被检测体中，集中在某一个很窄的方向上形成波束，向前传播。

电磁波遇到存在电性差异的地下地层或目标体目标后，将沿着各个方向产生反射，其中的一部分电磁能量反射回雷达的方向，被雷达接收天线获取，并通过收发转换开关送到接收机，形成雷达的回波信号，接收机放大微弱的回波信号，在接收机经过整形和放大等处理后，经电缆传输到雷达主机，提取出包含在回波中的信息，送到显示器，显示出目标的距离、方位等，如图 12.7 所示。

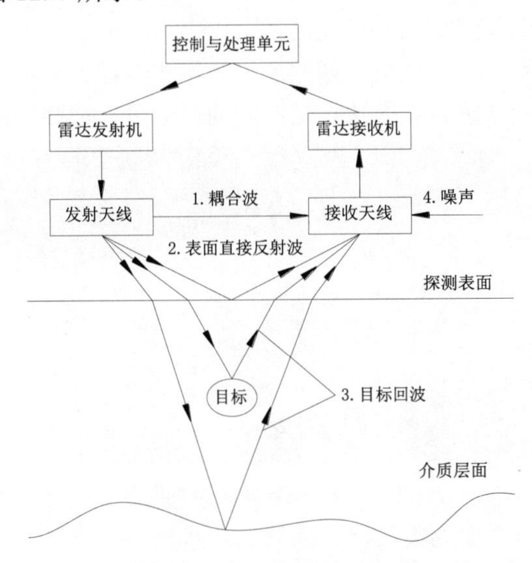

图 12.7　探地雷达工作原理

12.4.2　探地雷达的组成系统

探地雷达是一种宽带高频电磁波信号探测方法，它是利用电磁波信号在物体内部传播时电磁波的运动特点进行探测的。探地雷达主要由主机、天线和后处理软件三部分构成，如图 12.8 所示。

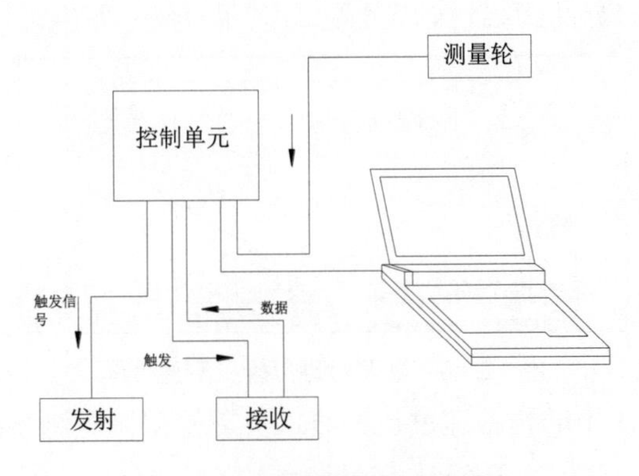

图 12.8　探地雷达的组成系统

主机实现雷达系统的控制、数据采集、处理和显示。主机可以是单通道，即连接一副天线；也可以是多通道，同时连接多副天线作业。天线是探地雷达最为核心的部件，一般收发天线、发射机和接收机封装在一个箱体中，统称为天线。通常一台主机可以分别挂接中心频率不同的天线，以满足不同探测深度和分辨率的要求。天线又分为地面耦合天线和空气耦合天线，前者紧贴地面移动，后者离开地面 30～50cm 移动，利于车载探测。由于地下介质情况复杂，探测到的数据资料往往要用后处理软件进行运算，以增强异常区域，利于得出准确的结论。

12.4.3 探地雷达对隧洞衬砌厚度的检测原理

隧洞的基本结构如图 12.9 所示。一般可将隧洞分为三个电性层，由内向外依次为衬砌层、回填层和围岩层。衬砌层的构建，穿过山洞的隧洞主要以砖和料石砌成，这种方法构建的隧洞呈拱门形状，即左、右边墙接近直立，顶墙为拱形墙。一般设计厚度在 30～140cm 之间，对于Ⅵ、Ⅴ类围岩地段，隧洞的初衬是很薄的一层混凝土，探地雷达是无法识别的，因此对于Ⅵ、Ⅴ类围岩地段的衬砌质量检测是可以不考虑初衬。

隧洞的超挖一般是不可能避免的，超挖的地方用水泥砂浆、砂砾石或其他建筑材料充填，这一层称为回填层，虽然各处的超挖是不同的，但可以把回填层看成是单独的一层。

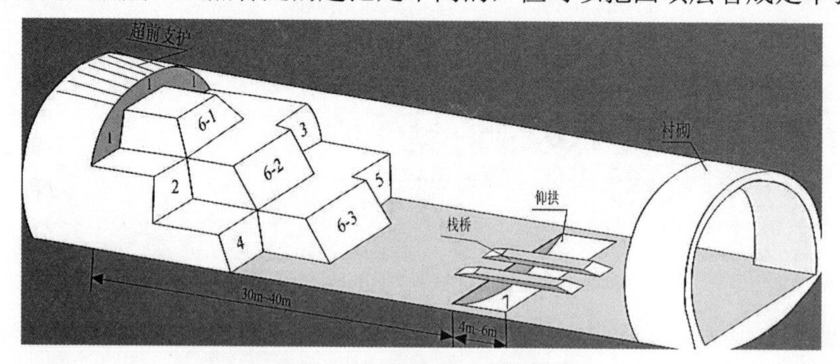

图 12.9　隧洞基本结构图

隧洞工程检测的介质主要为混凝土、钢筋、防水板、孔洞（含空气或水）和围岩，它们之间存在明显的介电常数差异；对于混凝土衬砌、喷射混凝土来说，由于材料配比不同，也存在介电常数的差异，故利用地质雷达检测隧洞具有良好的效果，配合典型目标雷达回波图像，可以比较准确地检测出隧洞的衬砌厚度及质量缺陷。

为了便于解释隧洞衬砌厚度检测的原理隧洞的检测模型采用Ⅳ类、Ⅴ类围岩时，并不考虑初期支护，如图 12.10 所示。通过反射图像的分析确定反射层，通过测定反射波的双程走时 t 从而确定衬砌围岩界面距离衬砌表面的距离即衬砌的厚度。

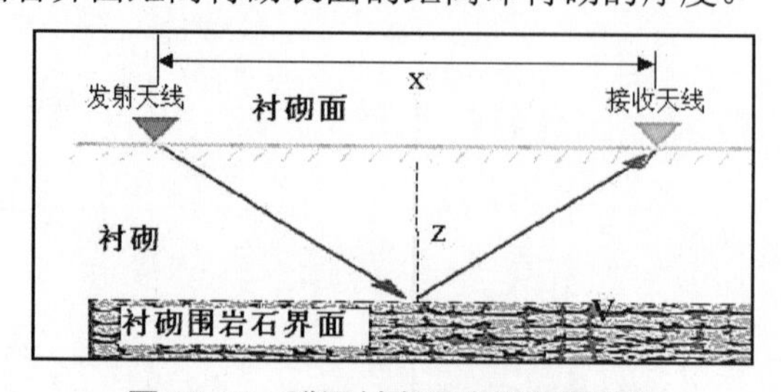

图 12.10　隧洞衬砌厚度探测原理图

当电磁波在地下介质中的传播速度已知时，可以根据精确测得的双程走时求得衬砌的厚度为。

12.4.4　探地雷达对隧洞衬砌空洞的检测原理

为了便于解释空洞的检测原理，隧洞的检测模型采用Ⅳ类、Ⅴ类围岩时，并不考虑初期支护，如图 12.11 所示。理想情况下，空洞缺陷在雷达图形中呈现抛物线形或双曲线形。

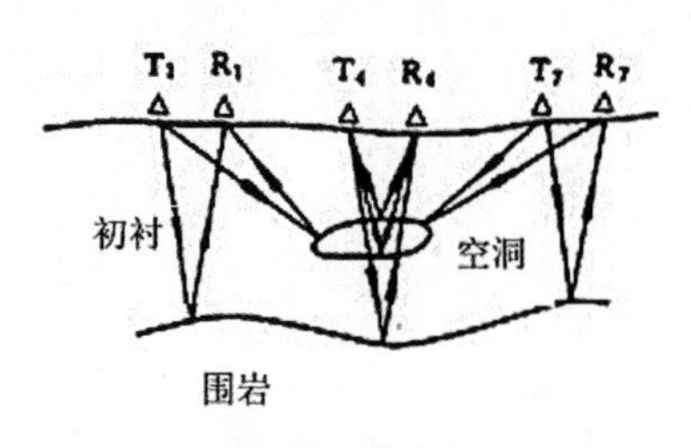

（a）空洞检测电磁波反射示意图

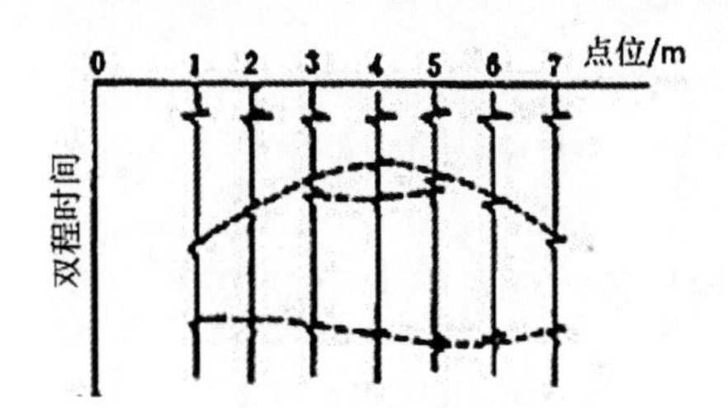

（b）空洞检测雷达探测回波图

图 12.11　隧洞衬砌空洞的检测原理

图 12.11（a）为电磁波的反射示意图，图中仅表示了点 1，4，7 处的电磁波的反射情况；图 12.11（b）为空洞检测电磁波的回波曲线图，图中横坐标为检测点位的标记，由于相邻点位之间的距离是已知的，当天线可以匀速前进的时候，横坐标可以表示为速度；纵坐标是雷达回波的双程走时 t（ns）；0～7 点位的雷达回波曲线称为数据道。每条数据道上的波形的变化都蕴含着大量的检测对象的信息，雷达波的振幅极大值的位置对应的双程走时就是一个反射层的位置。

地质雷达并不只是探测天线正下方的目标，当地质雷达天线到达点位 1 时，地质雷达就能够接收到空洞反射回来的信号。设由空洞反射回来的电磁波行程为 S_1，双程走时为 T_1。同样可以假设点位 2、3、4、5、6、7 接收到的空洞反射回来的电磁波行程分别为 S_2、S_3、S_4、S_5、S_6和 S_7，双程走时分别为 T_2、T_3、T_4、T_5、T_6和 T_7。显然有

$$S_1>S_2>S_3>S_4<S_5<S_6<S_7 \tag{12.4}$$

其中 S_4最小，则有

$$T_1>T_2>T_3>T_4<T_5<T_6<T_7 \tag{12.5}$$

其中 T_4最小。厚　度　标　尺/m

但由于隧洞的结构是一个十分复杂的系统，其构成内部结构的媒介的电磁特性也十分复杂，在实际的检测过程中很难得到标准的双曲线。现场检测成果见图 12.12 和图 12.15。

图 12.12　隧洞开挖衬砌与衬砌质量检测

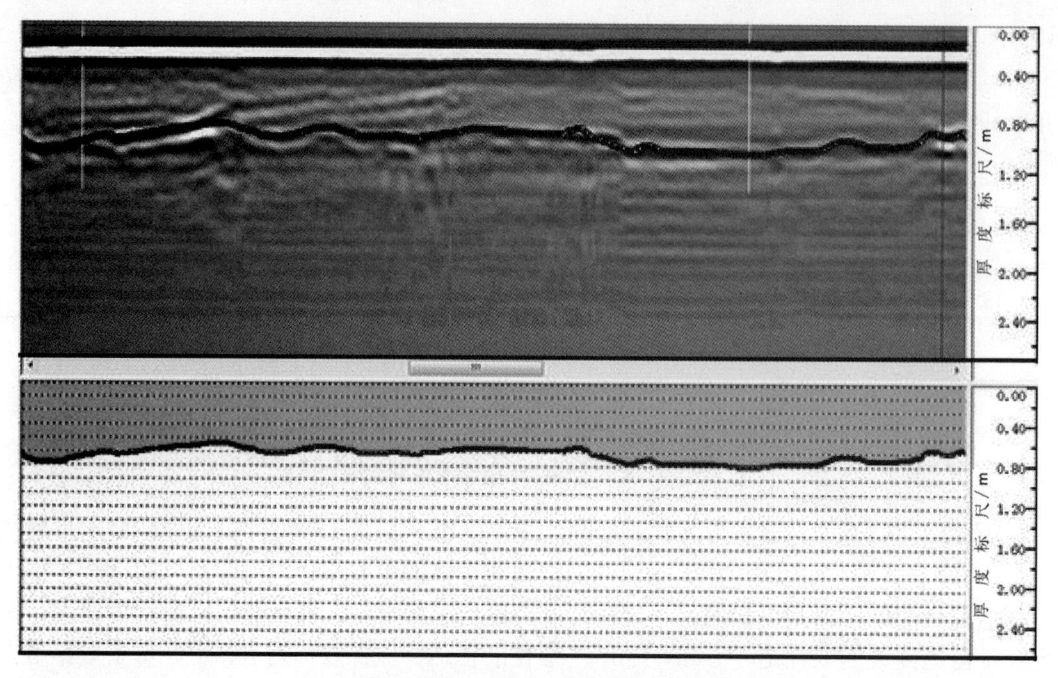

图 12.13　隧洞衬砌衬砌厚度检测

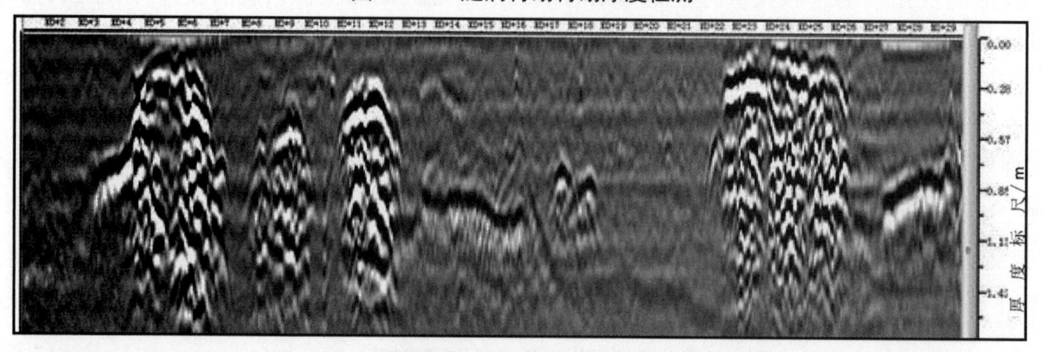

图 12.14　隧洞拱顶 35m 初衬背后 4 处病害区检测

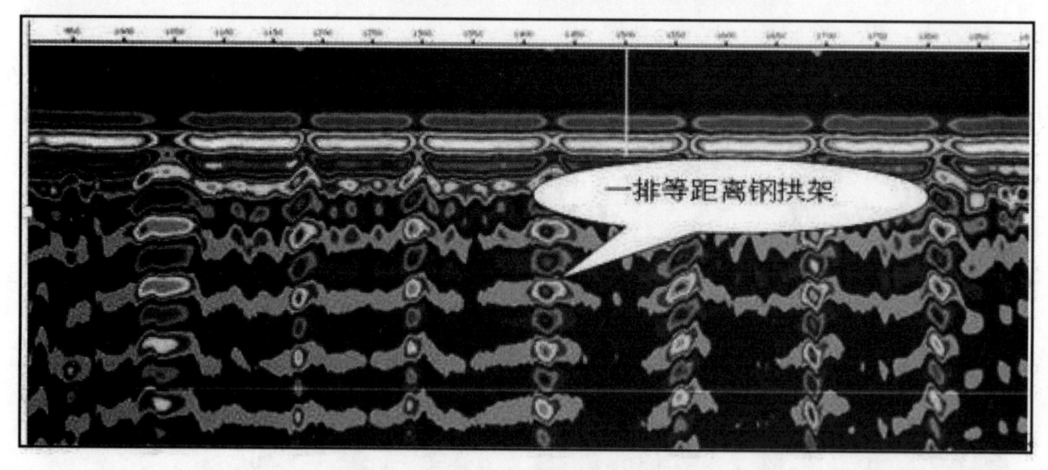

图 12.15　隧洞衬砌钢拱架分布检测

第 13 章　隧洞口节理裂隙勘察与评价

本章介绍隧址区地质构造情况，隧洞工程地质勘察工作的好坏会直接影响到实际工程的质量与成败。经资料总结与实地勘察，查明隧洞口有节理裂隙密集破碎带和地应力场，属复杂地质构造；节理裂隙密集破碎带区域地层由结晶基底和沉积盖层组成，区域内所有断层均为非能动断层，稳定性好；岩性以花岗岩为主，片麻岩以捕虏体的形式存在，花岗岩以中等风化和强风化为主，片麻岩以强风化和中等风化为主；通过压水试验、抽水试验以及对地下水化学特性的分析，进一步确定节理裂隙破碎带基岩的渗透性；对涌水量进行相应的估算，并提出相应的预防措施。

13.1　隧洞口节理裂隙密集破碎带区域地质概况

13.1.1　节理裂隙密集破碎带区域地层

节理裂隙密集破碎带区域地层由结晶基底和沉积盖层组成，结晶基底为太古界鞍山群和中元古界辽河群变质岩系，沉积盖层由上元古界清白口系、震旦系以及古生界沉积岩层组成。第四系地层沉积厚度小，连续性差，分布不均匀。太古宙花岗岩的侵入作用不同于普通的花岗岩，不是花岗岩浆的整体上拱，从而侵占原岩的存在空间。太古宙花岗岩的侵入，是以比较稀的岩浆体形式，逐渐融蚀原岩，并占领其存在的空间。因此，太古宙花岗岩中，捕虏体不只是存在于边缘，而是在整个岩体中均不同程度地存在着规模不等的捕虏体。随着对原岩融蚀作用程度的不同，捕虏体的表现形式也不相同。在改造比较彻底的条件下，花岗岩可表现为片麻状构造，暗色矿物含量比较多；改造得不彻底，则残留有不同规模的捕虏体。捕虏体与花岗岩的界线往往是渐变过渡的。由于古老变质岩的成分比较复杂，造成岩体内捕虏体岩性种类比较多，有各种片麻岩、片岩、浅粒岩与单矿物岩（角闪石岩、铚石岩）。古老变质岩的变质构造比较复杂，各种复式背斜、向斜与小型褶曲的存在，使太古宙花岗岩中的捕虏体产状与片麻理产状出现复杂多变的特点，在相邻地段片麻理产状也会发生明显的变化。在岩浆作用后期发生的钾化作用，使花岗岩岩体中分布着规模不等、形态各异的钾化花岗岩。钾化花岗岩表现为耐风化与易破碎的特点，又由于变质岩捕虏体的存在，太古宙花岗岩在相邻地段内风化程度可发生很大的差异。

13.1.2　节理裂隙密集破碎带区域地质构造

在漫长的地质历史演变过程中，本区域历经了各个时期的多次地壳运动，致使地质构造较为复杂，形成多期褶皱，断裂发育。厂址区断裂按方向划分为东西向、北东向、北北东向、北西向四组，其中以北东向和北北东向断裂比较发育。厂址 50km 范围内长度大于 15km 的断裂共有 8 条，其中北北东向的金州断裂和郯庐断裂北段（营潍断裂）为规模较大的断裂。金州断裂位于厂址东侧 50km，厂址区段全长为 65km；郯庐断裂北段位于厂址西侧 32km，长为 500km。厂址 5km 范围内长度大于 800m 的断裂有 8 条，按方向可分为东西向、北东东向、北北东向和北西向四组，主要有张屯断裂、青石岭断裂、林家沟断裂、西房身南断裂、城儿山断裂、程家沟断裂、磨盘山断裂、东岗断裂。附近区域内所有断层均为非能动断层，稳定性好。

13.2 节理裂隙密集破碎带勘察场地地质条件

根据区域资料及工程地质测绘、工程地质钻探的工作成果，勘察场地地层简单，由局部残留的第四系地层和太古代花岗岩组成，第四系地层不整合覆盖于太古代花岗岩上，局部见黑云斜长片麻岩捕虏体和极小规模的石英脉岩。

13.2.1 场地地层

第四系地层：主要为冲—洪积层、坡残积层等，灰褐色—杂色，主要为粉土、粉质黏土，植物根系发育，局部为回填的中等风化花岗岩碎石。

强风化花岗岩（地层编号④）：浅红色—浅黄色，花岗变晶结构，块状构造。主要矿物成份为钾长石、斜长石、石英及云母。节理裂隙极发育，斜长石大部分已高岭土化，岩芯呈碎块状及砂状，结构类型为散体状结构或碎裂状结构。

强风化片麻岩（地层编号$④_1$）：灰褐色—灰绿色，鳞片变晶结构，片麻状构造。主要矿物成份为长石、石英及云母。长石及云母大部分已高岭土化，岩芯呈土状、砂土状及碎块状，结构类型为散体状结构，遇水泥化严重。

中等风化花岗岩（地层编号⑤），浅红色，花岗变晶结构，块状构造。主要矿物成份为钾长石、斜长石、石英及云母。节理裂隙较发育，岩芯呈块状或短柱状，结构类型为裂隙块状结构。

中等风化片麻岩（地层编号$⑤_1$）：灰褐色—灰绿色，鳞片变晶结构，片麻状构造。主要矿物成分为长石、石英及云母。节理裂隙发育，岩芯呈柱状或短柱状，结构类型为裂隙块状结构。

13.2.2 各岩土层的分布

隧洞口节理密集破碎带的岩性以花岗岩为主，片麻岩以捕虏体的形式存在，分布范围较小。花岗岩以中等风化和强风化为主，勘察未能揭露到微风化花岗岩。由于花岗岩的风化程度主要受矿物成分的控制，因此风化界线随深度变化不明显。片麻岩以强风化和中等风化为主。

第四系地层：除 JK3 没有遇见外，其余钻孔均有揭露，但厚度不均，厚度 0.20～3.40m。

④强风化花岗岩：JK4、JK5 钻孔未揭露，所揭露厚度为 0.70～9.60m，JK2 钻孔上部揭露强风化岩层较厚，为 9.60m。

④1 强风化片麻岩：勘察中共有 5 个钻孔中揭露到了片麻岩。揭露层厚 0.70～6.20m。其中 JK5 钻孔在-6.80～-13.00m 埋深揭露强风化片麻岩 6.20m。

⑤中等风化花岗岩：勘察中各个钻孔均有揭露，但均未到达层底位置。

⑤1 中等风化片麻岩（捕虏体）：仅见于 JK4 钻孔的-1.25～-3.65m 标高位置。

13.3 地质构造

为查明勘察场地的破碎带分布，地勘部门在收集前期资料的基础上，勘察主要采用了工程地质钻探，并结合工程地质测绘、高密度电法等手段综合分析判定节理裂隙密集破碎带的分布情况。

13.3.1 工程地质测绘

根据工程地质测绘成果，隧洞口勘测区不同规模的节理与节理密集带比较发育。测绘共发现 4 条节理裂隙密集带。花岗岩中构造以节理裂隙为主、变质岩中主要构造为片理及片麻理、花岗岩与片麻岩接触面形成片理化带。

（1）节理裂隙

勘测区岩体中节理裂隙以构造节理为主，裂隙发育，裂隙延伸较远。风化裂隙一般呈微张—张开状态，节理面粗糙。构造节理多呈闭合—微张状态，部分充填高岭土或石英脉。构造节理多呈闭合—微张状态，节理面一般较平直，节理贯通性以北西向和北东向为主。中等风化岩体中主要发育延伸性较好的陡倾角构造节理，仅局部发育缓倾角的节理裂隙，节理面比较平直，多为微张—闭合状态，基本无充填。隧洞口节理密集破碎带的岩体，形成的时代较早，经历了多期多次的构造运动，因此区内的构造节理比较发育，在海岸自然露头和边坡人工露头上可以见到一些大型或密集的节理裂隙带，由于该类节理发育规模大，延伸远，故对取水隧洞稳定性影响较大。

根据此次测绘并结合前期资料，在勘测区域，节理密集带主要发育在靠近取水隧洞头部及取水构筑物地段，北东向节理密集带宽度相对比较小，但节理密度大（可达几厘米一条或 1～2cm 一条）；而北西向节理密集带通常节理密度比较小，约 5～20cm，但宽度比较大（可达几十米），两者的共同特点是倾角比较陡大（70°～80°），延伸比较远。地表强风化及中等风化与强风化岩体接触带内的岩体节理裂隙以风化裂隙为主，其余中等风化岩体以构造节理为主。岩石风化裂隙一般呈微张—张开状态，节理面粗糙，见大量铁锰质浸染；构造节理多呈闭合—微张状态，节理面粗糙，部分充填高岭土或石英脉；构造节理多呈闭合～微张状态，节理面一般较平直，基本无充填，节理面见大量铁锰质浸染。

节理裂隙主要发育在花岗岩中（见图 13.1），勘测区形成了较密集的两组节理裂隙，一组产状为走向 45°，倾向南东，倾角为 80° 的节理裂隙较发育，节理密度为 5 条/m，最小间距为 0.05m，平均间距 0.20m 左右，节理延伸较远，裂隙呈微张～张开状态，无充填物。另一组节理产状为，走向 327°，倾向北西或南东，倾角在 74°～77° 之间，平均间距 0.15m 左右，但在东海岸一带发育的北东向节理密集带密度较高，可达几厘米一条或 1～2cm 一条，从节理裂隙统计结果分析，破碎带主要发育走向为北东和北西向的两组节理裂隙，其中以北西向节理最为发育，节理贯通性较好。隧洞开挖过程中应注意走向 330°、45° 两组节理构成倾向洞内的楔形体的滑落。

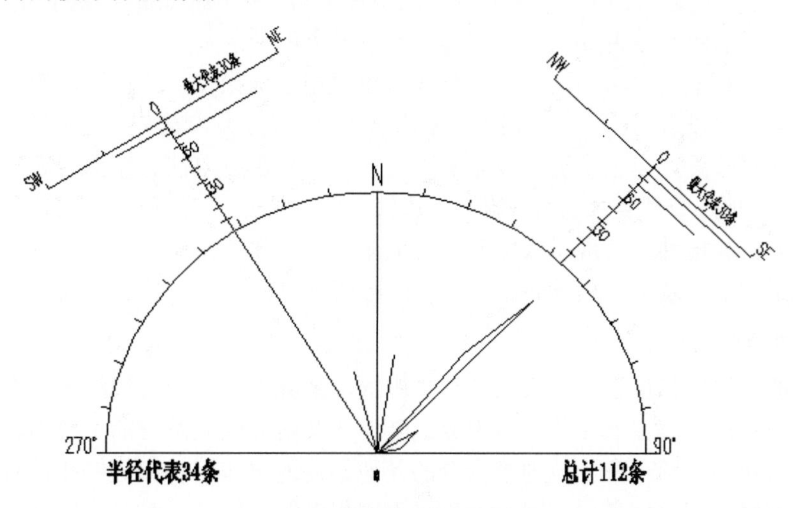

图 13.1　节理走向玫瑰花图

（2）片理、片麻理

隧洞口的片麻理分为两种类型，一类是片麻状花岗岩中的片麻理，另一类是片麻岩捕虏体中的片麻理。片麻状花岗岩是介于花岗岩与片麻岩的中间过渡类型，其保留了原片麻岩的片麻理构造。花岗岩中的片麻岩捕虏体分布不连续，呈零星的块体分布。根据前期（1号、2号隧洞勘察）工作成果，隧洞区内的片麻理产状以低倾角（10°～30°）为主，倾向以南西西为主，也有北西方向、南南西或北东倾斜的，即使在同一捕虏体内，片麻理产状也可存在不同。隧洞区内的片麻理总体上倾向南西，可以反映出区域变质作用下区域变质岩的产状。局部出现的片麻理产状与区域总体产状不一致的现象，说明岩浆的改造比较强烈，使原岩发生局部较大的变动或原变质岩中存在小规模的褶曲构造。片理、片麻理的存在均会降低围岩的强度，对隧洞的开挖产生不利影响。

（3）片理化带

岩石在应力作用下形成一系列互相平行的破劈理面，即为片理化带。隧洞口片理化带主要发育在花岗岩与片麻岩的接触界面。片理化带的产状变化大，可以呈陡倾斜的，或缓倾斜的，也可见到片理化带中出现一些新生矿物、擦痕等现象。当片理化带的产状与隧洞走向基本一致时，隧洞围岩易产生坍落。隧洞区的片理化带规模较小，且连续性差，片理化带在不同地段和岩性中表现不同，应重点预防捕虏体与钾长石伟晶岩脉接触带的片理化带引起局部滑塌。

13.3.2 高密度电法

高密度电法是基于垂向直流测深与横向电测剖面两种方法的基本原理，通过DUK-2高密度电阻率测量系统，控制在同一条多芯电缆上布置连结的多个电极，自动变换供电、测量极距，使其自动组成多个垂向测深点和多个不同探测深度的探测剖面，根据控制系统中选择的探测装置类型，对电极进行相应的排列组合，按照测深点位置的排列顺序和探测剖面的深度顺序，逐点和逐层探测，实现了自动布点、自动跑极、自动供电、自动观测、自动记录、自动计算和自动存储。把存储数据导入BTRC2004接收与格式转换软件进行数据转换，再将转换好的数据调入2DREDS二维高密度电法反演软件反演成图。

节理密集破碎带富水性好，同变质岩捕虏体和暗色矿物富集地段一样，具有导电性比较好的特点，为高密度电法探测断层破碎带及节理密集带提供良好的物理条件，结合钻探、工程地质测绘可以断定是否存在断层破碎带及节理密集带。

勘察共布置高密度电法剖面7条，详见高密度电法成果图。从高密度电法测量结果并结合钻探的岩芯可以看出，场地东侧节理密集破碎带发育，片麻岩发育，岩体电阻率较低，而西侧岩体相对较好，电阻率整体较东侧大。通过对高密度电法、钻探岩芯及水文试验分析，可得出：此地段节理裂隙发育，岩体渗透性、富水性较好，变质岩捕虏体片麻岩发育，才具有了比较好导电性，出现了较大范围的低阻区。测线高密度电法地质解释断面图和高密度电法成果与节理裂隙密集破碎带分布（阴影部分）如图13.2至图13.9所示。

13.3.3 不良地质作用

隧洞口的海岸地带虽已形成人工回填护围堰，从施工工期和天气影响方面综合考虑，极有可能存在开挖后海水入侵的不良现象；隧洞口及附近区域发育的主要不良地质作用为海岸局部危岩崩塌，不存在影响地基安全的其他不良地质作用。但据钻孔资料显示，靠近隧洞钻孔在洞底和洞顶标高位置附近出现了不同程度的破碎带，对隧洞口隧洞的开挖存在成洞和仰坡稳定不良影响。

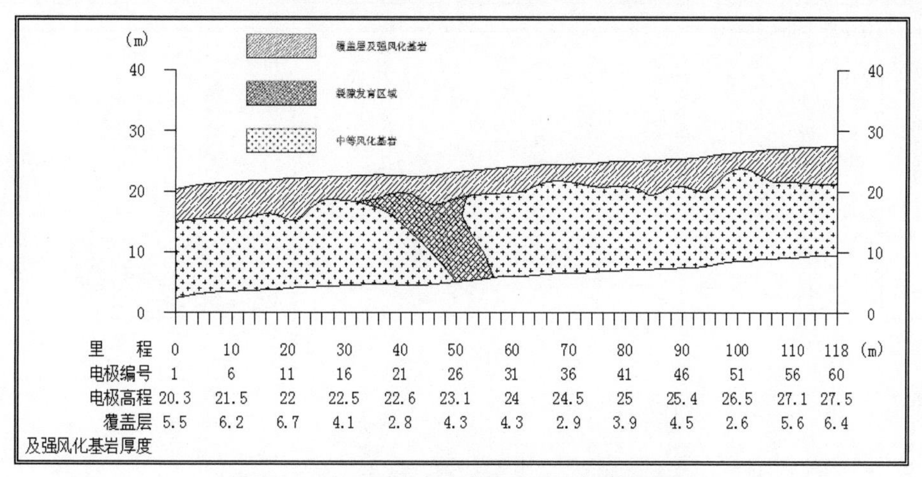

图 13.2　GD1 测线高密度电法地质解释断面图

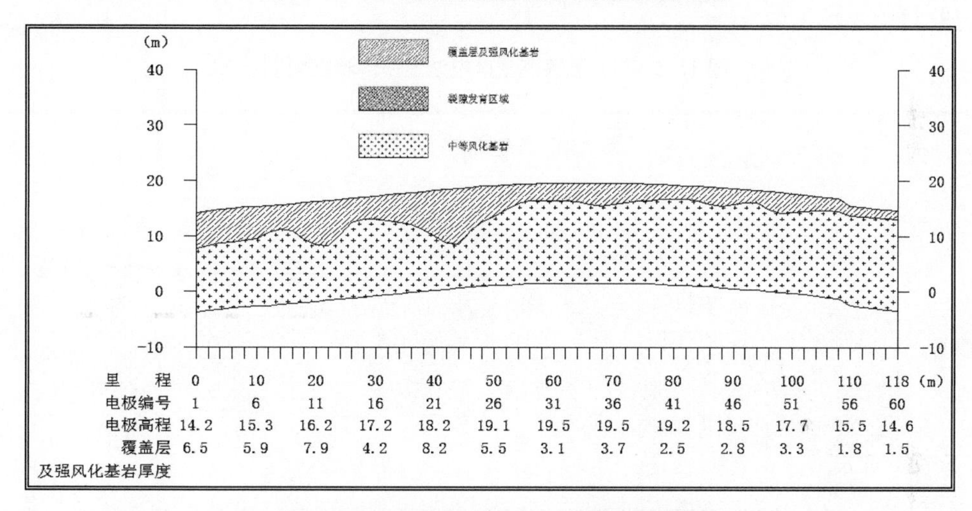

图 13.3　GD2 测线高密度电法地质解释断面图

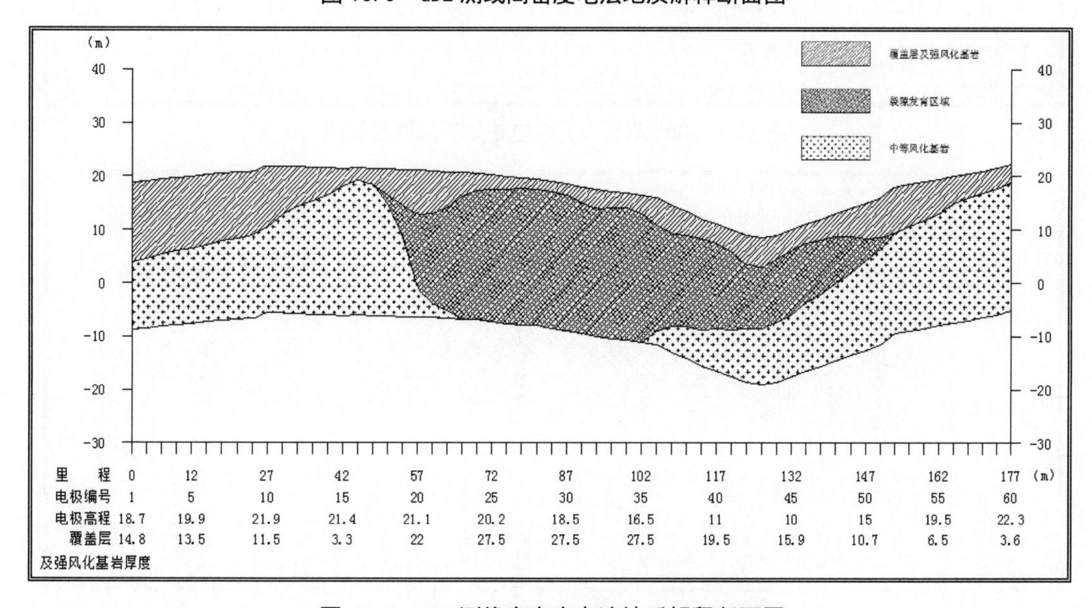

图 13.4　GD3 测线高密度电法地质解释断面图

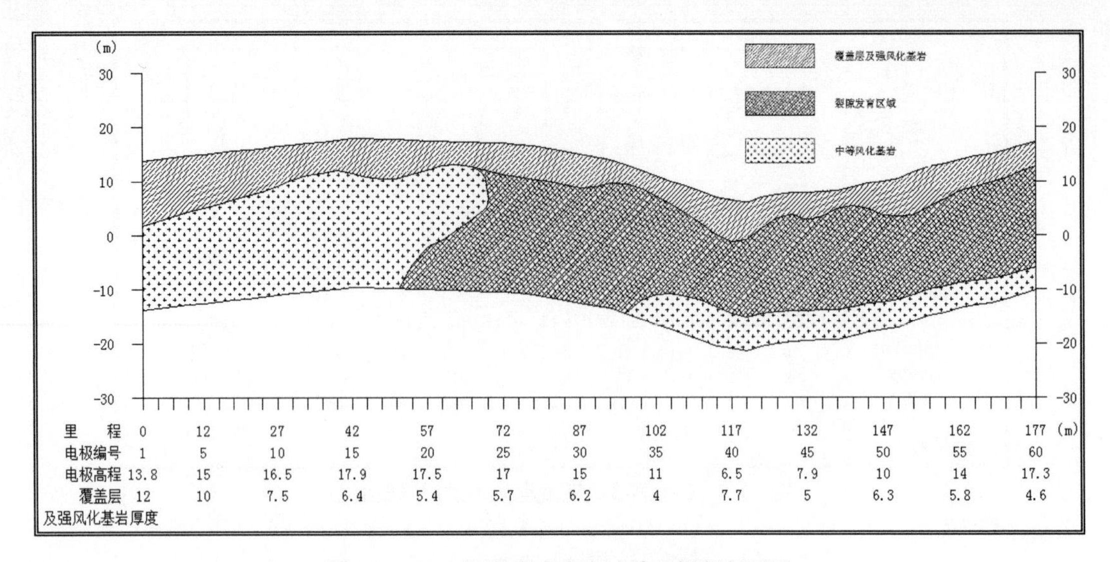

图 13.5 GD4 测线高密度电法地质解释断面图

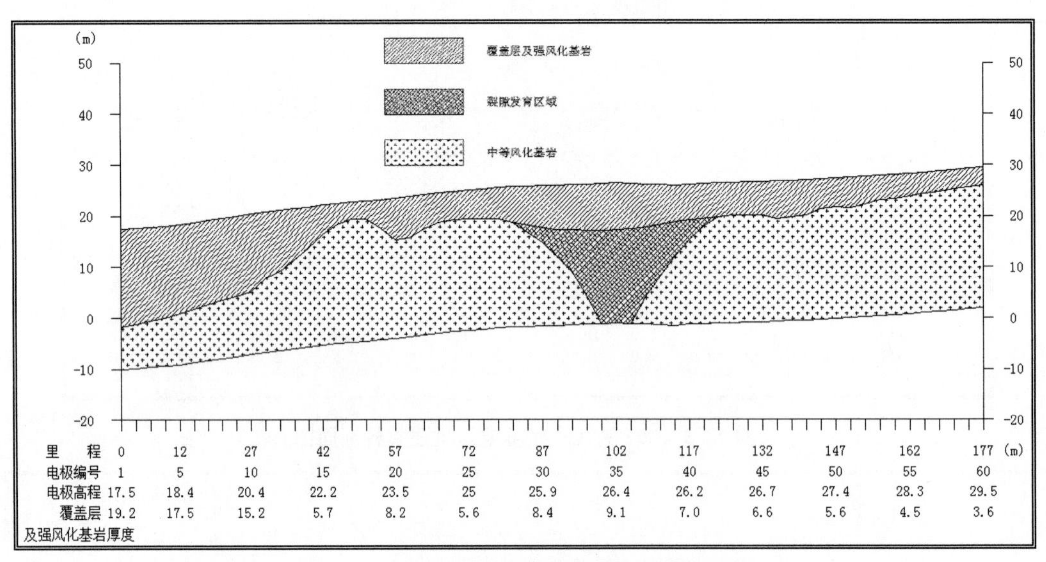

图 13.6 GD5 测线高密度电法地质解释断面图

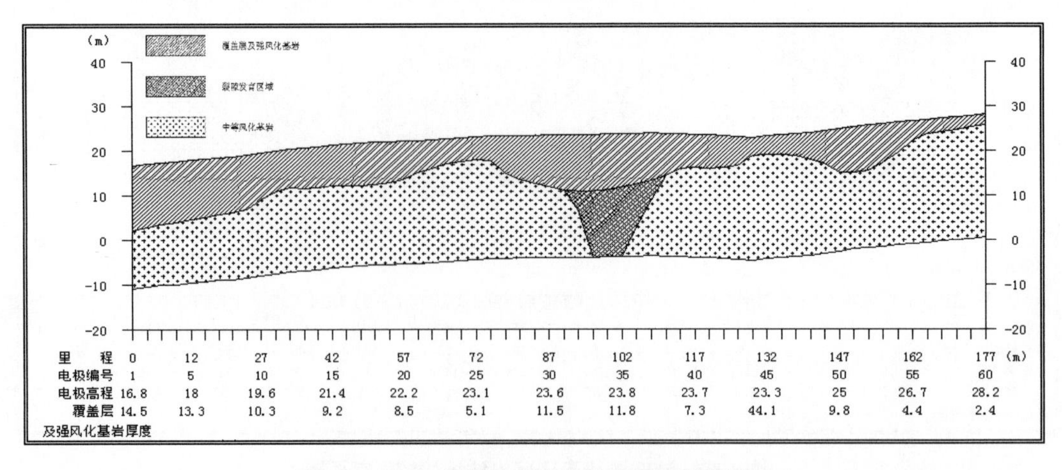

图 13.7 GD6 测线高密度电法地质解释断面图

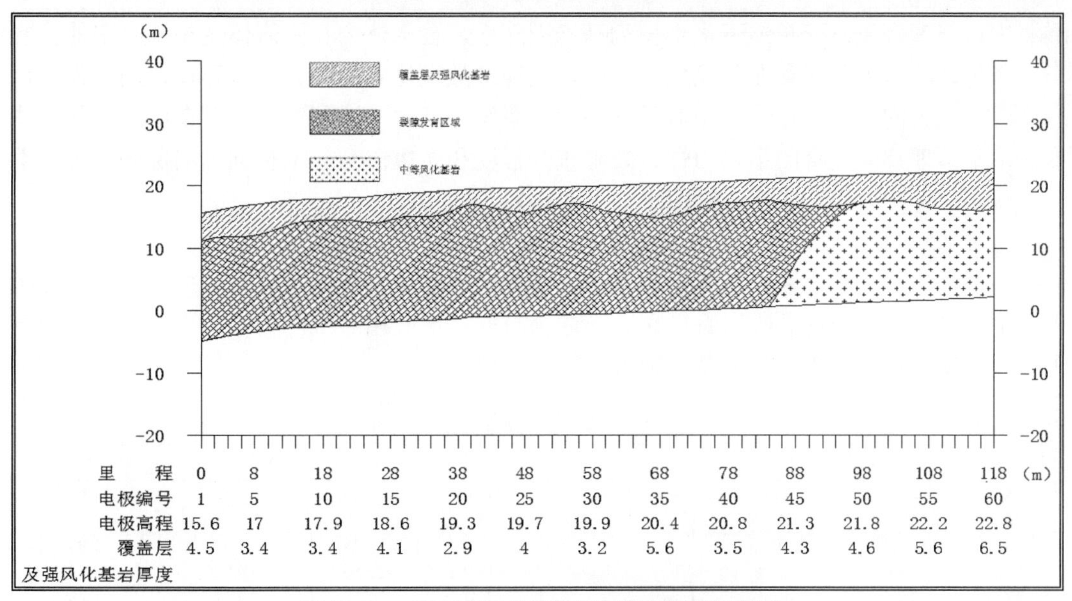

图 13.8　GD7 测线高密度电法地质解释断面图

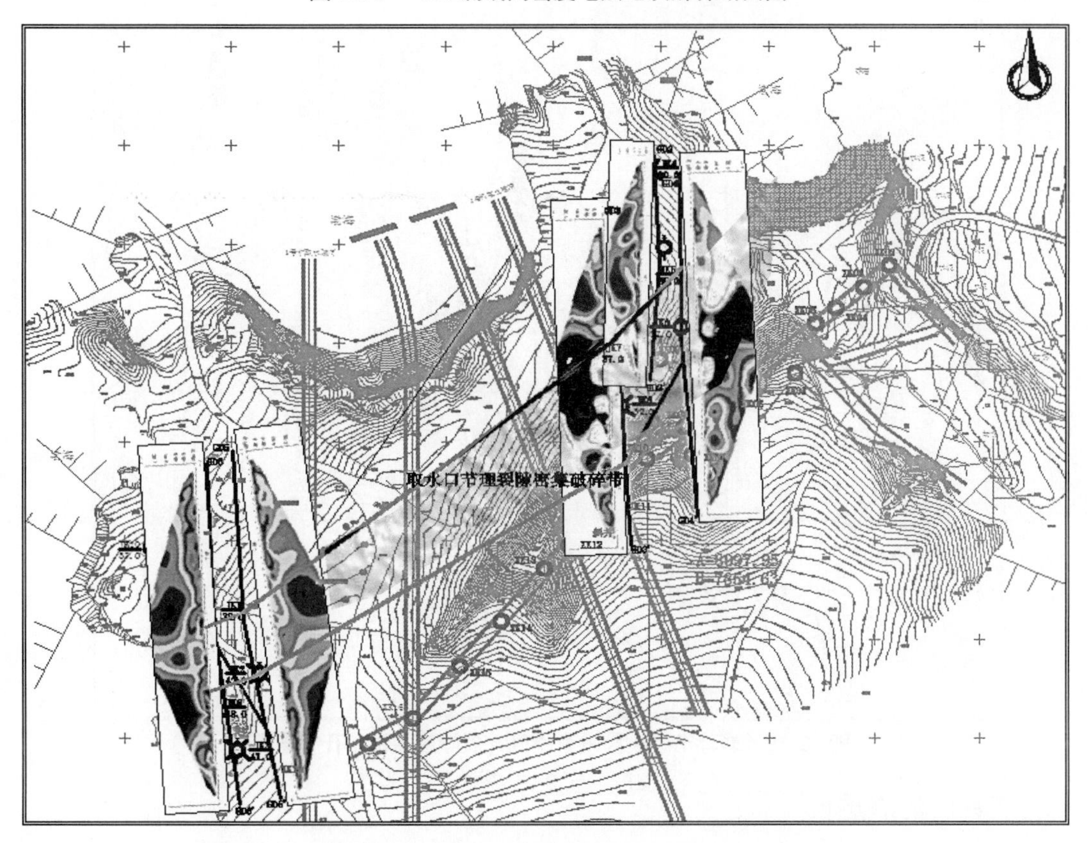

图 13.9　高密度电法成果与节理裂隙密集破碎带分布（阴影部分）

13.4　节理裂隙密集破碎带场地水文地质条件

为查明节理裂隙密集破碎带的水文地质条件，勘察在充分利用前期勘察成果的基础上，深入分析了勘测区域压水试验、抽水试验、地下水水质分析、钻孔水位观测等测试资料。

隧洞出口节理密集破碎带地下水类型为基岩裂隙水，含水体为花岗岩体及局部存在的片麻岩。风化裂隙水主要赋存在强风化岩体中，因局部强风化岩体的大规模存在，局部强风化岩体深度较大的地段存在一些相对孤立的含水系统；基岩构造裂隙水赋存在中等风化岩体中，由于节理裂隙发育的不均匀性、裂隙张开程度和充填情况各不相同、局部破碎带处于饱水状态等各种因素造成构造裂隙水分布不均匀。

从表 13.1 和图 13.10 钻孔水位观测统计表可以看出，在勘测区内，大部分钻孔内的水位标高基本一致，结合钻孔岩芯可以看出，这与节理的发育程度有很大的关联，由于强风化及中等风化岩体节理裂隙发育，裂隙连通性较好，形成相对统一的地下水位，故该地下水为构造裂隙水向风化裂隙水及孔隙水过渡的类型。

表 13.1　钻孔水位观测统计表

钻孔编号	标高/m	水位埋深/m	水位标高/m	钻孔编号	标高/m	水位埋深/m	水位标高/m
JK1	22.54	21.02	1.52	JK6	16.48	14.82	1.66
JK2	26.32	24.17	2.15	JK7	21.90	19.87	2.03
JK3	25.77	20.45	5.32	JK8	15.48	13.54	1.94
JK4	14.95	13.8	1.15	JK9	22.50	19.87	2.63
JK5	18.50	17.28	1.22	JK10	21.10	19.52	1.58

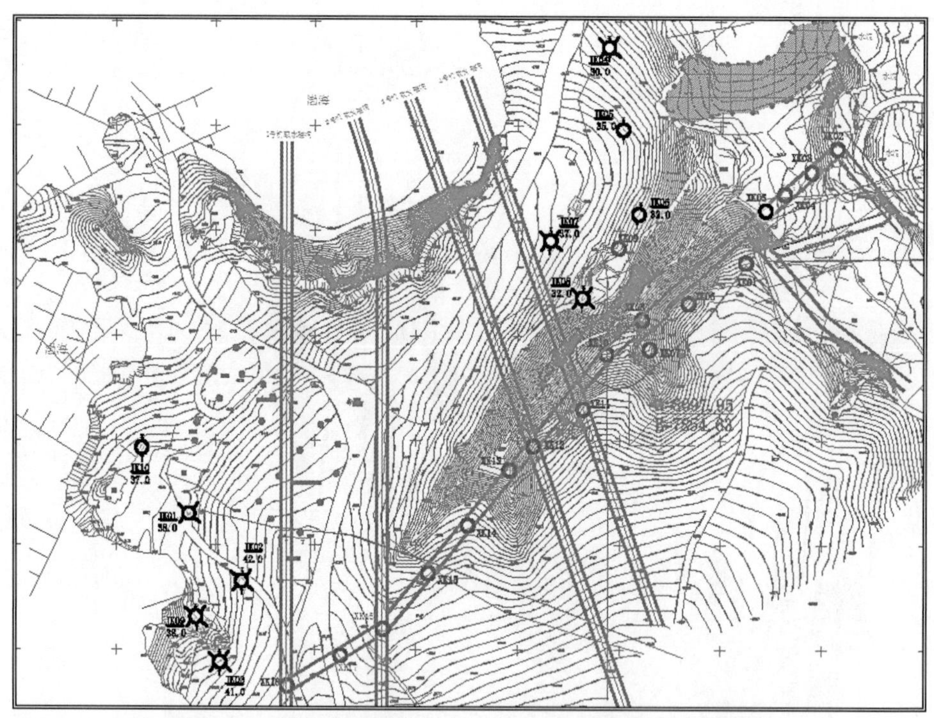

图 13.10　岩体节理裂隙发育程度、裂隙连通性钻孔布置图

13.5　基岩的渗透性

13.5.1　压水试验

基岩裂隙水具有非均匀性的特点，因此基岩裂隙发育不均匀而导致岩体渗透性存在较大差异。压水试验可以定性评价岩体的裂隙发育程度，不同地段不同深度压水试验结果见表 13.2。压水试验的目的是确定与工程建筑物有关地段岩体的透水率及渗透系数，并了解岩体裂隙的张开度、充填物的性质、岩体的可灌性等。在水文地质条件简单、透水性较小

的地段，可以利用压水试验资料估算岩体的渗透系数，为隧洞的设计和工程处理提供基本资料。本试验外业于 2009 年 9 月 27 日—11 月 2 日进行，完成了 9 个钻孔共 27 段的压水试验。本试验的试验段分别位于隧洞的洞顶标高和洞底标高附近，岩体为中等风化花岗岩，局部夹中等风化花岗岩。

表 13.2　钻孔压水试验一览表

钻孔编号	试段深度/m	岩性	风化程度	试段透水率/*Lu*	渗透系数/（cm/s）	透水性分级	*P*—*Q* 曲线
JK2	25.40～32.10	花岗岩	中等风化	2.80	2.80×10^{-5}	弱透水	E 型
	31.70～37.10	花岗岩	中等风化	8.14	8.14×10^{-5}	弱透水	C 型
	36.50～42.00	花岗岩	中等风化	19.55	1.96×10^{-4}	中等透水	D 型
JK3	25.20～31.00	花岗岩	中等风化	0.17	1.73×10^{-6}	微透水	E 型
	26.00～34.00	花岗岩	中等风化	0.11	1.06×10^{-6}	微透水	E 型
	33.00～41.00	花岗岩	中等风化	0.13	1.26×10^{-6}	微透水	E 型
JK4	14.60～20.00	花岗岩夹片麻岩	中等风化	15.88	1.59×10^{-4}	中等透水	D 型
	19.60～25.00	花岗岩	中等风化	14.11	1.41×10^{-4}	中等透水	D 型
	24.60～30.00	花岗岩	中等风化	22.31	2.31×10^{-4}	中等透水	D 型
JK5	19.60～25.00	花岗岩	中等风化	1.44	1.44×10^{-5}	弱透水	D 型
	22.30～28.80	花岗岩夹片麻岩	中等风化	0.45	4.46×10^{-6}	微透水	D 型
	27.20～35.00	花岗岩夹片麻岩	中等风化	0.85	8.54×10^{-6}	微透水	D 型
JK6	12.00～22.00	花岗岩	中等风化	6.40	6.40×10^{-5}	弱透水	D 型
	21.60～27.00	花岗岩	中等风化	10.21	1.02×10^{-4}	中等透水	D 型
	26.60～32.00	花岗岩	中等风化	10.82	1.08×10^{-4}	中等透水	D 型
JK7	21.60～27.00	花岗岩	中等风化	18.77	1.88×10^{-4}	中等透水	D 型
	26.60～32.00	花岗岩	中等风化	7.58	7.58×10^{-5}	弱透水	D 型
	31.60～37.00	花岗岩	中等风化	8.12	8.12×10^{-5}	弱透水	D 型
JK8	16.60～22.00	花岗岩	中等风化	15.09	1.51×10^{-4}	中等透水	D 型
	21.60～27.00	花岗岩夹片麻岩	中等风化	12.59	1.26×10^{-4}	中等透水	D 型
	28.70～32.00	花岗岩	中等风化	90.39	9.04×10^{-4}	中等透水	D 型
JK9	20.60～28.40	花岗岩	中等风化	5.86	5.86×10^{-5}	弱透水	D 型
	27.60～33.00	花岗岩	中等风化	16.00	1.60×10^{-4}	中等透水	D 型
	32.60～38.00	花岗岩	中等风化	17.12	1.71×10^{-4}	中等透水	D 型
JK10	21.60～27.00	花岗岩	中等风化	0.90	8.98×10^{-6}	微透水	A 型
	26.60～32.00	花岗岩	中等风化	0.95	9.50×10^{-6}	微透水	E 型
	27.90～37.00	花岗岩	中等风化	1.19	1.19×10^{-5}	弱透水	A 型
XK10	17.00～23.00	花岗岩	中等风化	27.23	2.72×10^{-4}	中等透水	D 型

注：XK10 为前期斜井勘察压水试验成果。

基岩裂隙水具有非均匀性和随机性的特点，由于基岩裂隙发育不均匀而导致岩体渗透性存在较大差异。压水试验可以定性评价岩体的裂隙发育程度，根据不同地段不同深度压水试验结果（表 13.2）与钻探岩芯进行比较发现，节理裂隙发育，贯通性较好，岩芯破碎的岩体透水性相对较大。

本工程 27 段压水试验中，压水试验 *P-Q* 曲线类型以 D、E 类型为主，其中 *P-Q* 曲线类型为 D 型的 19 段，占 70%；E 型的 5 段，占 18%，结合各试段岩芯及节理裂隙分布、发育特征，分析得出如下结论。

D（冲蚀）型：说明在试验压力作用下，岩体渗透性逐渐增大，且这种变化是永久性的，多半是由于岩体劈裂且与原有的裂隙相通或裂隙中的充填物被冲蚀、移动造成的，从而导致压入流量值变大。该钻孔岩芯节理裂隙极发育导致流量值偏大。

E（充填）型：说明试段在试验压力作用下，岩体渗透性减小，这种减小大多是由于节理裂隙被部分堵塞造成的，同时说明节理裂隙处于半封闭状态，连通性较差，当被水充满后，流量逐渐减小。

依据《工程地质勘察规范》（GB 50487—2008）中，按照渗透系数进行岩体的渗透性分级：①微透水：10^{-6}cm/s≤K＜10^{-5}cm/s；②弱透水：10^{-5}cm/s≤K＜10^{-4}cm/s；③中等透水：10^{-4}cm/s≤K＜10^{-2}cm/s。

据压水试验结果岩体渗透系数 1.06×10^{-6}～9.04×10^{-4}cm/s，大部分属微透水～中等透水。隧洞口破碎带花岗岩中等风化岩体的透水率差别较明显，为 0.11Lu～90.39Lu，为微透水～中等透水岩体。其中中等透水 12 段，占 44%，弱透水 8 段，占 30%，微透水 7 段，占 26%，局部存在透水较强的现象，与节理裂隙的发育有关。

在 JK7 钻孔的第二段压水和 JK9 钻孔的第一段压水中，从 0.3MPa 升至 0.6MPa 的压水过程中，均出现了流量骤然增大的现象，经分析与节理裂隙的发育及充填胶结有关，但需注意在隧洞爆破开挖过程中爆破对岩体产生的影响。从 JK8 钻孔第三段压水试验，岩体渗透系数较大，在钻探过程中出现严重漏水不返水现象，同时结合前期斜井 XK10 压水试验结果，此钻孔附近极有可能形成了一个沿地形从高向低、从山顶向沟谷的排泄方式，在隧洞开挖过程中须进行水文监测，同时做好排水预防工作。

13.5.2 抽水试验

本工程抽水试验采用定降深单孔稳定流试验法。由于水量较大，抽水设备均采用抽桶，水位测量采用电测水位计，抽桶抽水流量计为水桶。

勘察抽水试验在 9 个钻孔中进行，均进行 3 个降深试验，试验降深为 1.5～3.0m。试验前对抽水钻孔进行清洗，抽水稳定延续时间不小于 4h。当实测出水量最大值与最小值之差小于平均出水量的 5%，且出水量无持续增大或变小的趋势时，可视为出水量稳定。

抽水试验结束后，取稳定延续时间内平均出水量为计算值。

通过对地下水含水层结构、地下水水位变化和抽水试验实际情况进行综合分析，按"裘布依潜水含水层单孔完整井渗透系数计算公式"进行计算。

根据钻孔抽水试验成果一览表（表 13.3），中等风化岩体渗透系数为 9.82×10^{-6}cm/s～5.80×10^{-4}cm/s，中等透水 17 个，占 63%；弱透水 9 个，占 33%，微透水 1 个，占 4%，大部分属弱透水～中等透水岩体，局部为微透水岩体。与压水试验对比发现上部岩体比钻孔底部透水性好，和节理裂隙的发育程度有很大的关联，节理发育地段透水性相对较好。

13.6 地下水化学特征

13.6.1 水化学类型

据水质分析结果，整个隧洞口的地下水的水化学类型以 Cl-SO_4-Na（Mg）型水居多。除 JK4 为中性微咸水外，其余 6 个钻孔地下水的矿化度为 0.283～0.394g/L，pH 值 7.17～7.78，属中性—弱碱性的淡水。

勘察试验分析结果表明，XK11 和 JK4 的水质均为微咸水，经分析，靠海岸附近局部地段可能存在和海水的微弱联系。

13.6.2 地下水的腐蚀性

据《岩土工程勘察规范》(GB50021—2001（2009 版）) 附录 G，隧洞口破碎带勘察场地环境类型为Ⅱ类。根据水质分析成果，地下水对混凝土结构具微～弱腐蚀性；干湿交替环境下对混凝土结构中的钢筋有微～弱腐蚀性。

表 13.3　钻孔抽水试验成果一览表

钻孔编号	孔口高程/m	水位埋深/m	水位降深 S/m	含水层厚度 H/m	试段主要岩性	涌水量 Q/（L/min）	单位涌水量 q/（L/min·m）	渗透系数		渗透性分级
								K/（m/d）	K /（cm/s）	
JK2	26.32	24.30	3.00	17.70	中等风化花岗岩	4.705	1.568	0.148	1.71×10^{-4}	中等透水
			2.00			3.118	1.559	0.143	1.65×10^{-4}	中等透水
			1.00			1.194	1.194	0.106	1.23×10^{-4}	中等透水
JK3	25.77	19.90	3.00	21.10	中等风化花岗岩	0.326	0.109	0.0085	9.82×10^{-6}	微透水
			2.00			0.232	0.116	0.0085	1.02×10^{-5}	弱透水
			1.00			0.122	0.122	0.0091	1.05×10^{-5}	弱透水
JK4	14.95	13.80	3.00	16.20	中等风化花岗岩	2.971	0.990	0.103	1.19×10^{-4}	中等透水
			2.00			1.862	0.931	0.094	1.08×10^{-4}	中等透水
			1.00			0.838	0.838	0.082	9.45×10^{-5}	弱透水
JK5	18.50	17.10	3.00	17.90	中等风化花岗岩	1.123	0.374	0.035	4.04×10^{-5}	弱透水
			2.00			0.655	0.328	0.030	3.43×10^{-5}	弱透水
			1.00			0.319	0.319	0.028	3.25×10^{-5}	弱透水
JK6	16.48	14.80	1.50	17.20	中等风化花岗岩	3.800	2.533	0.236	2.73×10^{-4}	中等透水
			1.00			2.422	2.422	0.222	2.57×10^{-4}	中等透水
			0.50			1.127	2.254	0.203	2.35×10^{-4}	中等透水
JK7	21.90	19.60	1.50	17.40	中等风化花岗岩	6.667	4.445	0.408	4.73×10^{-4}	中等透水
			1.00			4.888	4.888	0.442	5.12×10^{-4}	中等透水
			0.50			2.581	5.162	0.461	5.33×10^{-4}	中等透水
JK8	15.48	13.40	1.50	18.60	中等风化花岗岩	8.770	5.847	0.501	5.80×10^{-4}	中等透水
			1.00			5.482	5.482	0.463	5.36×10^{-4}	中等透水
			0.50			2.519	5.038	0.420	4.86×10^{-4}	中等透水
JK9	22.50	19.80	1.50	22.20	中等风化花岗岩	2.715	1.450	0.103	1.20×10^{-4}	中等透水
			1.00			1.412	1.412	0.100	1.15×10^{-4}	中等透水
			0.50			0.659	1.318	0.092	1.06×10^{-4}	中等透水
JK10	21.10	19.25	3.00	17.75	中等风化花岗岩	1.483	0.494	0.047	5.38×10^{-5}	弱透水
			2.00			1.013	0.507	0.046	5.35×10^{-5}	弱透水
			1.00			0.564	0.564	0.050	5.79×10^{-5}	弱透水

13.6.2 地下水的腐蚀性

据《岩土工程勘察规范》（GB50021—2001（2009版））附录G，隧洞口破碎带勘察场地环境类型为Ⅱ类。根据水质分析成果，地下水对混凝土结构具微～弱腐蚀性；干湿交替环境下对混凝土结构中的钢筋有微～弱腐蚀性。

13.6.3 地下水的径流和补给

据前期资料和勘察对地下水的观察，勘察区域地下水补给主要为大气降水和测区外高水力坡度地带的补给综合补给方式，地下水径流排泄方向为陆地到海洋的趋势，但测区局部发育较大规模、贯穿性较好的节理密集带，该处可能作为渗流通道，使海水渗流进入测区，此种渗流方式不是测区主要的地下水活动方式，具有流量小、渗流速度缓慢等特点，故在后期施工中采取一般的排水措施即可（地下水很丰富，应该采取排水措施）。

勘察期在隧洞口东侧、西侧分别取3组和4组水样进行分析，结果显示所取水样为淡水～微咸水。综合勘察结果及前期水文地质工作结果，勘察期间深部岩体内地下水与海水无水力联系，但根据节理裂隙的定向发育特点，地下水与海水之间在近海岸局部节理裂隙比较发育、且节理贯通性较好的地段可能存在微弱的水力联系。在隧洞和隧洞口开挖过程中，应加强爆破监测和水文地质观测工作，发现异常及时采取补救措施。

13.7 隧洞涌水量估算

在勘察中，做了大量的水文试验，从压水试验和抽水试验可以得出勘察区域的岩体渗透系数：1.06×10^{-6}cm/s～9.04×10^{-4}cm/s，对单个隧洞的涌水量估算采用柯斯嘉科夫公式（13.1）。

$$Q_s = \frac{2\alpha KBH}{\ln\left(\frac{R}{r}\right)} \tag{13.1}$$

$$\alpha = \frac{\pi}{2} + \frac{H}{R} \tag{13.2}$$

式中：Q_S—预测隧洞正常涌水量，m^3/d；R—隧洞涌水量影响半径，m；S—水位降深，m；K—渗透系数，m/d；H—静止水位至隧洞底深度，m；α—修正系数；B—隧洞通过含水层长度，m；r—隧洞宽度的一半。

表13.4 隧洞预测涌水量

K/（m/d）	R/m	S/m	H/m	B/m	r/m	Q_S/（m^3/d）
1.06×10^{-6}	100	12.50	12.50	1.00	3.00	0.01
9.04×10^{-4}	100	12.50	12.50	1.00	3.00	9.44

注：其中初始水位标高按2.50m，隧洞底标高为-10.00m，影响半径按100m，计算出的涌水量为单位涌水量。

从表13.4中可以看出隧洞的涌（渗）水量不大，隧洞通过含水层每延米长度最小为$0.01m^3/d$、最大为$9.44m^3/d$，因存在节理裂隙破碎密集带，在开挖过程中应采取适当的应急排水措施，尤其在雨季施工，应采取措施预防可能出现局部大量涌水。

第 14 章　节理裂隙密集破碎带岩土工程条件评价

采用边坡滑动面法、边坡有限元滑动面法对隧洞开挖后边坡稳定性进行分析，隧洞受到了两组走向分别是 330°、40°节理的控制，隧洞围岩分Ⅳ类和Ⅴ类两类，Ⅳ类围岩自稳时间很短，不稳定，Ⅴ类围岩不能自稳，极不稳定。用 Phase^{2D} 进行边坡开挖稳定分析时，采用了两种不同的设计方案。开挖边坡有限元滑动面法分析法采用的方案是 FLAC/SLOPE^{2D} 数值分析，同样采用两种方案。

14.1　场地岩土工程条件

根据前期工程地质测绘、工程物探及钻探成果，隧洞经过地区无断裂通过，地层为稳定的基岩，地势平坦、开阔，隧洞区岩性为花岗岩和片麻岩，花岗岩风化状态主要为强风化、中等风化（前期隧洞勘察揭露微风化），片麻岩以捕虏体形式存在，以强风化状态为主，局部见少量中等风化。

④强风化花岗岩及$④_1$强风化片麻岩工程岩体级别为Ⅴ类，⑤中等风化花岗岩及$⑤_1$中等风化片麻岩工程岩体级别为Ⅳ类，建筑场地类别为Ⅰ类。

隧洞头部有少量崩塌，为对建筑抗震不利地段，隧洞隧洞口区无滑坡、泥石流等不良地质作用，为对建筑抗震有利地段。

14.2　隧洞口边坡稳定性分析

通过勘测工作并结合前期隧洞勘察综合分析，此处的海岸带的形成受到了两组走向分别是 330°、40°节理的控制，通过此处所作的节理统计结果表明，上述两组节理在此处交汇，往往使岩体切割成极破碎的块体；受到钾长花岗岩岩性的影响，岩石坚硬，耐风化能力强，但在多组节理发育的情况下，极容易产生崩塌。

而且往往表现为此消彼长的现象，取水头部陡崖外已有危岩体出现崩塌，节理面已被剥离出来，明显的处于失稳的边缘状态。

考虑到该处为隧洞口，危岩体的存在势必影响此处各项工作的展开，建议尽早进行相关处理。

14.3　隧洞工程地质稳定性分析

14.3.1　地应力

根据前期 1 号，2 号取水隧洞补勘与 3 号，4 号取水隧洞两次勘察过程中的测试结果，对比发现地应力值的大小和方向较为接近，表明该工程区域的地应力值变化不大，见表 14.1 和 14.2。

表 14.1　1 号，2 号隧洞测试地应力成果统计表

项目	抗拉强度/MPa	最大水平主应力 σ_H/MPa	最小水平主应力 σ_h/MPa	垂直应力 σ_v/MPa
最大值	4.81	3.29	2.66	1.2
最小值	1.15	1.68	1.61	0.68
平均值	2.32	2.42	2.13	0.97
测点数	6	6	6	6

表 14. 2　3 号，4 号隧洞测试地应力成果统计表

项　目	抗拉强度/MPa	最大水平主应力 σ_H/MPa	最小水平主应力 σ_h/MPa	垂直应力 σ_v/MPa
最大值	2.40	3.46	2.89	1.20
最小值	0.18	2.45	1.71	0.68
平均值	1.27	2.92	2.34	0.97
测点数	6	6	6	6

注：表 14. 3 中的数据为直接引 3 号，4 号隧洞勘察报告。

表 14. 3　各类岩石初始应力情况表

岩石分类	R_c	R_c/σ_{max}	应力情况
④强风化花岗岩	11	5.2	高应力
⑤中等风化花岗岩	40	18.9	
④$_1$强风化片麻岩	7.5	3.5	极高应力
⑤$_1$中等风化片麻岩	26	12.3	

注：R_c—岩石饱和单轴抗压强度值；σ_{max}—为垂直洞轴线线方向的最大初始应力。

根据《工程岩体分级标准》(GB50218—94)，强风化花岗岩 R_c/σ_{max} 值在 4～7 之间，应力情况为高应力，强风化花岗岩为软质岩，隧洞开挖过程中洞壁岩体位移显著，持续时间长，成洞性差；强风化片麻岩 R_c/σ_{max} 值在小于 4，应力情况为极高应力，强风化片麻岩为软质岩，隧洞开挖过程中洞壁岩体有剥离，位移极为显著，甚至发生大位移，持续时间长，不易成洞。

14.3.2　隧洞围岩分类

岩体基本质量分级的因素为岩体的坚硬程度、完整程度、地下水影响、地应力、主要软弱结构面产状影响。

（1）岩体基本质量指标

根据《工程岩体分级标准》(GB50218—94) 岩体基本质量指标值。

$$BQ=90+3R_c+250K_v \qquad (14.1)$$

式中：R_c—岩石饱和单轴抗压强度，根据岩石饱和单轴抗压强度和点荷载试验指标确定；K_v—岩体完整性指数，可根据岩石弹性纵波波速和岩体弹性纵波波速计算，公式为。

$$K_v=(V_{pm}/V_{pr})^2 \qquad (14.2)$$

式中：V_{pm}—岩体弹性纵波波速，km/s；V_{pr}—岩石弹性纵波波速，km/s。

K_v 为与定性划化的岩体完整程度所对应关系为：①完整＞0.75；②较完整 0.75～0.55；③较破碎 0.55～0.35；④破碎 0.35～0.15；⑤极破碎＜0.15。

岩石基本质量指标见表 14.4。

表 14.4　岩石基本质量指标表

岩石分类	V_{pm}	V_{pr}	K_v	R_c	BQ
④强风化花岗岩	2318		0.12	11	153
⑤中等风化花岗岩	3312	4748	0.49	40	332.5
④$_1$ 强风化片麻岩	2200		0.10	7.5	137.5
⑤$_1$ 中等风化片麻岩	3000	3949	0.58	26	313

注：上述数据为利用 1 号、2 号隧洞补勘报告成果数据。

（2）岩体基本质量指标修正

根据《工程岩体分级标准》(GB50218—94) 岩体基本质量指标修正值。

$$\{BQ\}=BQ-100(K_1+K_2+K_3) \qquad (4.3)$$

式中：$\{BQ\}$—岩体质量修正值；BQ—岩体质量指标；K_1—地下水的影响修正系数；K_2—

主要软弱结构面产状影响修正系数；K_3—初始应力状态影响修正系数。

地下水出水状态根据压水试验和抽水试验综合确定；综合分析钻探、测绘及物探资料，隧洞区没有发现明显的由一组软弱结构面起控制作用，影响岩体稳定性，因此可不考虑软弱结构面的影响。

初始应力状态影响修正系数根据初始应力状态及 *BQ* 值确定，岩石基本质量分级见表 14.5 所列。

表 14.5　岩石基本质量分级

岩石分类	*BQ*	K_1	K_3	{*BQ*}	基本质量级别
④强风化花岗岩	153	0.8	0.7	3	Ⅴ
⑤中等风化花岗岩	332.5	0.8	0	252.5	Ⅳ
④1 强风化片麻岩	137.5	0.8	1	-42.5	Ⅴ
⑤1 中等风化片麻岩	313	0.5	0	269	Ⅳ

注：强风化片麻岩 {*BQ*} 出现负值，设计和施工应给以足够的重视。

（3）隧洞围岩质量分类

隧洞围岩质量分类评价范围包括隧洞及洞顶以上一倍洞径，分类主要依据围岩的基本质量级别，结合洞顶 1 倍洞径围岩的破碎程度、渗透性及洞顶Ⅵ类围岩的厚度综合评价。隧洞围岩分Ⅳ类和Ⅴ类，Ⅳ类围岩自稳时间很短，规模较大的各种变形和破坏随时可能发生，不稳定；Ⅴ类围岩不能自稳，变形破坏严重，极不稳定。

14.3.3　隧洞稳定性工程地质评价

①隧洞口隧洞地段花岗岩及片麻岩以强风化—中等风化为主，强风化花岗岩及片麻岩岩芯呈土状、砂状及碎块状，结构类型为散体状结构或碎裂状结构；完整程度为极破碎。岩体的基本质量分级为Ⅴ级；中等风化花岗岩及片麻岩岩芯呈柱状，结构类型为裂隙块状，完整程度为较破碎—破碎，岩体基本质量分级为Ⅳ级。

②隧洞口隧洞围岩分类为Ⅳ类和Ⅴ类，Ⅳ类围岩自稳时间很短，规模较大的各种变形和破坏随时都可能发生，不稳定；Ⅴ类围岩不能自稳，变形破坏严重，极不稳定。

强风化花岗岩及片麻岩结构强度极低，大部分呈散体结构，加之地下水的作用，施工中极易出现塌方，甚至流砂，建议采用长管棚法施工。

施工时应采取超前小导管、短进尺、早锚固、快喷浆、勤测量，并做好动态的监测与预报工作。

③由于片麻岩捕虏体分布无规律，花岗岩体的节理裂隙发育，地下水分布不均，岩土工程条件十分复杂。虽然采用了工程地质钻探、物探、原位测试、工程地质测绘等多种勘测手段，但也很难完全反映实际的地质条件。

因此，建议隧洞在施工中应该采取一些技术措施，控制进尺，及时衬砌、支护，做好监测工作及超前预报，密切关注地质条件的变化，遇地质条件与设计不一致，在既有设计的基础上进行动态设计。

④隧洞开挖过程中应重视走向 330°、45°两组节理构成楔形体滑落。

14.4　隧洞及仰坡稳定性初步分析

14.4.1　边坡开挖平面布置图

隧洞边坡开挖平面布置图见图 14.1～图 14.3，在原设计 A 的基础上调整为 B 方案，C 为开挖边坡施工图。

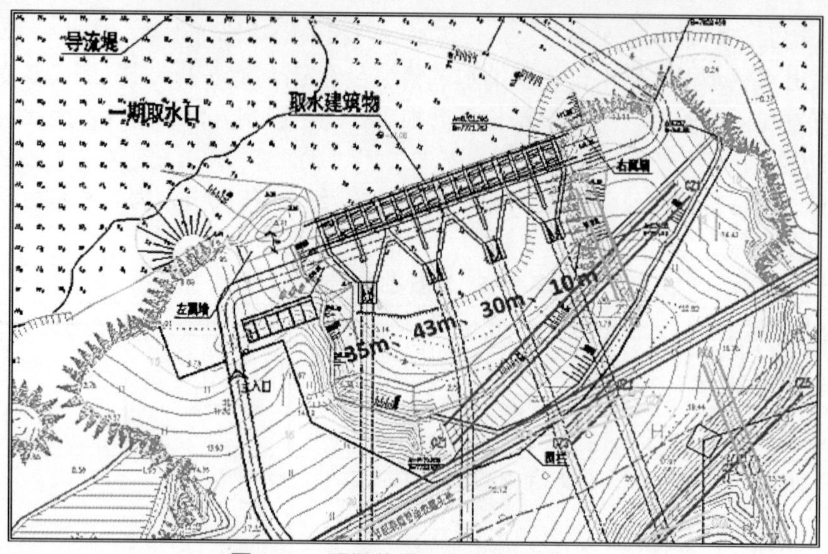

图 14.1　明洞位置和长度设计图(A)

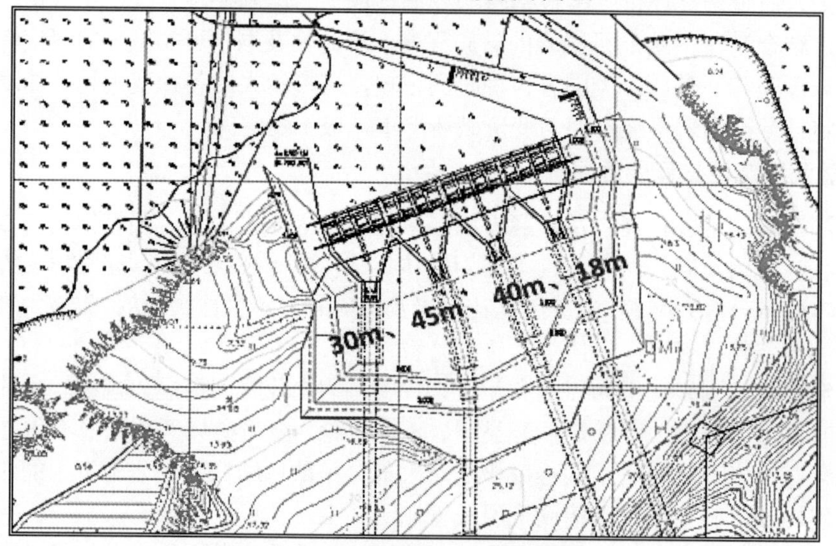

图 14.2　明洞位置和长度设计图(B)

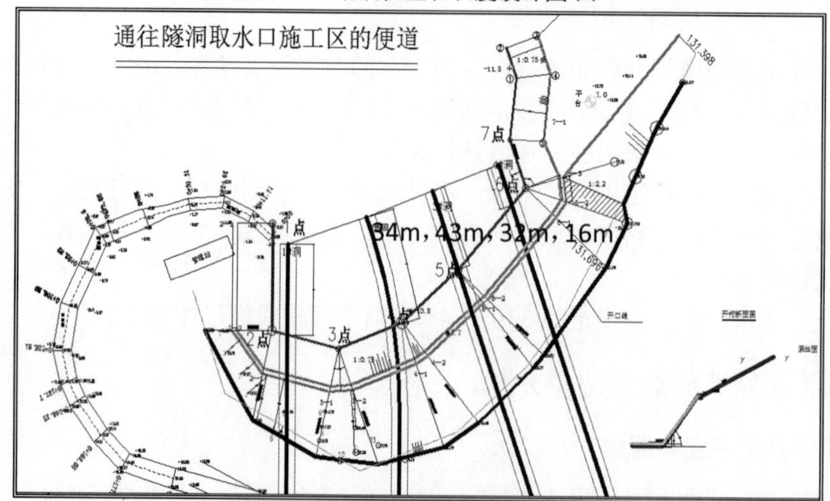

图 14.3　明洞位置和长度设计图(C)

14.4.2　开挖边坡滑动面法分析

用 Phase^{2D}进行边坡开挖稳定分析时，考虑了 2 种围岩情况：强风化花岗岩、强风化片麻岩。设计研方案初步分析成果见图 14.4 和图 4.5 所示。其中图 14.4 方案中所考虑强风化花岗岩、强风化片麻边坡稳定性系数分别为 1.57 和 1.29；图 14.5 方案中考虑强风化花岗岩、强风化片麻边坡稳定性系数分别为 1.24 和 1.01。

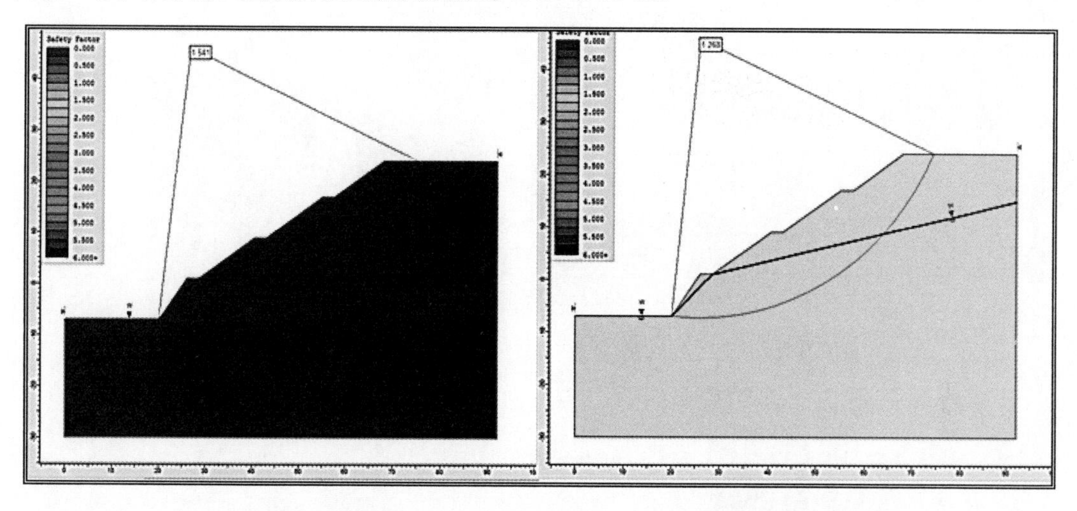

（a）强风化花岗岩情况　　（b）强风化片麻岩情况

图 14.4　上述围岩情况最危险滑动面位置

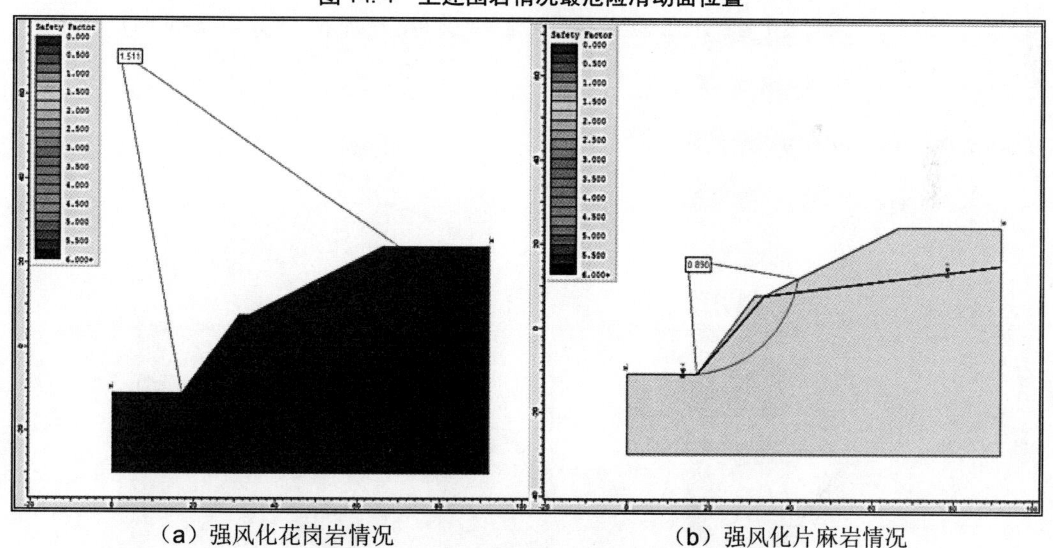

（a）强风化花岗岩情况　　（b）强风化片麻岩情况

图 14.5　上述围岩情况最危险滑动面位置

14.4.3　开挖边坡有限元滑动面法分析

开挖边坡有限元滑动面法分析法采用的方案是 FLAC/SLOPE^{2D}数值分析，同样采用两种方案。第一种方案初步分析成果如图 14.6 和图 14.7 所示；第二种方案数值分析初步分析成果如图 14.8 和图 14.9 所示。

方案一中考虑强风化花岗岩、强风化片麻边坡稳定性系数分别为 1.54 和 1.27，明确了边坡位移场、剪应变分布；方案二中考虑强风化花岗岩、强风化片麻边坡稳定性系数分别为 1.18 和 0.99，明确了边坡位移场、剪应变分布。

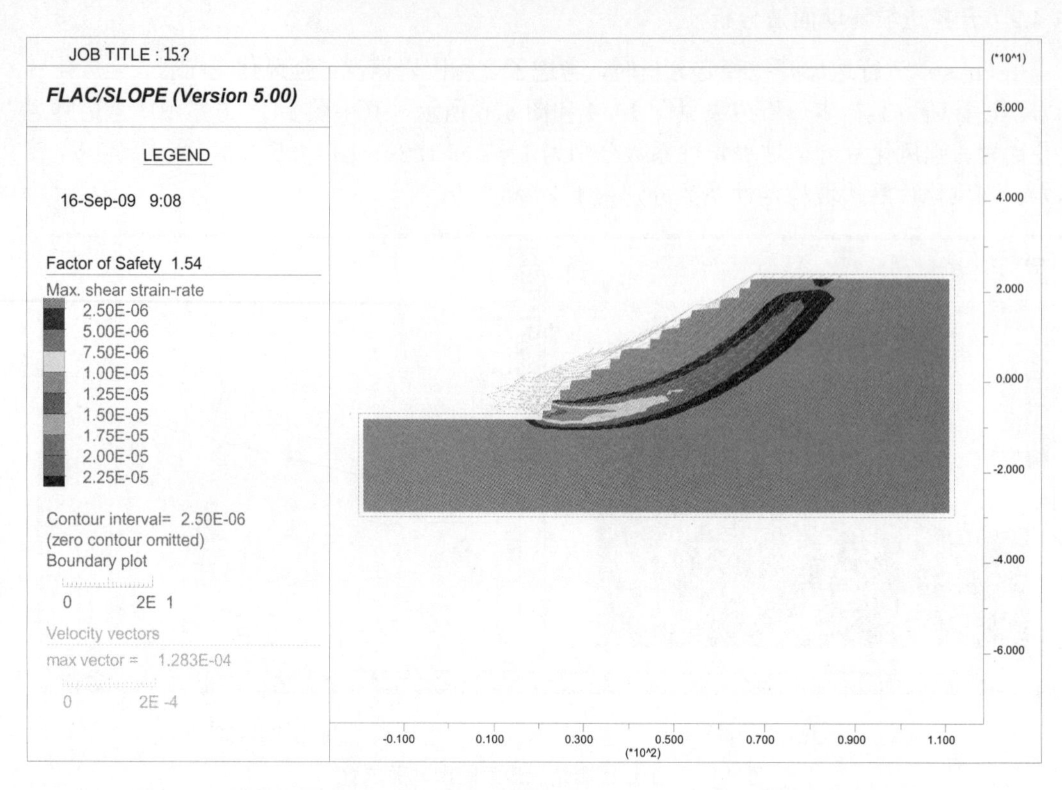

图 14. 6　强风化花岗岩开挖边坡位移场、剪应变分布，稳定系数计算（SRF=1. 54）

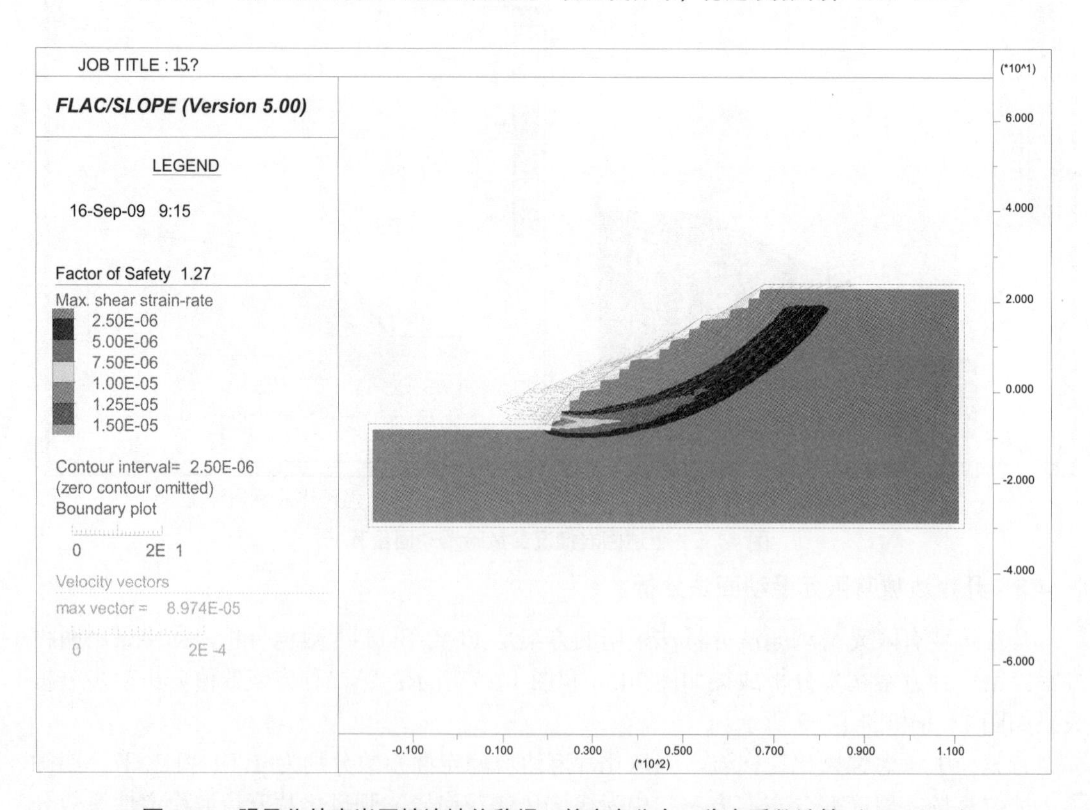

图 14. 7　强风化片麻岩开挖边坡位移场、剪应变分布，稳定系数计算（SRF=1. 27）

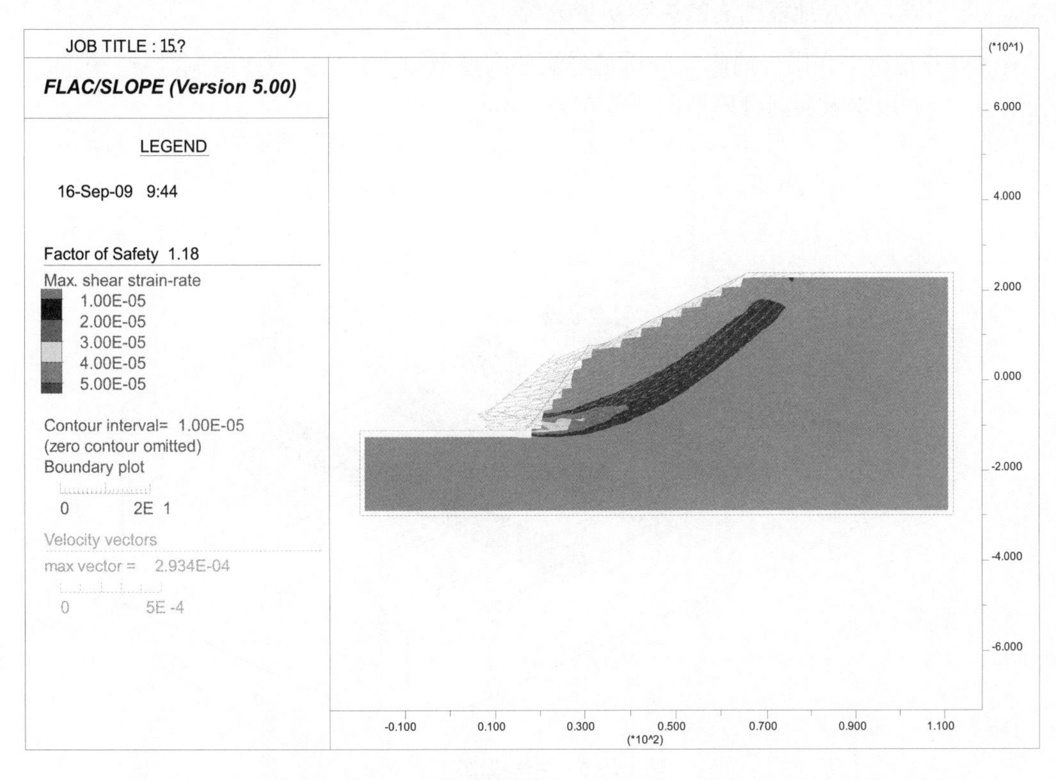

图 14.8　强风化花岗岩开挖边坡位移场、剪应变分布，稳定系数计算（SRF=1.18）

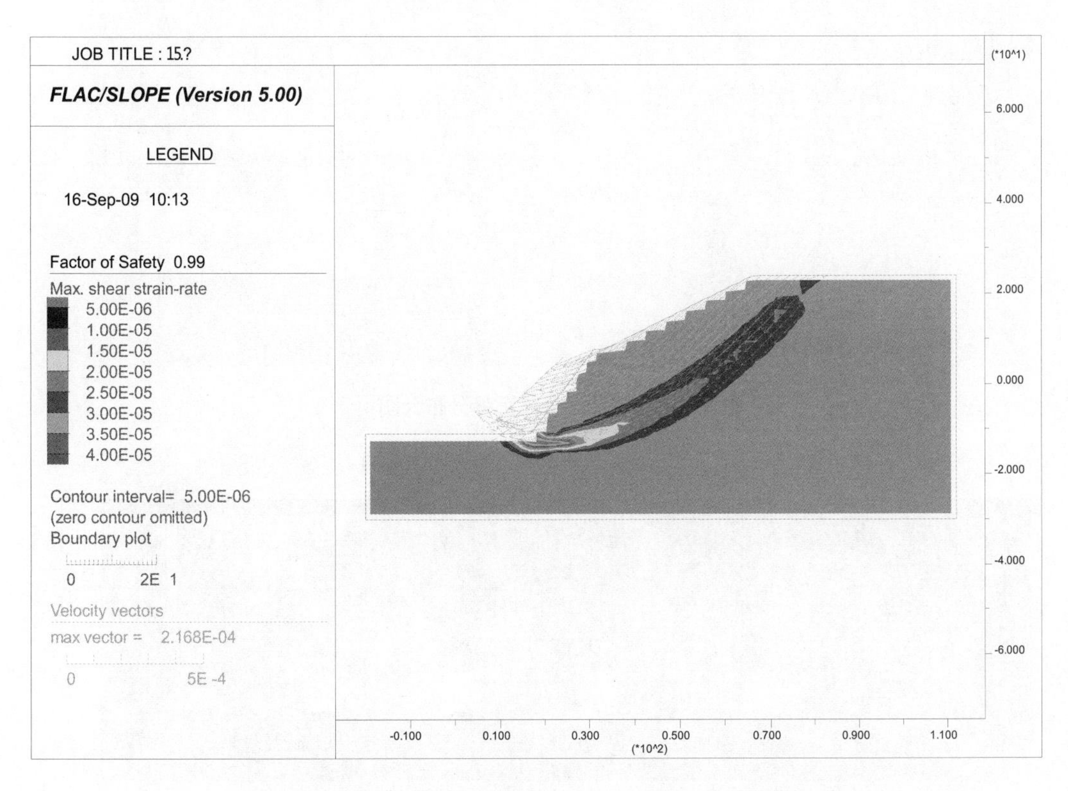

图 14.9　强风化片麻岩开挖边坡位移场、剪应变分布，稳定系数计算（SRF=0.99）

14.4.4 隧洞群开挖对地表围岩的影响初步分析

隧洞群开挖对地表围岩的影响分析见群洞三维模型图 14.10、取水隧洞洞身段沉降分布云图 14.11、取水隧洞洞身段剪应变分布云图 14.12。

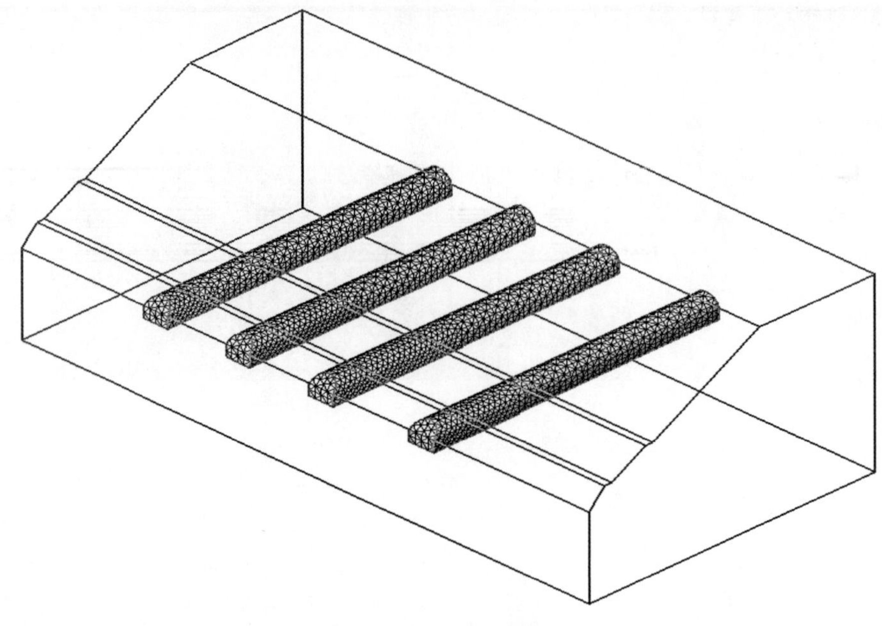

图 14.10 三维模型图

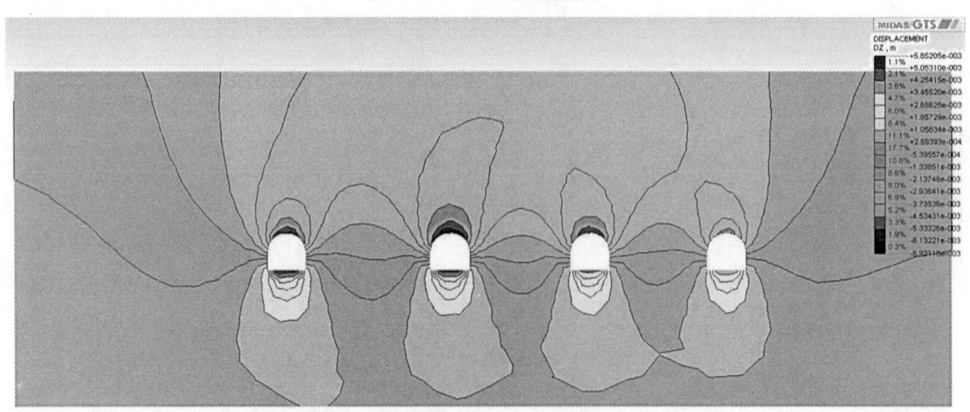

图 14.11 隧洞洞身段沉降分布云图

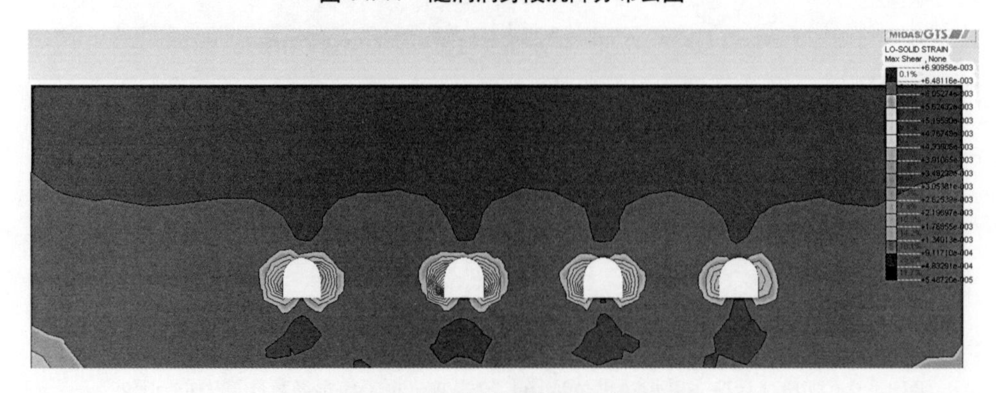

图 14.12 隧洞洞身段剪应变分布云图

由上述初步分析可知，隧洞开挖变形影响主要在洞径 1～2 倍范围，但是爆破、开挖对边坡稳定的影响需要结合隧洞口设计进行三维稳定性验算，并且结合隧洞口节理裂隙密集破碎带岩土工程勘察资料，详见隧洞口加强支护段地质断面图 14.13 和图 14.14。

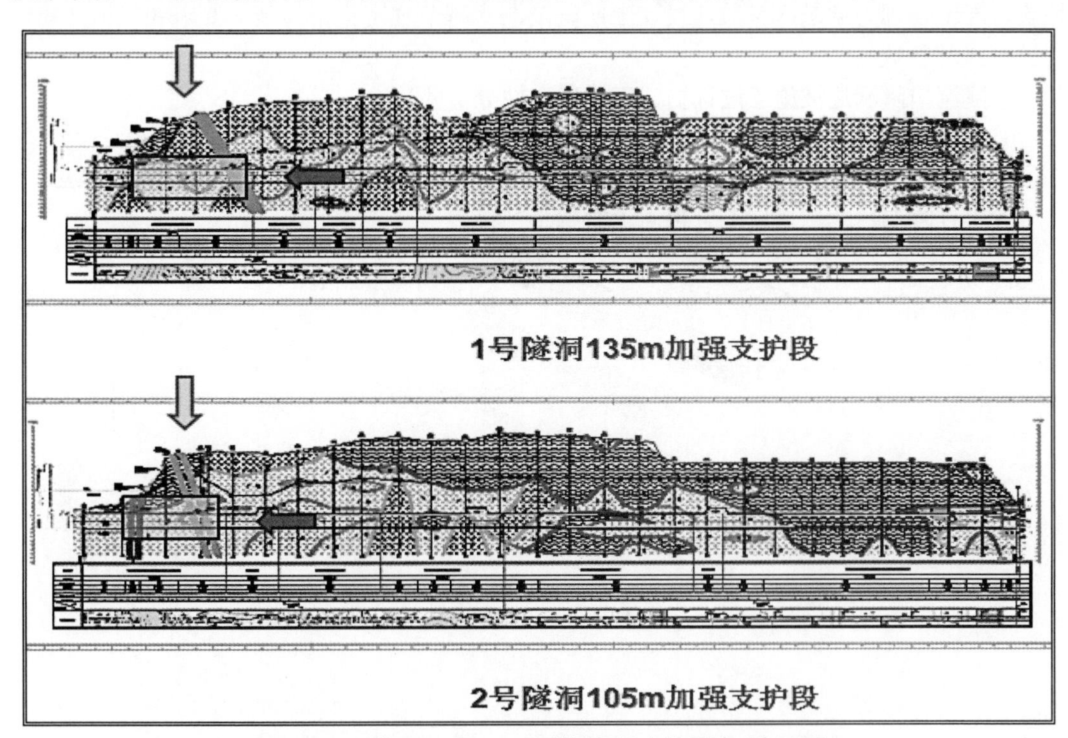

图 14.13　隧洞口 1 号、2 号隧洞加强支护段地质断面图

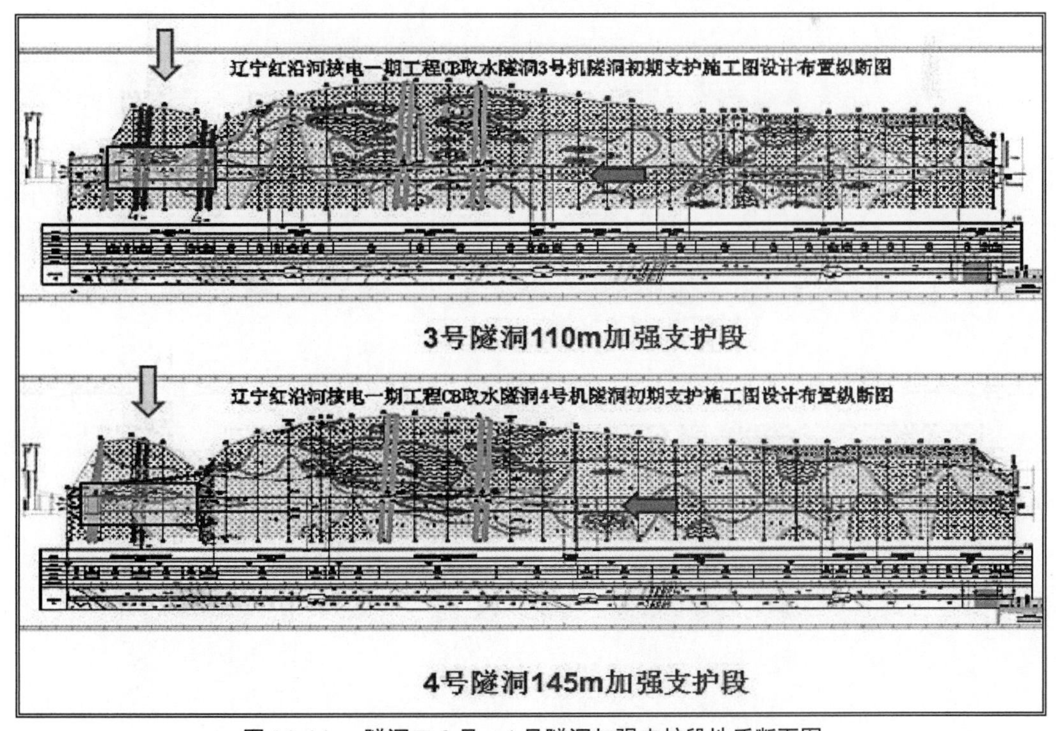

图 14.14　隧洞口 3 号、4 号隧洞加强支护段地质断面图

14.4.5 初步稳定分析建议

①结合隧洞口节理裂隙密集破碎带岩土工程勘察资料，修正或调整原设计中工程水文地质、岩土物理力学录入参数，设计上明确隧洞穿越节理密集带的施工要求（包括开挖、支护方式及参数）。

②隧洞口隧洞边坡施工过程二、三维稳定性分析验算。

③进行隧洞边坡岩体质量评价和合理选择支挡形式。

④提出合理的隧洞口隧洞边坡防护与加固施工方案。

⑤进行隧洞口隧洞边坡全过程施工监测与预报。

第 15 章　隧洞施工质量检测与评价

本章根据依托工程的实际情况确定现场检测的方案；用 IDSP5.0 分析处理探地雷达在隧洞检测中现场采集的数据；处理后的结果通过分析可以拾取隧洞初衬与围岩、初衬与二衬的分界面，从而可以判断隧洞施工的衬砌的厚度，并且可以判断围岩是否存在超欠挖现象；通过分析可以判断隧洞衬砌中存在的缺陷（空洞和不密实）在时间深度剖面图上反应信号强烈，对其位置和形态能够比较准确地确定。

15.1　隧洞施工现场雷达检测

15.1.1　检测目的

隧洞设计全长 1km 左右。由于围岩多是中等、强风化破碎围岩，加之地应力较大、自身施工难度大等原因，隧洞的初衬和岩层之间，如果施工控制不当，容易出现空隙、不密实等问题，这将直接影响到隧洞施工质量和运营过程中的安全性。因此，对隧洞衬砌施工质量进行检测很有必要。

本次对红沿河隧洞进行质量检测，主要目的是。

①检验隧洞不规则岩面和初衬之间是否存在空洞或空隙、不密实区、岩层松动区等。

②初衬厚度是否符合设计要求。

③钢拱架和钢筋的分布是否符合设计要求。

15.1.2　检测依据

本次检测严格按照以下规范进行，资料完整可靠。

①隧洞工程项目《施工图设计》(隧洞部分)。

②交通部《隧道施工技术规范》。

③交通部颁《公路工程质量检验评定标准》(隧道工程部分)。

15.1.3　检测方法和原理

现场检测采用 LTD—2200 探地雷达和 GC1500M、GC900M、GC500M、300M、25M 天线进行。探地雷达由一体化主机、天线及相关配件组成（见图 15.1）。雷达工作时，向地下介质发射一定强度的高频电磁脉冲（几十兆赫兹至上千兆赫兹），电磁脉冲遇到不同电性介质的分界面时即产生反射或散射，探地雷达接收并记录这些信号，再通过进一步的信号处理和解释即可了解地下介质的情况（见图 15.2）。

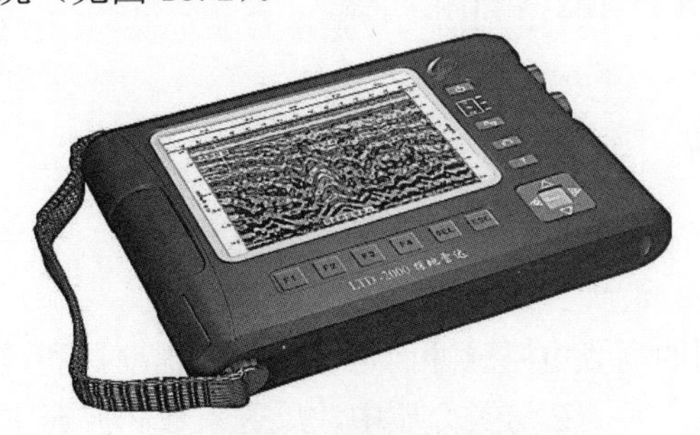

（a）LTD-2200 型探地雷达仪

（b）1500MHz 天线

（c）900MHz 天线

（d）500MHz 天线

图 15.1　LTD-2200 型探地雷达仪主机与天线

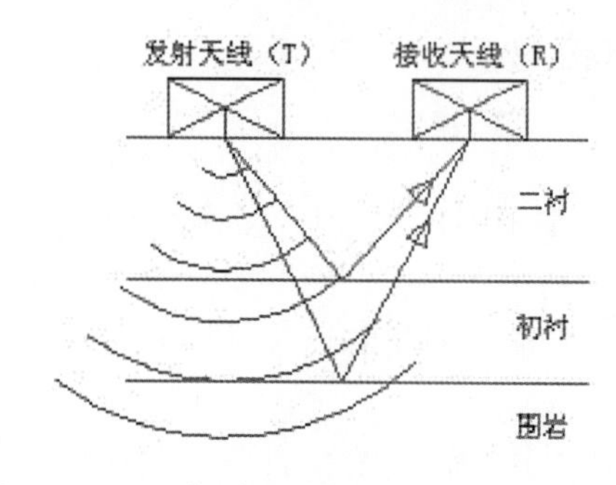

图 15.2　LTD 探地雷达探测隧洞时的工作原理

15.1.4　LTD-2200 探地雷达主要性能指标

LTD-2200 探地雷达具有方便实用、运行稳定可靠等优点，而且可以选择逐点测量、距离触发测量、连续测量等测量方式。

LTD-2200 型雷达主机为单通道模式。

LTD-2200 型雷达主机为单、双通道模式可选，分时工作。

兼容性：兼容 LTD2200 型雷达的全系列天线。

连续工作时间：≥4h。

体积：≤311mm×212mm×61mm（含航空插座）。

主机重量：≤2.5kg。

整机功耗：15W，内置 16.8V、65Wh 锂电池供电或外部电源供电 9～18V。

脉冲重复频率：16kHz，32kHz，64kHz，128kHz 可调。

扫描速率：16Hz，32Hz，64Hz，128Hz 可调。

时窗范围：5～1ns，连续可调。

记录道长度：256，512，1024，2048 可调。

输入带宽：1～16kHz。

动态范围：-7～130dB。

雷达信号输入范围：±10V。

系统信噪比：大于 70dB。

软件处理功能：滤波、放大、道间平均、去背景处理。

相对于探地雷达所用的高频电磁脉冲而言，通常工程勘探和检测中所遇到的介质都是以位移电流为主的低损耗介质。在这类介质中，反射系数和波速主要取决于介电常数：

$$\gamma = \frac{\sqrt{\varepsilon_1} - \sqrt{\varepsilon_2}}{\sqrt{\varepsilon_1} + \sqrt{\varepsilon_2}}, \ V = \frac{C}{\sqrt{\varepsilon}} \tag{5.1}$$

式中：Y—反射系数；V—速度；ε—相对介电常数；C—光速；下角标 1、2—上、下介质。

电磁波由空气进入二衬的混凝土层，会出现强反射（对应地面，并且由于空气中电磁波传播速度较快，这时的地面对应的是负相位）；同样，当电磁波由二衬传播至初衬，继而由初衬传播到岩层时，如果交界处贴合不好，或存在空隙，亦会导致雷达剖面相位和幅度发生变化，由此可确定衬砌厚度和发现施工缺陷。电磁波遇到以传导电流为主的介质，比如衬砌中存在的钢筋，会出现全反射，接收到的能量非常强，在雷达剖面上显示强异常，以此可确定钢筋分布情况。

15.2　隧洞现场检测

2009 年 7 月 6 日至 2009 年 7 月 15 日，在业主、监理、工程质量监督和施工部门的协助下，利用 LTD-2200 探地雷达，配置 900MHz 和 500MHz 天线对隧洞的衬砌质量进行了检测。

现场检测采用中国电波传播研究所研制的 LTD-2000 型探地雷达（见图 15.3），所用天线为地面耦合式一体化天线。雷达检测时，发射和接收天线与隧洞衬砌表面密贴，沿测线滑动，由雷达主机高速发射雷达脉冲，进行快速连续采集。雷达每秒发射 64 个脉冲，每米测线约有测点 40～60 个。

图 15.3　LTD 探地雷达检测场景

雷达时间剖面上各测点的位置和隧洞里程相联系，为保证点位的准确，在隧洞壁上每 1m 作一标志，标上里程。当天线对齐某一标记时，由仪器操作员向仪器输入信号，在雷达记录中每 1m 做一小标记，5m 的整数桩号打一个大标。内业整理资料时，根据标记和记录的首、末标及工作中间核查的里程，在雷达的时间剖面图上标明里程桩号。

15.2.1　天线选型

针对本次隧洞衬砌检测的具体情况，主要从分辨率、穿透力和稳定性三个方面综合衡量，选择了 500MHz 和 900MHz 天线。

900MHz 天线分辨率较高，能够发现衬砌间存在的缺陷，确定钢筋分布，估计衬砌厚度。

500MHz 天线虽然分辨率较 900MHz 天线低一些，但穿透深度较大，可以检测不规则岩面和初衬之间是否存在空洞或空隙等，并可与初衬 900MHz 的检测结果进行对比。

15.2.2 记录参数的确定

在选定测量天线后，进行了记录参数选取试验。根据现场调试分析结果，确定主要参数如下：

检测速度控制在 5km/h 左右；

每道（即每个地面采样点）包括 512 个时间采样点；

900MHz 天线的时间窗（记录长度）为 20ns，500MHz 天线的时间窗为 50ns；

采用 9 点分段增益，由浅至深线性增益；

采用连续检测方式，每隔 1m 打一个标记，每 5m 打双标。

15.2.3 检测测线布置

检测时，沿洞的走向设置 5 条测线，详见测线布置示意图 15.4，起拱线对应测线 1 和 5 设置在离底部 1.2m，拱腰测线 2 和 4 设置在离底部 2.0m 处，拱顶测线 3 布置在隧洞的中轴线。野外采集的连续雷达扫描图像，经室内计算机处理后，绘制成彩色探地雷达时间剖面图。对于异常部位，进行反复测量与加密测量，所有剖面测线记录独立编写文件，采用边采集数据边实时显示监控，遇随机情况影响探测效果的均在现场进行复测，确保全部数据均为有效记录。

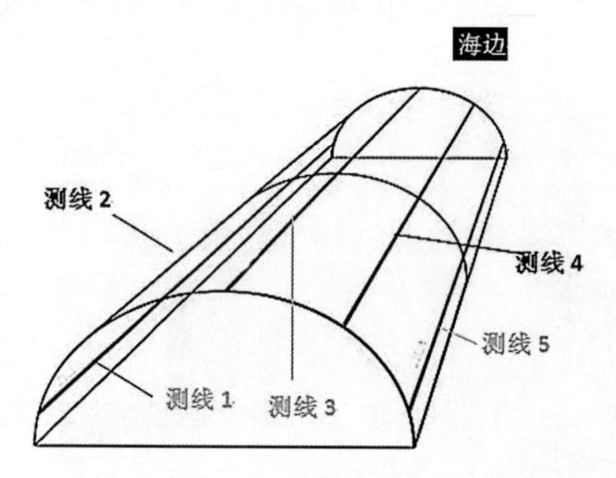

图 15.4 LTD 探地雷达检测隧洞时的测线布置

15.3 探地雷达测试数据的处理和解释

15.3.1 数据处理

雷达数据的采集是分析解释的基础，数据处理则是提高信噪比，将异常突出化的过程。将野外采集的探地雷达数据传输至计算机中，应用配套的探地雷达处理软件进行处理。首先进行预处理，即定标点的编辑、文件头参数设定及距离均一化。

进行定标点的编辑主要是将漏打的定标点补上，多余的删除，使隧洞内所标桩号与雷达图像上的定标点对应起来，在此基础上编辑文件头，设定适当的参数，并进行距离均一化。经过预处理后，还要进行一系列的数字化信号处理，通常的信号分析处理模块有：振幅谱分析、功率谱分析、相位谱分析、滑动平均谱分析、二维谱分析；常规信号处理模块有：漂移去除、零线设定、背景去噪、增益、谱值平衡、一维滤波、二维滤波、希尔伯特变换、反褶积、小波变换；运算模块有：道间平衡加强、滑动平均、文件叠加、文件拼接、混波处理、单道漂移去除、数学运算、积分运算、微分运算；图形编辑模块有：图形的放大、缩小、压缩、截取等。

经过上述数字信号处理后，可以有效地压制干扰信号的能量，提高雷达信号的信噪比，使雷达图像更易于识别地质信息，清晰地反映地质现象，从而提供更准确的解释结果。数据处理采用中国电波传播研究所自行开发的 IDSP5.0 探地雷达处理解释软件。

处理过程包括预处理（步骤：①修改文件头参数；②标记和桩号校正；③剖面翻转和道标准化；④添加标题、标识等）和处理分析（包括①浏览整个剖面，查找明显的异常；②频谱分析；③滤波去噪；④振幅增强；⑤异常特征和面层对应相位分析；⑥剖面修饰等）。

经过处理后的检测剖面中不同的颜色对应不同的幅度强度（如图 15.5 所示），横轴代表桩号（单位为 m），纵轴表示电磁波传播的双程走时（单位为 ns）。从剖面上可直观地看到钢筋分布、施工孔附近的空隙和空洞反映。

图 15.5　色标：从左往右颜色表示由强至弱的幅度大小

15.3.2　资料解释

探地雷达图象的分析有定性和定量两种，定性分析主要表现在对空洞、脱空规模大小、产状的判断上，定量分析主要在衬砌层厚度的判定上。衬砌层厚度的判定主要是界面的追踪及电磁波的速度的确定，混凝土与围岩界面主要按照相位及振幅进行追踪，由于界面两侧的介质存在一定的电性差异，特别是有空洞存在时，混凝土、空气与围岩三者之间存在较大差异，在该界面位置出现强反射，电磁波能量显著增强，形成强反射界面，但当混凝土内有钢筋时该界面将变得不十分清晰；电磁波波速则是根据混凝土的潮湿程度及凝期等因素，确定电磁波在混凝土中的相对介电常数 ε_r，混凝土的相对介电常数一般为 6.4，然后利用公式即可计算出衬砌层厚度。

对于衬砌层与围岩的接触情况，这主要根据电磁波波形、振幅大小及电磁波同相轴连续性的好坏来进行判断。当衬砌层内胶结良好，或衬砌层与围岩之间接触良好，无脱空时，雷达图像上表现为雷达波同相轴连续性较好。反之在雷达图像上会表现为反射能量强、同相轴连续性较差，甚至产生双曲线形态等异常现象。

15.3.3　典型图象分析

本次隧洞检测的探地雷达野外采集数据经专业处理软件进行一系列的数字化模块处理、分析后，结果与原设计资料进行对比发现，隧洞衬砌厚度达到设计要求，未发现明显的脱空异常区存在。下面就检测中的典型雷达图像进行说明。

（1）正常情况（见图 15.6（a））。表现为同相轴连续性较好，图像上看不到明显的异常反映，二衬、初衬、围岩之间的分界界面清晰。

（2）虚假异常（见图 15.6（b）圈定位置）。这种异常主要是因为洞壁上的配电箱、电源电缆、伸缩缝等引起的异常反映。该类异常主要表现为同相轴连续性中断，从上至下雷达波形同步错乱，这种异常不作为判断衬砌层内部质量的依据。在野外实际施工中，在经过上述部位时，记录里程位置和雷达测量文件的道数，在数据处理分析过程中，可避免将上述异常判定为隧洞质量异常。

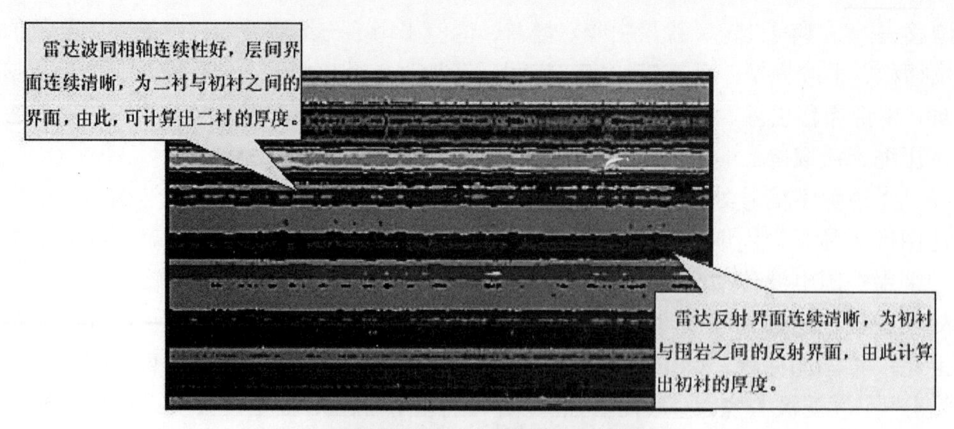

（a）正常的探地雷达检测数据处理后的图象

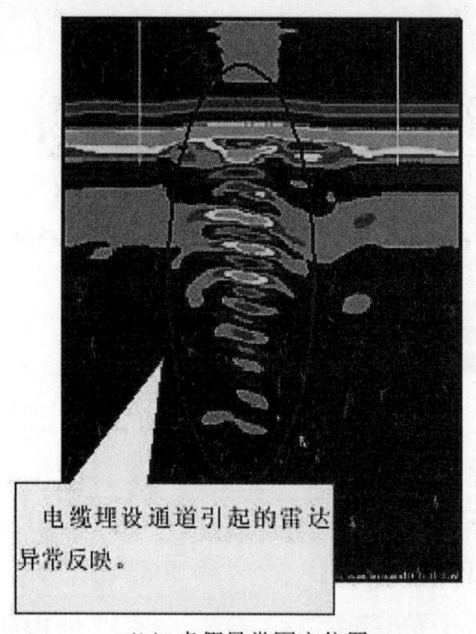

（b）虚假异常圈定位置

图 15.6　探地雷达检测数据处理图象

（3）混凝土胶结稍差引起的异常（见图 15.7 圈定位置）

这种异常主要是因为衬砌层内部胶结稍差引起，异常主要表现为同相轴连续性局部中断，雷达波形局部错乱，但异常形态规模较小，并未呈现明显的双曲线形态特征。

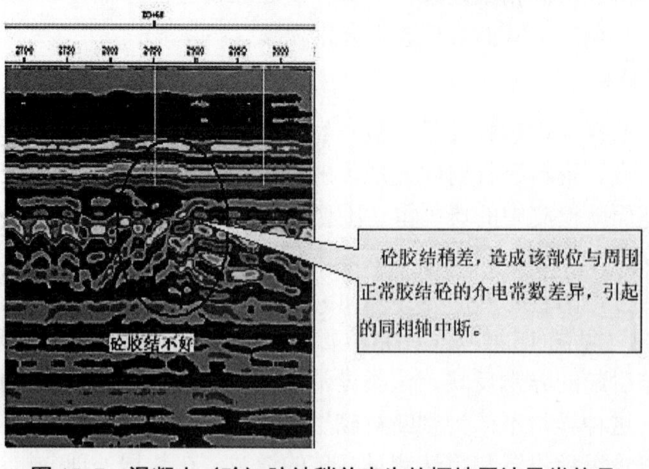

图 15.7　混凝土（砼）胶结稍差产生的探地雷达异常信号

（4）钢筋分布检测情况

钢筋分布检测情况见图 15.8 所示。

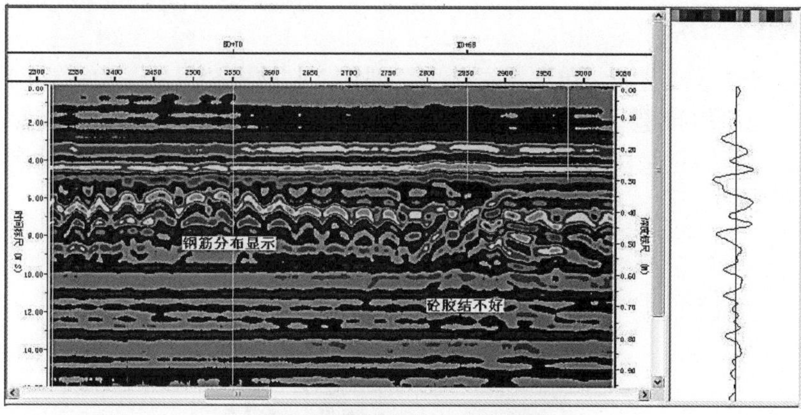

图 15.8　钢筋分布检测情况

（5）局部脱空分布检测情况

局部脱空分布检测情况见图 15.9 所示。

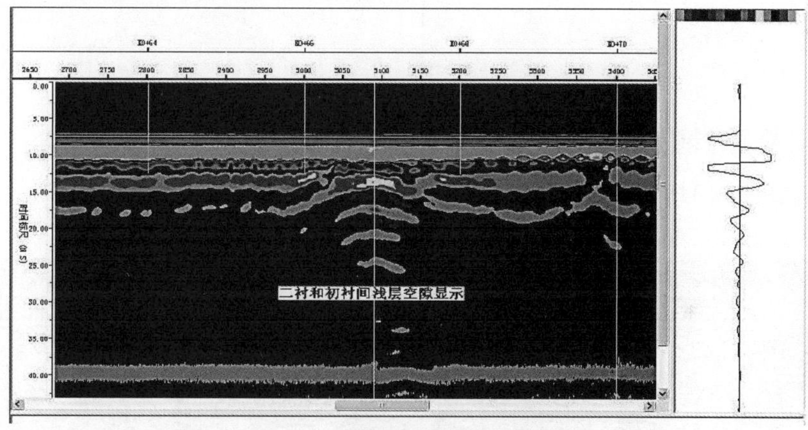

图 15.9　局部脱空分布检测情况

（6）某工程局部脱空分布检测与开挖验证

某工程局部脱空分布检测与开挖验证见图 15.10 所示。

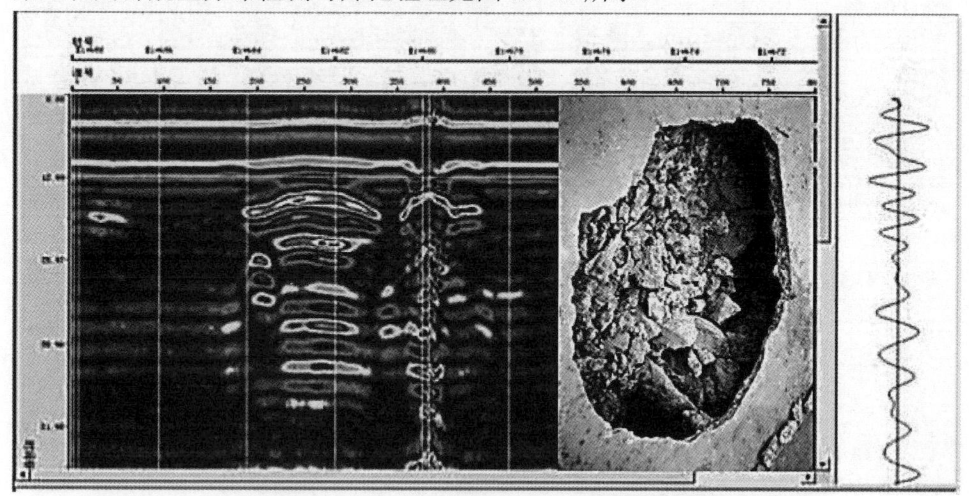

图 15.10　某工程局部脱空分布检测与开挖验证

15.4 探地雷达检测图与异常汇总

15.4.1 隧洞检测方案

隧洞是已经建成的隧洞，主要是进行质量评定。它的主要目的是检测衬砌的缺陷，对可能造成安全隐患的问题进行处理。在进行现场观测的时候发现有一些存在安全隐患问题已经在衬砌外观暴露出来，因此在检测的同时要进行现场观测。隧道检测方案如图 15.11 所示。

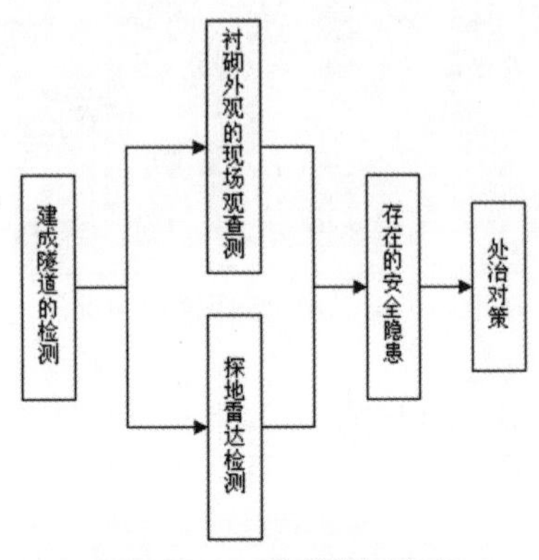

图 15. 11 隧道检测方案

15.4.2 雷达检测结果

隧洞左拱腰（K3+960～K3+1017）探地雷达检测分析 900MHz 天线测试结果图 15.12。

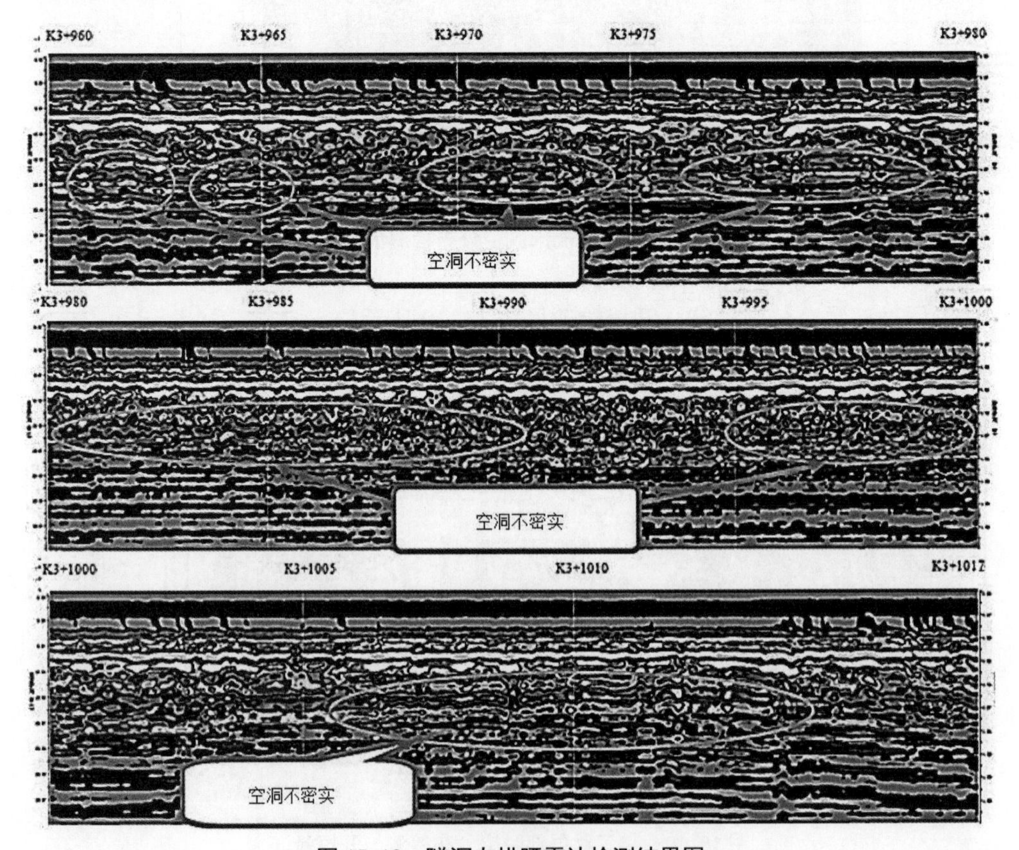

图 15. 12 隧洞左拱腰雷达检测结果图

从图 15.12 中可以看出隧洞衬砌底界均匀，厚度达到设计要求，在衬砌后面出现了大面积的空洞不密实异常反应，检测结果见表 15.1。隧洞左拱腰（K3+960～K3+1017）探地雷达检测病害长度占总长度的 55.26%。

表 15.1　隧洞左拱腰（K3+960～K3+1017）探地雷达检测病害统计

序号	里程	病害类型	病害长度/m
1	K3+961.5～K3+962.5	空洞不密实	1.0
2	K3+963.5～K3+966.0	空洞不密实	2.5
3	K3+969.0～K3+974.0	空洞不密实	5.0
4	K3+976.5～K3+979.5	空洞不密实	3.0
5	K3+980.0～K3+990.5	空洞不密实	10.5
6	K3+997.0～K3+1000.0	空洞不密实	3.0
7	K3+1007.5～K3+1014.0	空洞不密实	6.5
合计		7 处空洞不密实区	31.5

图 15.13 为隧洞拱顶（K3+960～K3+1017）雷达剖面图，拱顶局部出现了围堰松动和不密实的异常反应，在注浆孔的周围有不密实的异常反应，检测结果见表 15.2。隧洞拱顶（K3+960～K3+1017）探地雷达检测病害长度占总长度的 92.98%。

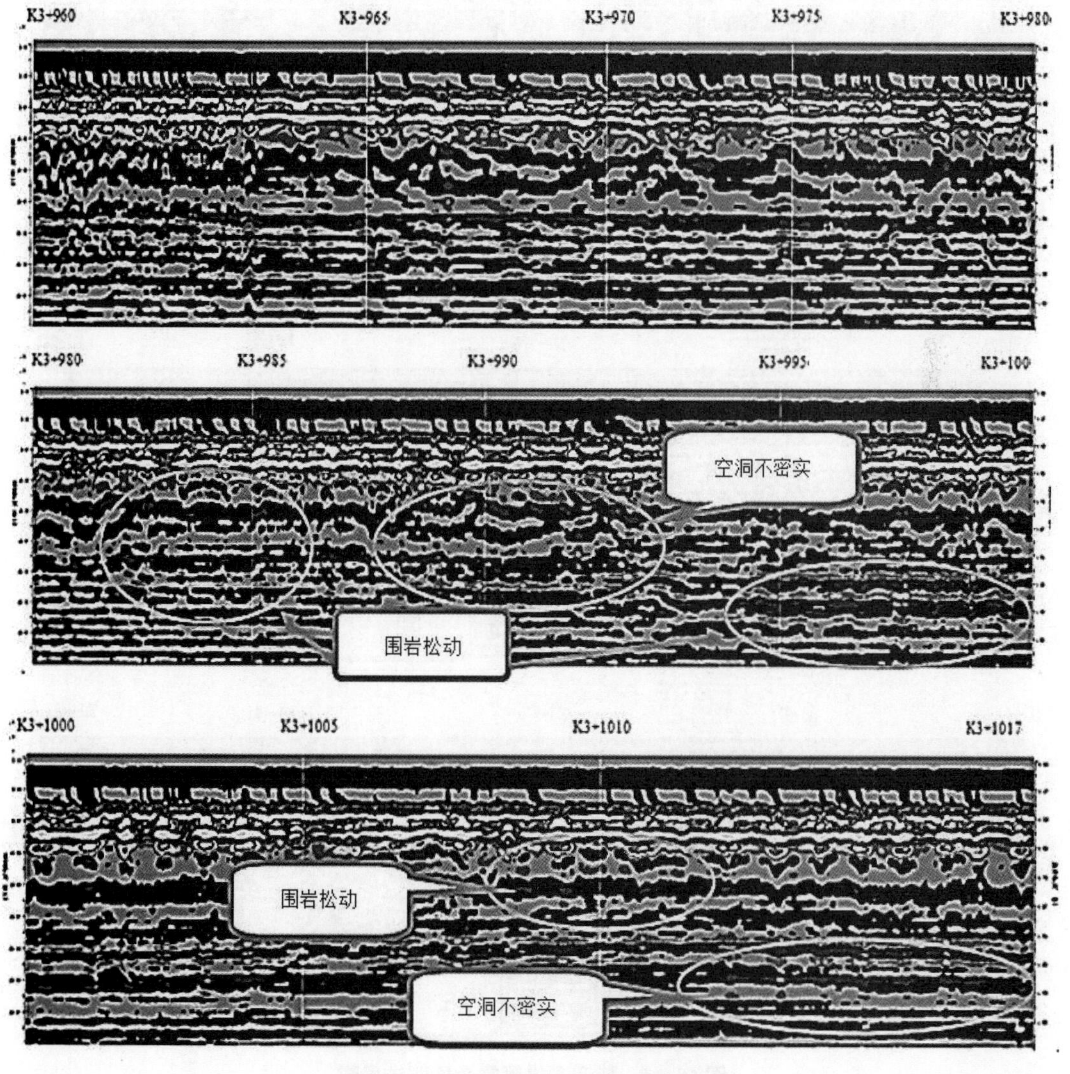

图 15. 13　隧洞拱顶雷达检测结果图

表 15.2 隧洞拱顶（K3+960～K3+1017）探地雷达检测病害统计

序号	里程	病害类型	病害长度/m
1	K3+960.0～K3+982.5	空洞不密实	22.5
2	K3+982.5～K3+986.0	围岩松动	3.5
3	K3+986.0～K3+993.5	空洞不密实	7.5
4	K3+993.0～K3+997.5	围岩松动	4.5
5	K3+997.5～K3+1009.0	空洞不密实	11.5
6	K3+1009.0～K3+1012.5	围岩松动	3.5
7	K3+1012.5～K3+1017.0	空洞不密实	4.5
合计		4 处空洞不密实区 3 处围岩松动区	53.0

图 15.14 是隧洞右拱腰（K3+960～K3+1017）探地雷达剖面图，从图中可以看出隧洞衬砌底界均匀，厚度达到设计要求，在衬砌后面出现了大面积的空洞不密实与围堰松动等异常反应，检测结果见表 15.3。隧洞右拱腰（K3+1017～K3+960）探地雷达检测病害长度占总长度的 100%。

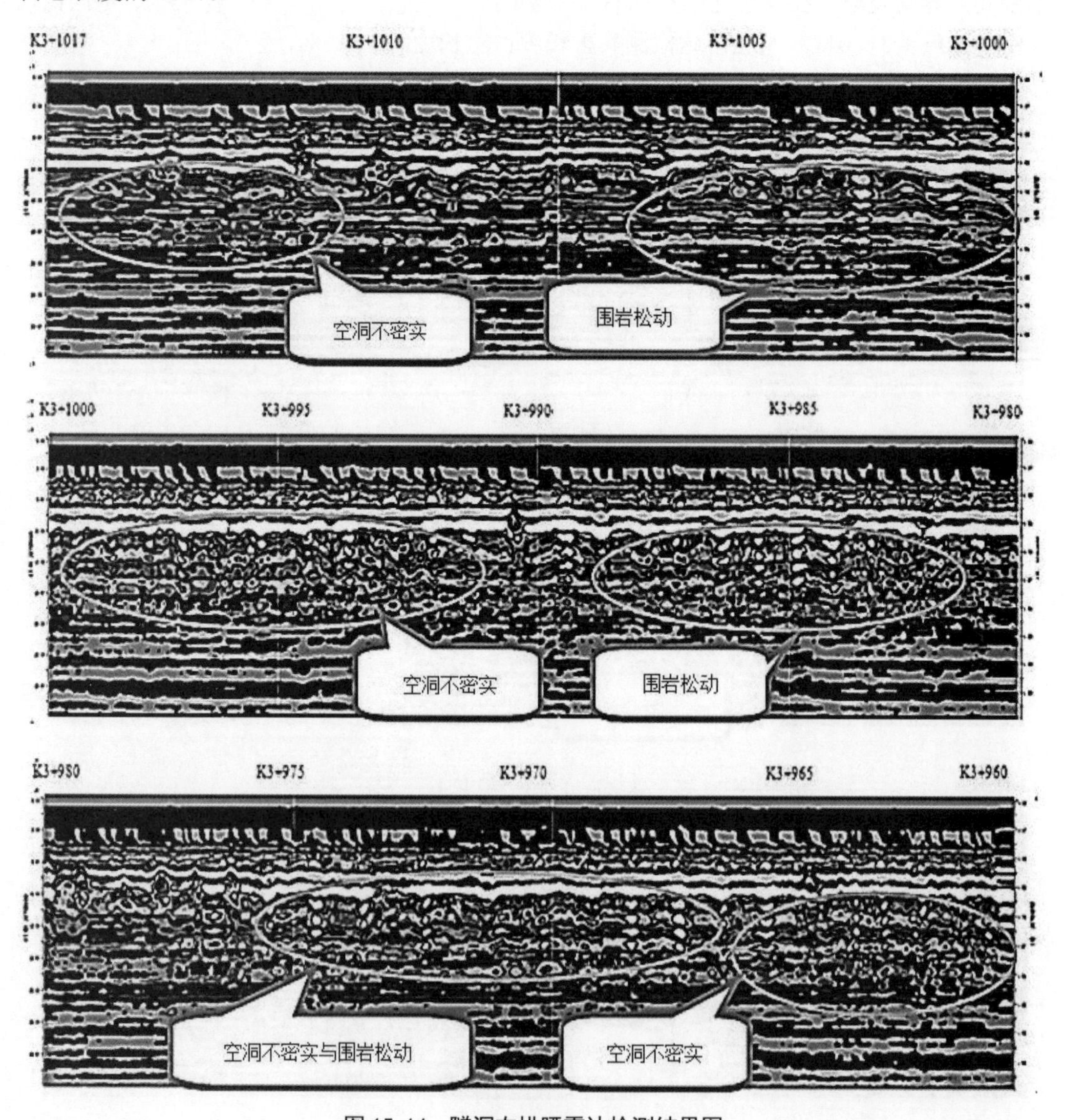

图 15.14 隧洞右拱腰雷达检测结果图

表 15.3　隧洞右拱腰（K3+1017～K3+960）探地雷达检测病害统计

序号	里程	病害类型	病害长度/m
1	K3+1017.0～K3+1008.5	空洞不密实	8.5
2	K3+1008.5～K3+1001.5	围岩松动	7.0
3	K3+1001.5～K3+991.0	空洞不密实	10.5
4	K3+991.0～K3+983.5	围岩松动	7.5
5	K3+983.5～K3+970.5	空洞不密实	13.0
6	K3+970.5～K3+966.0	围岩松动	4.5
7	K3+966.0～K3+960.0	空洞不密实	6.0
合计		4 处空洞不密实区 3 处围岩松动区	57.0

图 15.15 为隧洞左边墙（K3+960～K3+1017）雷达剖面图，隧洞衬砌界面清晰，衬砌底界均匀，厚度达到设计要求，除 K3+1012.0～K3+1013.5 有围堰松动外无明显的空洞和不密实的异常反应。检测结果见表 5.4。隧洞左边墙（K3+1017～K3+970）探地雷达检测病害长度占总长度的 3.19%。

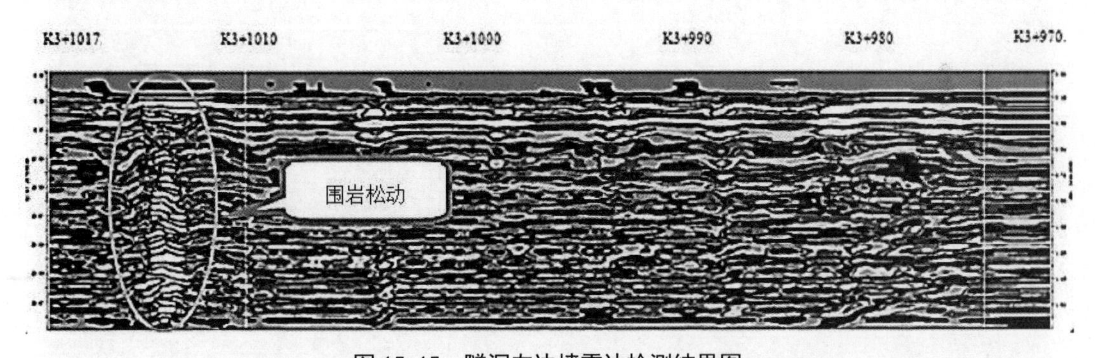

图 15. 15　隧洞左边墙雷达检测结果图

表 15.4　隧洞左边墙（K3+1017～K3+970）探地雷达检测病害统计

序号	里程	病害类型	病害长度/m
1	K3+1012.0～K3+1013.5	围岩松动	1.5

图 15.16 为隧洞右边墙（K3+970～K3+1017）雷达剖面图，隧洞衬砌界面清晰，衬砌底界均匀，厚度达到设计要求，除 K3+991.0～K3+993.0 有围堰松动外无明显的空洞和不密实的异常反应。检测结果见表 15.5。隧洞左边墙（K3+970～K3+1017）探地雷达检测病害长度占总长度的 4.26%。

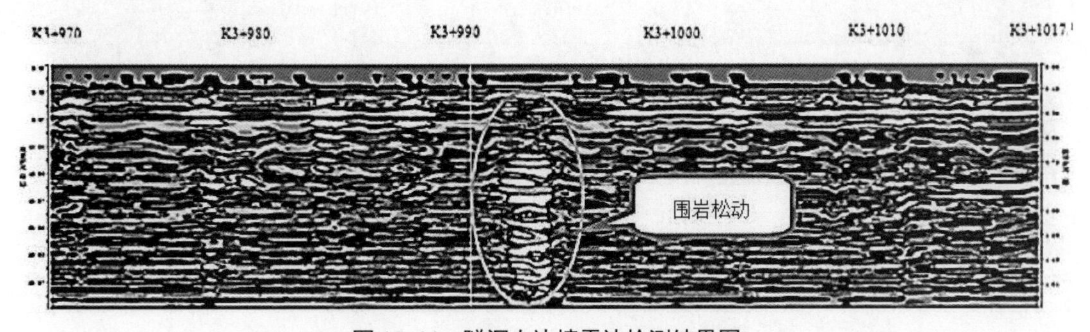

图 15. 16　隧洞右边墙雷达检测结果图

表 15.5　隧洞右边墙（K3+970～K3+1017）探地雷达检测病害统计

序号	里程	病害类型	病害长度/m
1	K3+991.0～K3+993.0	围岩松动	2.0

图 15.17 为隧洞仰拱（K3+940～K3+1017）雷达剖面图，仰拱中出现了四处回填异常的雷达波，说明仰拱的回填有不密实存在。检测结果见表 15.6。隧洞仰拱（K3+940～K3+1017）探地雷达检测病害长度占总长度的 23.38%。

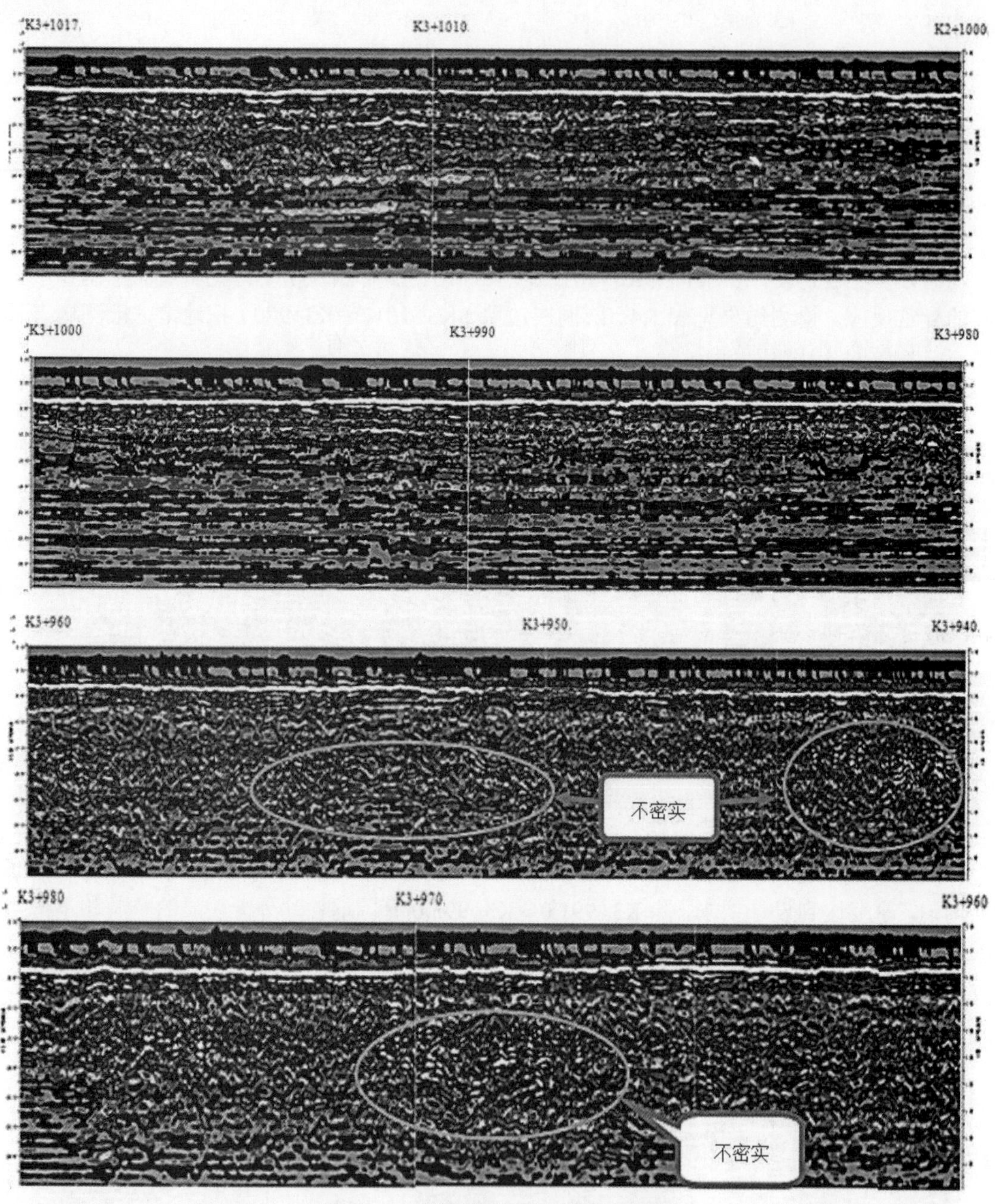

图 15.17　隧洞仰拱雷达检测结果图

表 15.6　隧洞仰拱（K3+940～K3+1017）探地雷达检测病害统计

序号	里程	病害类型	病害长度/m
1	K3+940.0～K3+944.0	不密实	4
2	K3+953.0～K3+955.0	不密实	2
3	K3+957.0～K3+963.0	不密实	6
4	K3+966.0～K3+972.0	不密实	6
合计		4 处不密实区	18

15.4.3　主要检测结论

隧洞左右边墙、拱顶和左右拱腰探地雷达检测成果见图 5.12～图 5.17。

经过雷达扫描图像分析，主要结论如下：

（1）钢拱架和钢筋的分布基本符合设计要求。

（2）初衬厚度基本符合设计要求。

（3）隧洞围岩面不规则光滑。

（4）隧洞围岩与初衬之间存在空洞、空隙、不密实区和岩层松动区。表现形式为：

①拱顶有空洞、空隙、不密实反应，少量岩层松动区；

②拱腰有空洞、空隙、不密实反应，少量岩层松动区；

③边墙有空洞、空隙、不密实反应，少量岩层松动区；

④拱顶基本无地下水，边墙有地下水赋存。

（5）隧洞检测异常范围较大，对隧洞总体质量和安全有影响。

15.5　围岩松动圈超声波测试与探地雷达探测成果认证

15.5.1　围岩松动圈声波测试方法

岩体声波测试原理是利用声波作为信息载体，测量声波在岩体内传播的波速、振幅、频率、相位等特征，来研究岩体的物理力学性质、构造及应力状态的方法。在岩体中，超声波的传播速度与岩体的密度及弹性常数有关，受岩体结构构造、地下水、应力状态的影响，波速随岩体裂隙发育而降低，随应力增大而加快的特性，通过测试超声波在巷道围岩一定深度范围内的传播速度，根据波速的变化，就可以判定围岩的松动范围。

超声波方法测试松动圈的主要优点是测试技术成熟可靠，原理简单，仪器可重复使用；缺点是工作量大，抗干扰性差。超声波测试时需要注水耦合，当围岩比较破碎，破裂岩体波速与水的波速差别不大，不能明显判断松动圈范围。

15.5.2　超声波现场测试与数据处理方法

超声波检测技术目前有两种测试方法，即“双孔对测”和“单孔测试”。双孔对测需要一对平行钻孔，其中以孔安放发射传感器，另一孔在相应深度安放接收传感器，它反应的是径向裂隙特征。双孔测试对钻孔平行度要求较高，操作不便，目前应用较少。单孔测试反映的是环向裂隙特征。本次测试使用单孔测试，如图 15.18 所示。

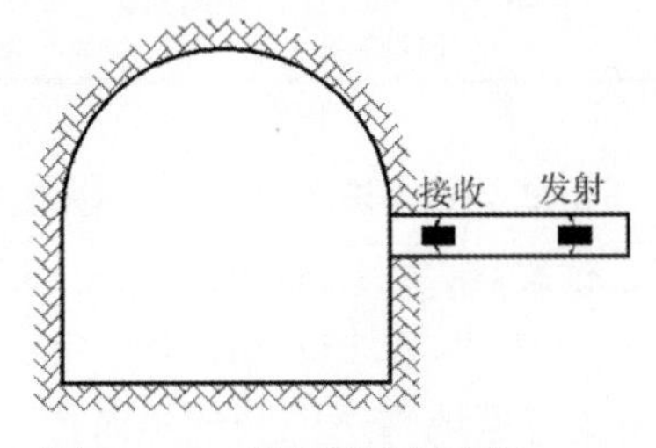

图 15.18　单孔测试示意图

隧道开挖后，围岩应力将重新分布，研究表明，从围岩表面往围岩深处分布三个区域：即应力降低区、应力集中区和原岩应力区。围岩出现的应力降低区也就是围岩松动范围，根据围岩松动裂隙增多、破碎，应力下降的特征，超声波波速降低；在应力集中区，应力升高，裂隙压实，超声波高于正常波速；在原岩应力区，波速接近正常传播速度，应力区分布如图 15.19 所示。

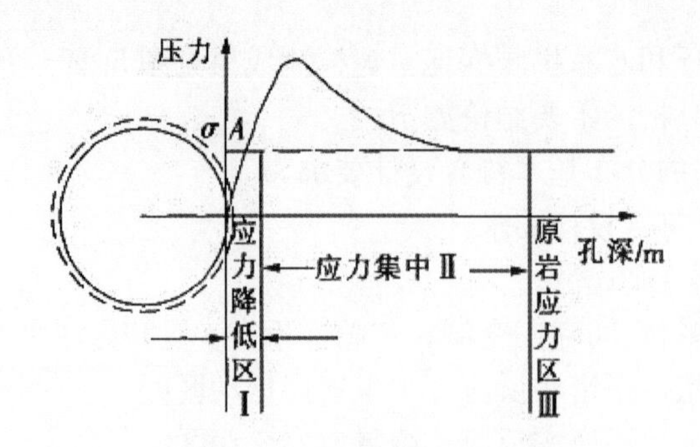

图 15.19 围岩应力分布示意图

根据三个应力区围岩特征，绘制超声波测速随测孔深度关系曲线图，如图 15.20 所示。

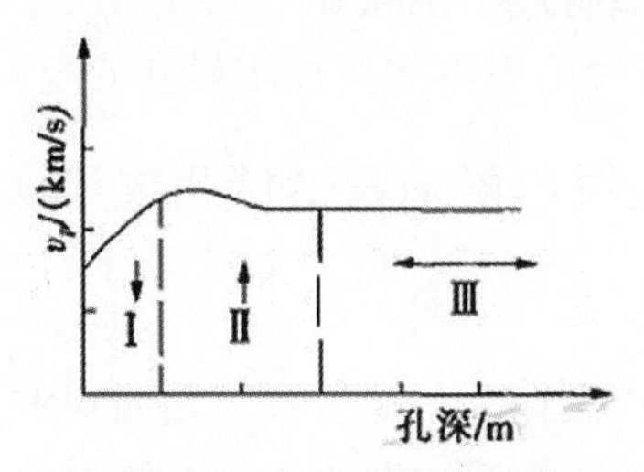

图 15.20 Vp-L 典型曲线图

超声波的波速随介质裂隙发育、密度降低、声阻抗增大而降低；随应力增大、密度增大而增加。利用这一特性可知，围岩的完整性好则其纵波速就高，反之就低。因此，结合相关地质资料可推断出围岩的松动范围松动圈范围。

15.5.3 围岩松动圈超声波测试成果分析

针对探地雷达测试结果，本次测试采用传统的成熟可靠的超声波测试技术在 K1+280～K1+300 段错车道选择 5 个测孔进行了测试。松动圈超声波测试布置见图 15.21 所示。

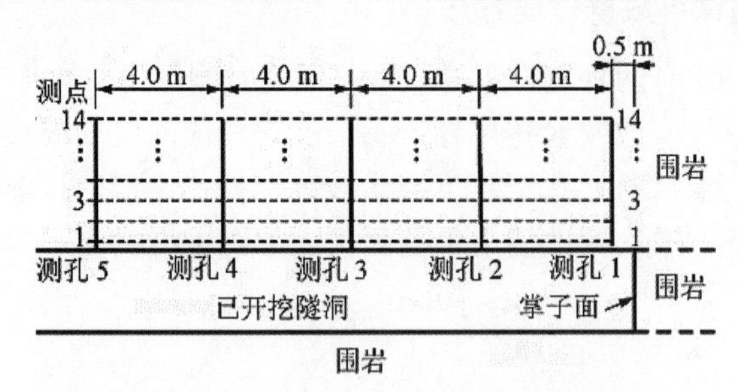

图 15.21 声波、电磁波测区布置图

对 5 个超声波测孔数据进行整理，绘成曲线图如图 15.22，曲线图直观显示，超声波测试围岩松动范围为 2.2～2.8m，与探地雷达探测结果吻合较好。

15.5.4 围岩松动圈超声波测试与探地雷达探测成果对比

通过上述围岩松动圈范围超声波测试结果，与探地雷达探测成果(见图 15.23)对比分析如下。

①波速沿径向略渐增大，经历一个小波峰后逐渐降低，最后趋于稳定，小波峰的出现是围岩与直呼共同作用的结果，即围岩自撑压密区。

②隧道施工过程每一循环进尺，测区中都存在强化和弱化区域，分布比较复杂，与爆

破前松动圈的大小以及爆破效果密切相关。而爆破循环的累积影响效应表明，弱化带位于裂隙区，其损伤是纵波和横波共同作用的结果；强化带位于应力集中区，主要得益于爆破的震实效应以及碎胀力的挤压。

当测孔离掌子面达到一定距离之后，波速虽有小幅的调整但不影响松动圈的形状，应力集中区不会产生偏移，据此得出松动圈测定的原则和时机。沿着隧道轴线方向，当测点离掌子面一定距离之后，波速趋于稳定，据此给出爆破施工影响范围。

③主要从不同围岩类别进尺、爆破参数、爆破药量等有效地进行爆破循环控制，即有效地对围岩松动圈影响范围的控制，为节理裂隙发育的隧道围岩坍塌和有效支护提供了依据。

④隧道施工过程中进行的补充地勘、设计优化和有效管理决策，为隧道安全施工奠定了基础，确保了施工进度和质量。

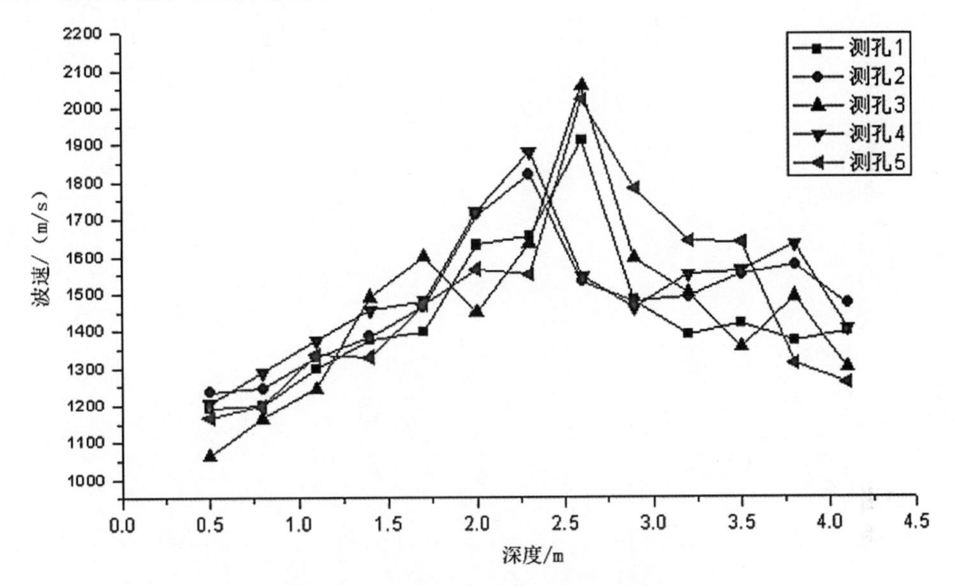

图 15.22　超声波边墙测试结果曲线图

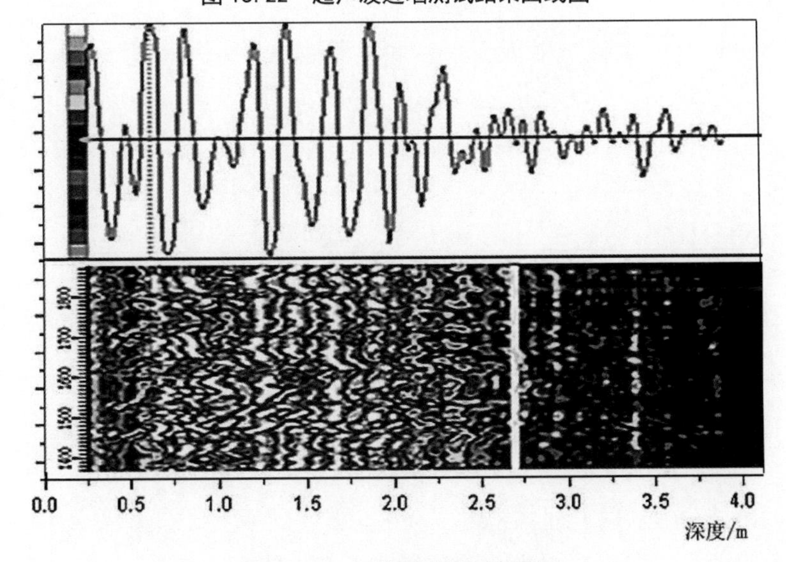

图 15.23　探地雷达探测成果图

综上所述，本章讲述了隧道围岩松动圈现场雷达探测、数据处理和结果分析，并进行了认证，小结如下。

①根据围岩松动探测目的和现场施工环境，设计了探地雷达现场测试方案，包括机型、天线频率，探测参数的选择以及测线的布置；

②经过现场探测，获得数据之后，需要雷达数据进行数据处理，简要介绍了探地雷达数据处理软件 IDSP6.0，数据处理流程，并介绍了小波变换处理方法；

③分析了不同围岩段雷达测试结果，统计了不同围岩松动范围量值和非密实区段范围；

④针对探地雷达探测结果，利用成熟可靠的超声波测试技术针对性地测试，认证了围岩松动范围探地雷达结果，验证了探地雷达测试结果的正确性。

第 16 章　结论与展望

隧洞围岩稳定性直接影响隧洞在施工过程和运营期安全问题，而围岩松动圈又是分析隧洞稳定性是的一个重要因素。依据围岩松动圈理论，快速准确地探测松动圈厚度值和围岩力学特性分析对反馈设计指导施工有非常重要指导意义。

16.1　结论

依托红沿河核电站取水隧洞道工程，开展隧洞围岩松动圈探测与评价，分析不同地貌地层隧洞围岩力学特性，施工监控量测研究，具有较大理论意义和工程实际应用价值。

本论文主要研究结论如下：

①通过文献查阅分析了隧洞围岩松动圈发生、发展机理和范围影响因素，根据围岩松动特征，对比围岩松动范围探测方法，选取探地雷达技术用于探测隧洞围岩松动范围，提出了探地雷达探测围岩松动范围的波相识别方法：隧洞开挖后，其围岩在高应力作用下发生了松动、破碎，电磁波从衬砌表面向围岩深处传播过程中，遇到破碎的围岩会产生相对杂乱的反射回波信号，围岩破碎区同相对完整的弹塑性区交界面将造成雷达波的强反射，波幅骤增，之后迅速恢复正常变化规律；又由于强反射造成透射波能量很小，很快消失殆尽，据此追踪电磁波同相轴的连续性，即可确定围岩松动范围。

②结合 CA-CB-PX 系统隧洞工程，利用探地雷达探测技术针对不同围岩段进行测试，统计了不同围岩松动圈的厚度，同时利用传统的超声波测试技术测试隧洞围岩松动圈，认证了探地雷达探测结果；并进行了对比分析：洞体、错车洞围岩松动圈影响范围 1.5～2.5m，符合设计要求；紧邻 CA 取水口隧洞节理裂隙密集围岩松动圈影响范围 1.5～3.0m，符合设计调整要求；隧洞施工质量对围岩松动范围影响较大：围岩超欠挖和爆破震动影响松动范围；衬砌后面的空洞非密实区影响松动范围。根据探地雷达技术探测的隧洞围岩松动圈厚度值，为隧洞围岩支护优化设计提供了重要参考。

③利用有限元软件 Phase^{2D} 等软件对不同地貌地层隧洞围岩进行开挖支护数值模拟，分析了隧洞围岩力学特性，得出了中等风化围岩稳定，可以考虑不排水；强风化围岩基本稳定，考虑放水孔排水；岗丘地貌并经过倾斜节理裂隙密集带围岩不稳定，在考虑注浆情况下，隧洞整体稳定，局部安全系数偏小；冲沟并经过陡倾斜节理裂隙密集带围岩不稳定，在考虑注浆情况下，隧洞围岩基本稳定，冲沟边坡强度折减分析表明，边坡稳定。

④针对隧洞施工过程中的监控量测，开展了洞口段、节理裂隙密集带、V类围岩三种围岩情况下监测数据的处理与分析，得到了相应的变形规律：洞口段围岩周边位移与拱顶下沉在初期支护作用下稳定时间基本一致且变形量大致相当，表明围岩支护参数与施工方法合理；节理裂隙密集带围岩拱顶下沉量略大于周边收敛，且稳定时间稍长于周边收敛，通过加强观测表明，围岩稳定；V类围岩围岩周边位移与拱顶下沉在初期支护作用下稳定时间基本一致且变形量基本相等，表明围岩支护参数与施工方法合理。并进行了信息反馈设计优化，指导了隧洞施工。

⑤综合围岩松动圈厚度值、数值模拟结果和监控量测的结果，验证了隧洞围岩支护的稳定性，表明施工设计参数可靠，施工方法合理。

16.2 主要研究成果

①对比选取探地雷达技术用于隧洞围岩松动圈探测，提出了探地雷达探测围岩松动范围的波相识别方法，为今后探地雷达技术广泛用于隧洞围岩松动圈探测奠定了实用的技术方法；

②综合围岩松动圈探测结果、施工监控量测处理数据和数值模拟结果评价围岩支护稳定性结果，对今后类似工程具有指导和借鉴意义。

16.3 展望

综合围岩松动圈厚度值、数值模拟结果和监控量测的结果评价隧洞围岩稳定性的思路新颖，具有一定的理论意义和较大工程应用价值。

但是，在研究过程中还有一些不尽人意的地方需要进一步改进和完善：

①隧洞围岩松动圈探地雷达探测过程中，各参数的选取在一定程度上受主观因素影响，探测结果数据分析过程中，目前对干扰信息的处理还需进一步完善，需要加快先进的数学理论应用于信号处理分析。

②对不同地貌地层隧洞围岩的力学特性分析，围岩岩体采用均质岩体、平面应变模型模拟结果与复杂地质情况下隧洞开挖支护的力学环境实际情况会存在一定程度的差异，采用三维模型分析更贴切模拟实际情况，分析结果具有更大的指导意义。

主要参考文献

[1] 郑明光,叶成,韩旭.新能源中的核电发展[J].Nuclear Techniques,2010,2（33）:81-86.

[2] 张雪松,张成恩.我国核电发展前景[J].沈阳工程学院学报,2005,1（2）:39-41.

[3] 芮勇勤,金生吉,赵红军.AutoCAD、SolidWorks实体仿真建模与应用解析[M].沈阳:东北大学出版社.2010.

[4] 芮勇勤,李永林,周基,赵红军.临海渗流地震作用导流堤围堰施工空间力学特性研究[M].沈阳:东北大学出版社.2012.

[5] 周基.渗流作用下临海导流路堤围堰力学特性研究[D].长沙:长沙理工大学 ,2012.

[6] 芮勇勤,周基,冯阳飞,杨柳.路基路面工程课程设计与实用技巧[M].沈阳:东北大学出版社.2012.

[7] 韩理.港口水工建筑物[M].北京:人民交通出版社,2000.

[8] 汝乃华,牛运光.大坝事故与安全:土石坝[M].北京:中国水利水电出版社.2001.

[9] 匡林生.施工导流及围堰[M].北京:水利电力出版社.1993.

[10] 日本电力土木技术协会编,陈慧远等译.最新土石坝工程[M].北京:水利电力出版社,1986.

[11] 钱家欢,殷宗泽主编,土工原理与计算（第二版）[M].北京:中国水利水电出版社,1996.

[12] 刘杰.土的渗透稳定与渗流控制[M].北京:水利电力出版社,1992.

[13] 郭庆国.粗粒土的工程特性及应用[M].黄河水利出版社,1998.

[14] DupuitAJ E J. Etudes Theoretiques et Pratiques sur le Mouvement des Eaux[M]. Paris:Dunod,1963.

[15] Theis C V. The relation between the lowering of the piezometric surface and the rate and duration of discharge of a well using ground water storage[J]. Trans Amer Geophys, 1935（16）: 519-524.

[16] 陈崇希,地下水不稳定井流计算方法[M].北京:地质出版社,1983.

[17] D.G.Fredlund and H.Rahardjo 著,陈仲颐等译.非饱和土土力学[M].北京:中国建筑工业出版社,1997.

[18] R.A.Freeze,Influence of the Unsaturated Flow Domain on Seepage Through Earth Dams[J].Water Resources Res.,Vol.7,no.4,pp,929-940,1971.

[19] A.T.Papagiannakis and D.G.Fredlund, A Steady State Model for Flow in Saturated -Unsaturated Soils[J].Can.Geotech,vol.21,no.13,pp.419-430,1984.

[20] 顾慰慈,渗流计算原理及应用[M].北京:中国建筑工业出版社,2000.

[21] 丁树云,蔡正银.土石坝渗流研究综述[J].人民长江,2008,39（2）:33-37.

[22] 司兆乐,刘松涛.葛洲坝工程大江围堰的应力应变分析及实测成果的验证[J].长江科学院院报,1987,4.

[23] 郑守仁.三峡一期土石围堰设计与运用[J].中国三峡建设.1997,11.

[24] 郑守仁.三峡工程大江截流二期围堰设计主要技术问题论述[J].人民长江.1997（4）

[25] 郑守仁.三峡工程三期围堰及截流设计关键技术问题[J].人民长江.2002,33（1）:7-11.

[26] 郭术义,陈举华.流固耦合应用研究进展[J].济南大学学报,2004,2（6）:123-126.

[27] Terzaghi K, Er Erdbaununechanilc[M]. R Deuticke, 1925.

[28] Mikasa M, The Consolidation of Soft Clay [J].Civil Engineering in Japan, JSCE:1965

[29] Gibuson R.E. et al, The Theory of One-Dimensional Consolidation of Saturated Clays [J]. Finite Non-linear Consolidation of Thick Homogeneous Layers.Canadian Geotechnical Journal, 1981,18

[30] 谢新宇等.饱和土体一维大变形固结理论新进展[J].岩土工程学报,1997,19（4）:30-38

[31] Rendulic L, Porenziffer and Porenwasserdilick in Tonen [J]. Bauingenieur, Vol.17,1936

[32] Biot M.A, General theory of three-dimensional consolidation [J].Jour. Appl. Phys, Vol.12, 1941

[33] Biot M.A, Consolidation settlement under a rectangular load distribution [J]. Jour. Appl. Phys, Vol.12,1941.

[34] Fredlund D.G.and Hasan J.U, One-dimensional consolidation theory of unsaturated soils [J].Can.Geot.J.1979,16（3）:521-531.

[35] 沈珠江.非饱和土力学的回顾与展望[J].水利水电科技进展,1996,16（2）:1-6.

[36] Neuman S.P., Saturated-unsatutated Seepage by Finite Element. Hydraul. Div. Amer. Soc, Civil Eng.,99 (HY12),1973,2233-2290.
[37] Mustafa M.Aral and Morris L. Maslia.Unsteady Seepage Analysis of Wallace Dam [J]. Hydra.Eng.,Jun.,1983,109 (6)
[38] Guyman Gary L., Flow and Transport laws in Unsaturated Zone Hydrology [M].Michael Hays,ed.,Printed by PTR Prentice Hall,USA,1994
[39] 黄康乐.求解非饱和土壤水流问题的一种数值方法[J].水利学报,1987, (9):9-16.
[40] 朱学愚,谢春红,钱孝星.非饱和渗流动问题的 SUPG 有限元法[J].水利学报,1994, (6).
[41] 高骥,雷光耀,张锁春.堤坝饱和-非饱和渗流的数值分析[J].岩土工程学报.1988,(6)
[42] 杨代泉,沈珠江.非饱和土一维广义固结的数值计算[J].水利水运科学研究.1991, (4):357-385.
[43] 吴梦喜,高莲士.饱和-非饱和土体非稳定渗流数值分析[J].水利学报.1999, (12):38-42.
[44] 周桂云.饱和-非饱和非稳定渗流有限元分析方法的改进[J].水利水电科技进展。2009,29 (2):5-8.
[45] 陈正汉,谢定义,刘祖典.非饱和土固结的混合物理论[J].应用数学与力学Ⅰ.1993 (2):127-137.
[46] 陈正汉,谢定义,刘祖典.非饱和土固结的混合物理论[J].应用数学与力学Ⅱ.1993 (8):687-697.
[47] 柴军瑞.均质土坝渗流场与应力场耦合分析的数学模型[J].陕西水力发电,1997(3).
[48] 王媛.多孔介质渗流与应力耦合的计算方法[J].工程勘察,1995 (2).
[49] 罗晓辉.深基坑开挖渗流与应力耦合分析[J].工程勘察,1996 (6).
[50] 仵彦卿.地下水与地质灾害.地下空间[M].1999,19 (4):303-310.
[51] 平扬,徐燕平.深基坑工程渗流－应力耦合分析数值模拟研究[J],岩土力学,2001 (3).
[52] 陈波,李宁,禚瑞花等.多孔介质的变形场－渗流场－温度场耦合有限元分析[J],岩石力学与工程学报,2001 (4).
[53] 柴军瑞.地下水非达西渗流分析[J].勘察科学技术,2002 (1):25-27.
[54] 杨志锡,杨林德.各向异性饱和土体的渗流耦合分析与数值模拟[J],岩石力学与工程学报,2002 (10).
[55] 李培超,孔祥言,卢德唐.饱和多孔介质流固耦合渗流的数学模型[J],水动力学研究与进展A辑,2003 (4)
[56] 水利水电工程施工手册[M].北京:中国电力出版社,2005.
[57] 水工建筑物荷载设计规范[S], DL5077-1997.
[58] 冯耀奇,孙秀喜,李泉然.土石坝渗流及防渗技术措施研究[J].地下水,2006,28 (2):70-72.
[59] 水电水利工程混凝土防渗墙施工规范[S],DL/T5199-2004.
[60] Lee K.M., Rowe R.K. Analysis of three-dimensional ground movements:the Thunder Bay Tunnel.Canadian Geotechnieal Journal,2005,28(1):25-41.
[61] Lee K.M.,Rowe R.K.,Lo K.Y. Subsidence owing to tunneling.I :Estimating the gap parameter[J]. Canadian Geotechnieal Journal,2002(a), 29:929-940.
[62] Lei S.An analytical solution for steady flow into a tunnel[J].Ground Water,2004.37:23-6.
[63] Li X. Stress and displacement fields around a deep cireular tunnel with partial sealing[J]. Computers and Geoteehnies,2006,24(2):125-140.
[64] Li X., Berrones R.F. Time-dependent behavior of partially sealed circular tunnels[J]. Computers and Geotechnics,2002,29(6):433-449.
[65] Liao S.M, et al. Shield tunneling and environment protection in Shanghai soft ground[J].Tunnelling and Underground Space Technology.2009(InPress),doi:10.1016.
[66] Loganathan N., Poulos H.G. Analytical prediction for tunneling- induced ground movements in clays[J]. Journal of Geotechnieal and Geoenvironmental Engineering,2008,124(9):846-856.
[67] Mair R.J. Ground movement around shallow tunnels in soft clay[J].Tunnels and Tunneling,2002(6):3338.
[68] Mair R.J., Tylor R.N., Bracegirdle A. Surface Settlement profiles above tunnels in caly[J].Geotechnique,2003,43(2):315-320.
[69] 杨运泽,混凝土异形护面块体的现状及展望 [J].港工技术.1996 (2):24-33.
[70] 杨运泽,混凝土异形护面块体的现状及展望 [J].港工技术.1996 (3):28-47.
[71] 徐海军.SolidWorks2008 中文版三维建模实例精解[M].北京:机械工业出版社.2007.

[72] John Krahn .Seepage Modeling with SEEP/W [S]. Canada: GEO-SLOPE International LTD, 2004.
[73] John Krahn .Stress and Deformation Modeling with SIGMA/W[S]. Canada: GEO-SLOPE International LTD, 2004.
[74] John Krahn .Dynamic Modeling with QUAKE/W[S]. Canada: GEO-SLOPE International LTD, 2004.
[75] 段梦兰.海冰环境中海洋石油钢结构的破坏分析[J].石油学报.1999,5（20）:71-77.
[76] 毛海涛,侍克斌,王晓菊,周峰.土石坝防渗墙深度对透水地基渗流的影响[J].人民黄河,2009,31（2）:84-86.
[77] 夏可风.水利水电工程施工手册:地基与基础工程[M].北京:中国电力出版社,2004.
[78] 蒋成明.塑性混凝土薄壁防渗墙施工技术在沙湾水电站的应用[J],水利水电施工,2008,（109）:54-58.
[79] MIDAS-GTS 理论分析[S],北京:迈达斯公司.
[80] 强祖基.活动构造研究[M]. 北京:地震出版社,1992,8.
[81] Duncan, J.M. and Chang, C.Y., 1970. Nonlinear analysis of stress and strain in soils. Journal of the Soil Mechanics and Foundations Division, ASCE, vol. 96, no. SM5, 1629-1654
[82] Hardin, B.O. and Vincent, P. D., 1972, Shear Modulus and Damping In Soils: Design Equations and Curves, Journal of the Soil Mechanics and Foundations Division, ASCE, SM7, 667-691
[83] 殷宗泽.土工原理[M].北京:中国水利水电出版社,2007:470-480.
[84] Idriss, I.M. and Sun, J., 1992, User's Manual for SHAKE91 A Computer Program For Conducting Equivalent Linear Seismic Response Analyses of Horizontally Layered Soil Deposits, Department of Civil & Environmental Engineering, University of California Davis
[85] Ji Zhou,Qiong Tian. The Analysis of Settlement for Geogrid Embankment and Slope Stability in Valley Soft Foundation Area[A]. In: 2011 International Conference on Electric Technology and Civil Engineering [C]. Chengdu,2011,5
[86] 姜云,李水林,李天斌等.隧道工程围岩大变形类型与机制研究[J],地质灾害与环境保护,2004,15（4）:48-53.
[87] 朱维申,何满潮.复杂条件下围岩稳定性与岩体动态施工力学[M],北京:科学出版社,1995,87-106.
[88] 陈祖煜.土质边坡稳定分析:原理·方法·程序[M].北京:中国水利水电出版社,2003:533-560.
[89] Ji Zhou,Qiong Tian. The Application of Solidworks's Parametric Modeling Method in Tunnel's Finite Element Numerical Simulation Analysis[A]. In:3rd International Conference on Transportation Engineering [C]. Wuhan,2011,10
[90] Croce H, Pollara P, Oliveri R, Torregrossa MV, Valentino L, CanduxaR.Operational efficieney of a pilot plant for wastewater,reuse[J].Water Seienee Teelmology, 1996,33(10):443-450.
[91] Bendahmane D.Water reuse in develoPing countries(ineludingguidelines)[R].Water and Sanitation for Health.[J].Water Seienee Teehnology,2009, 40(4-5):37-2.
[92] FAO.Water quality management and control of water pollution.Proeeedings of A Regional Workshop,Bangkok, Thailand, 26-30,October,1999.
[93] ChouW.I.,Bobet A.Predictions of ground deformations in shallow tunnels in clay[J].Tunnelling and Underground Space Technology,2002,17:3-19.
[94] Deane A.P.,Bassett R.H. The heathrow express trial turmel[A].Proceedings of the Institution of Civil Engineers and Geotecllnieal Engineering, 113:144-156.
[95] EI Tani M.Circular tunnel in asemi- infinite aquifer[J].Tunnelling and Underground Spaee Technology,2003.18(1):49-55.
[96] Firmo R.J., Clough G.W.Finite element simulation of EPB shield tullleling[J].Journal of the Geoteehnieal Engineering Division,ASCE,2005,111(2):155-173.
[97] Fujita K.On the surface settlement caused by various methods of shield tunneling[A].Proceeding of 10th International Conference of Soil Mechanics and Foundation Engineering.Stockholm,vol 4:609- 610.

[98] Hwang J.H.,Lu C.C. A semi-analytical method for analyzing the tunnel water inflow[J].Tunnelling and Underground Space Technology, 2007,22:39-6.

[99] Jeffery GB. Plane stress and plane strain in bjPolar coordinates[C].Transactions of the Royal Soeiety, London,England,1920,221:265-293.

[100] Karlsrud K. Water control when tunnelling under urban areas in the Os region[J].NFF publieation,2007,No.12(4):27-33.

[101] Kolymbas D., Wagner P. Ground water ingress to tunnels-the exact analytical solution[J].Tunnelling and Underground Space Technology,2007,22(1),23-27.

[102] Muskat M.The flow of homogeneous fluid through porous media[M]. Mc Graw Hill, 1937,175-181.

[103] 周基,芮勇勤,谭勇.Solidworks 建模技术的工程有限元仿真分析[J].中外公路,2010.6.

[104] Ji Zhou,Qiong Tian. The Analysis of Settlement for Geogrid Embankment and Slope Stability in Valley Soft Foundation Area[A].In:2011 International Conference on Electric Technology and Civil Engineering [C].Chengdu,2011,5.

[105] Ji Zhou,Qiong Tian. The Application of Solidworks' s Parametric Modeling Method in Tunnel' s Finite Element Numerical Simulation Analysis[A].In:3rd International Conference on Transportation Engineering [C]. Wuhan,2011,10.

[106] 周基,田琼,芮勇勤等. 基于数字图像的沥青混合料离散元几何建模方法[J].土木建筑与环境学报，2012,01.

[107] 周基,田琼,芮勇勤等. 乳化沥青颗粒粒度的图像分析方法[J].建筑材料学报，2013,1.